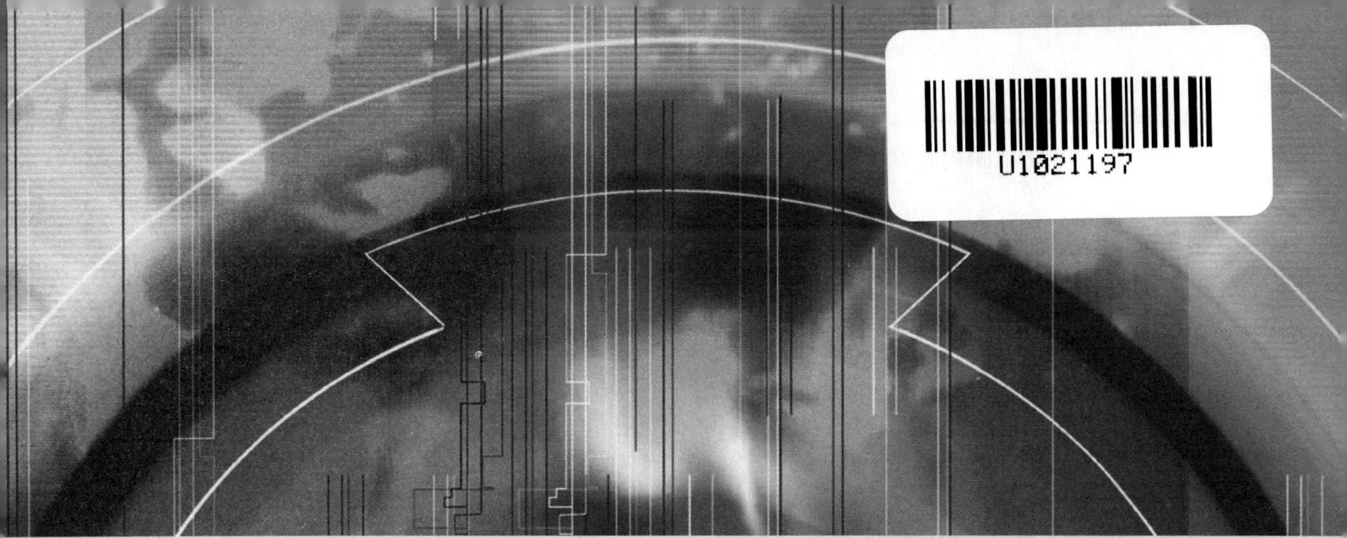

电子测量技术

（第二版）

Dianzi Celiang Jishu

杨龙麟　编著

重庆大学出版社

内 容 简 介

本书是电子测量技术的基础教材。全书共分9章,第1、2章是测量实验的基础知识、误差分析和数据处理;其后的章节介绍常用的测量技术和相关的测量仪表,是本书的主要内容;最后一章介绍测量系统中不可缺少的重要设备和信号源。全书的阐述简洁扼要,深入浅出,着重基本概念。书中含有测量的数字化和自动化方法、较新的测量技术和相关电路分析。内容有一定的深度和广度,适应性较强,读者可以选读其中章节。

本书可供高校工科电子类专业的师生使用,也可作电子测量和仪表设计人员的有益参考。

图书在版编目(CIP)数据

电子测量技术/杨龙麟编著.—重庆:重庆大学出版社,2004.1(2020.1重印)
ISBN 978-7-5624-2976-0

Ⅰ.电… Ⅱ.杨… Ⅲ.电子测量—高等学校—教材 Ⅳ.TM93

中国版本图书馆CIP数据核字(2003)第075413号

电子测量技术
(第二版)
杨龙麟 编著
责任编辑:曾显跃 版式设计:曾显跃
责任校对:何建云 责任印制:张 策
*
重庆大学出版社出版发行
出版人:饶帮华
社址:重庆市沙坪坝区大学城西路21号
邮编:401331
电话:(023) 88617190 88617185(中小学)
传真:(023) 88617186 88617166
网址:http://www.cqup.com.cn
邮箱:fxk@cqup.com.cn (营销中心)
全国新华书店经销
重庆共创印务有限公司印刷
*
开本:787mm×960mm 1/16 印张:10.25 字数:206千
2018年3月第2版 2020年1月第9次印刷
ISBN 978-7-5624-2976-0 定价:29.80元

前　言

为了配合教学改革，提高教学质量，根据编者的一些教学实践经验和学习体会编写了本书。本书是针对高校工科电子类本/专科学生编写的，为30~60学时的测量技术基础教材。它与“电路分析”“信号与系统”“电子电路实验”“电路与信号实验”等课程紧密相关，是一门实践性极强的课程。它的任务是使学生建立测量技术的理论基础，获得基本的测量实践知识与技能，培养学生分析问题和解决问题的能力，以及学习严谨的科学态度。

本书是电子测量技术的基础教材。全书共分9章，第1、2章介绍电子测量的基础知识和误差的基本理论；其后的章节是电子测量的基本方法和技巧，是本书的主要内容；最后一章介绍测量系统所使用的信号源。每章末均有若干思考与练习题，作为课后的练习和补充。

本书虽然是讲述电子测量的基本原理，但是，在内容的阐述方法和分析方法上，力求简洁扼要，深入浅出，着重基本概念的讲述；尽量做到严谨，避免似是而非的解说。一些公式的推演和问题的思考更多是让学生自己去做(DIY)。当学生自学思考、解决问题、获得成功，以及得到乐趣和自信的时候，无形中增进了学生的治学能力，又能更好地解决问题，提高学习兴趣，形成良性循环。

本书的主要参考书是潘洪福等4人编著的《电子测量技术

与仪表》(科技文献出版社重庆分社);杨吉祥等3人编著的《电子测量技术基础》(东南大学出版社);朱锡仁等编著的《电路与设备测试检修技术及仪器》(清华大学出版社)。其中第一本书使我受益最大,在此对这些书的作者谨表感谢。在编写过程中,得到重庆邮电大学的大力支持和帮助,编者也在此致以感谢。由于编者水平所限,错误难以避免,希望广大读者,特别是使用本书的师生们提出宝贵意见,予以指正。

编　者
2018年1月

目　录

第1章 基础知识

1.1 测量的重要性和特点

1.1.1 测量的重要性

测量在科学技术和生产实践的任何部门都是非常重要的。科学研究工作经常需要对一些事物进行试验、探测、证明。这些本身就是一系列的测量实验工作。很难想象,没有适当的测量方法和仪器,能够进行复杂的科研和生产实践。实际上,测量技术的进步会大大提高科技发展的速度;反过来,科技的进步又会给测量理论水平的提高、技术的完善创造良好的条件。

1.1.2 电子测量的特点

凡是利用电子技术的测量都称为电子测量。它能用在电专业的测量,例如,对电信号传输特性的测量和电路设备的参数的测量。特别是它也能广泛地应用在非电专业的测量。利用能量转换器件,把非电量转换为电量进行测量研究,而后得出或反映出非电量的测量结果。

电子测量方法除用于电专业测量外,还广泛地用于科技和生产实践的其他领域。这主要是由于电子测量方法有以下一些优点和特点:电子测量可得到很高的精确度和灵敏度;响应速度极快;频率范围和量程范围大;动态范围也大;容易实现遥控、遥测等智能测量。

现代的电子测量仪器、仪表在技术和性能上已取得非常大的进展。最重要的原因是测量方法的数字化,并利用微处理器集成电路。它们使测量进入自动化和智能化阶段。数字化使测量获得了极高的精确度。电子计算机和测量仪器相结合,可组成很完美的测量系统。

1.2 测量实验的干扰抑制

1.2.1 干扰的来源和路径

在电子测量中,常会遇到各式各样干扰源的电磁场辐射和阻抗耦合,使被测电路受干扰而失真;使测量仪表工作不稳定,测量数据不可靠;严重的干扰甚至使测量实验不能进行。干扰源可以分为自然的和人为的两大类。自然干扰如:宇宙辐射、雷电等大气放电。人为干扰源如:荧光灯、电焊机的辉光和弧光放电,继电器、开关等的火花放电,设备的高压电路、电源电路,电路之间的互相干扰等。

为了减弱或消除干扰,弄清干扰的路径是很重要的。干扰路径有:公共阻抗、电场耦合、磁场耦合、电磁场辐射。两个或多个电路(设备)之间若有公共阻抗存在,显然,一个电路的电流流经公共阻抗,会对另外的电路产生干扰。所以,应当尽量地减小电路间的公共阻抗。对于电、磁场耦合和电磁场辐射干扰,一般采用屏蔽或隔离方法,使电磁场不能进入电路。

1.2.2 干扰的抑制

抑制场干扰的最有效的方法是对电路进行屏蔽。电场屏蔽原理如图 1.2.1 所示,其原理:干扰源 A 和受扰源 B 在没有屏蔽的情况下,场电容设为 C_1;加上接地的金属屏蔽板之后,它们之间的场电容改变成 C_2。随着屏蔽板增大,C_2 变小,从而抑制了电场干扰。图(b)中的分布电容 C_4 还有分流干扰电流的作用。对于磁场的屏蔽,常用高导磁率的铁磁屏蔽盒,套住受干扰的元器件,通常是线圈元件。线圈的部分磁场会沿经铁盒,而不会穿出铁盒进入有大磁阻的空间;铁盒外面的干扰磁场经过低磁阻的铁盒,而不会进入盒内的高阻空间。

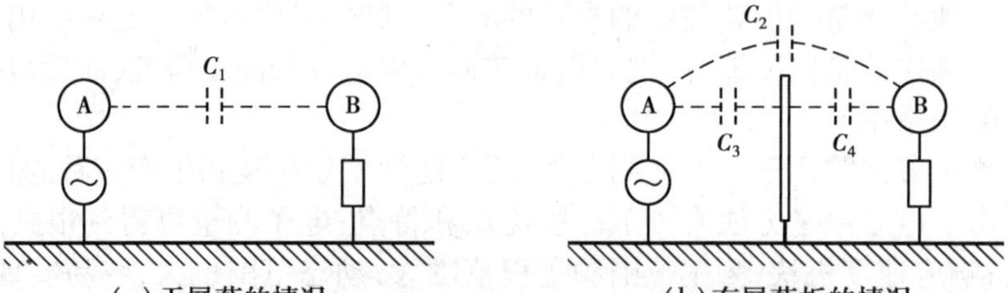

(a)无屏蔽的情况　　(b)有屏蔽板的情况

图 1.2.1　电场屏蔽原理

1.2.3 高频电磁场的屏蔽

铁磁材料盒适用于低频(100 kHz 以下)电磁场的屏蔽。对于高频的电磁场,屏蔽盒通常是非磁性的良导体(如铜、铝等)金属盒,并且此盒有良好的接地。高频磁场很难通过屏蔽盒起干扰作用。因为屏蔽盒会感应强涡流磁场,阻止干扰磁场。而高频电场的干扰则由屏蔽盒短路到地,电场不会进入盒内。

1.2.4 干扰抑制电路举例

图1.2.2是一个多级放大器的电源配置图。用简单的RC低通滤波器来抑制电源公共阻抗的耦合干扰，这种电路常称为去耦合电路。放大器的前级信号弱小，对电源要求特严格。所以，图中的前级有三级RC滤波器。滤波器的R会使电源电压有所降低，但前级的动态范围很小，电源电压降低是合适的。

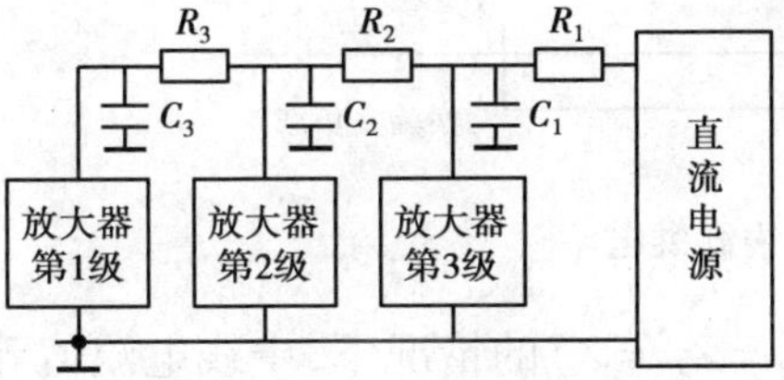

图1.2.2 直流电源的去耦合电路

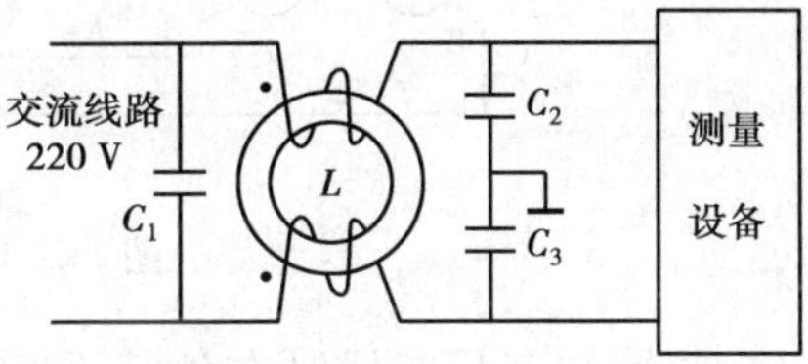

图1.2.3 交流线路的干扰抑制

图1.2.3所示为互感滤波器，它通常是仪器、设备的电源的前置器件。放置在交流电源进线之后、整流器之前。可以抑制从交流电力网路进入设备的大气放电和其他辐射干扰。注意，图中有两组线圈绕在同一磁芯上，它们的匝数相等，同名端子如图中黑点所示。对于交流电的传输，线圈电感为零，无电抗作用。但是，对于同时加到两线上的大气辐射脉冲干扰，两线圈呈现出的电感有很好的抑制作用。

实际上，抑制杂波噪声就是要提高测量实验过程中的信噪比率。所以必须知道提高信噪比的一些基本方法。例如，用信号发生器发送信号给放大器，这个放大器需要几毫伏或更小的电压，且发生器和放大器之间的连接线会引入一定的噪声干扰。在此情况下，不应当直接发送弱小信号至放大器，而应当送出一个较强的信号至线路，再在放大器入口加接衰减器，满足放大器的小信号要求。这样，放大器可得到较高信噪比的测试信号。

1.3 实验室的供电

1.3.1 三相四线制

一般实验室的供电是由电力网提供的三相四线制(50 Hz)低压交流电。三相四线制就是把三个相角差为120°的正弦电压源组合在一起，用四根导线传输电能的制式。如图1.3.1所示。火线与中线之间的电压称为“相电压”，有效值为220 V；而火线与火线之间的电压称为“线电压”，有效值为380 V。例如，AB线电压的瞬时值等于：

$$v_{AB} = v_{AN} + v_{NB} = v_{AN} - v_{BN} = 220\sqrt{2}\sin\omega t - 220\sqrt{2}\sin(\omega t - 120°)$$
$$= 220\sqrt{2}[2\sin 60°\cos(\omega t - 60°)] = 380\sqrt{2}\sin(\omega t + 30°) \quad (1.3.1)$$

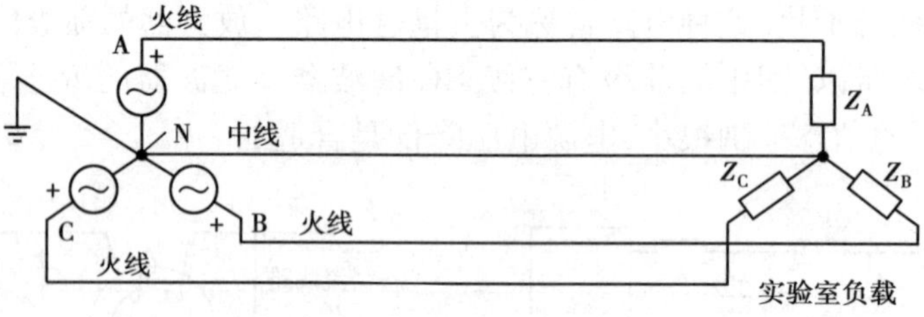

图 1.3.1　三相四线制供电

众所周知三相四线制在负载平衡($Z_A = Z_B = Z_C = Z$)的情况下,中线电流值等于零。为此,设相电流的参考方向是流入负载,中线电流是流出负载。于是,中线电流等于:

$$I_N = \frac{V_{AN}}{Z} + \frac{V_{BN}}{Z} + \frac{V_{CN}}{Z} = \frac{1}{Z}(V_{AN} + V_{BN} + V_{CN}) \quad (1.3.2)$$

可以很简单地从电压向量图证明上式的三个相电压之和等于零,从而证明中线电流等于零。现在,再用瞬时值三角式证明相电压之和等于零,从而证明中线电流为零。

$$v_{AN} + v_{BN} + v_{CN} = 220\sqrt{2}[\sin\omega t + \sin(\omega t - 120°) + \sin(\omega t + 120°)]$$
$$= 220\sqrt{2}[\sin\omega t + 2\sin\omega t\cos(-120°)]$$
$$= 220\sqrt{2}[\sin\omega t - \sin\omega t] = 0 \quad (1.3.3)$$

可见,相电流在中线之中有互相抵消作用。即使三相负载不很平衡,中线电流也是不大的,所以,中线可以用较细的导线。对于直接用三相电源的设备,由于其三相负载是一致的,更是完全不要中线。传输一定的电功率,可以用较少的金属导线,这就是三相供电的优点。

1.3.2　重要事项

三相电力网电源送到一个大实验室或一幢楼房的总配电板之后,必须平衡分配各相负载,并在配电板上安装电度(功)表、火线开关、保险丝、断电器等设备。但是,绝对不要在中线安装保险丝之类的东西,一定要保证中线连接良好。因为,一旦中线断开,在三相负载不平衡的情况下,负载的相电压会大大超过 220 V。例如,一相负载极重(阻抗极小),则这负载重的相电压很低,其余两相电压很高,可能接近线电压 380 V 而烧毁电器。

在实验室和日常生活中,常用一种单相的三孔电源插座。一般右孔是火线 L,左孔是中线 N,上孔是地线 G。这地线孔的意义:这个地线称为保护地线,通过电源插头与设备的外壳连接。例如电烙铁,外壳接地可保护人身安全,避免焊接元件被漏电或感应电损坏;又例如仪器仪表,除人身安全之外,外壳接地还有电磁场屏蔽作用(例如抑制人体感应)。所以,插座的地线孔应当用专线,就近与大地良好连接。虽然中线N在发电站已经连接大地(接地),在用户端的总配电板上,中线也常再接地,但中线不能代替地线。因为在三相负载不平衡的时候,连接负载的中线有较大电流,中线对地有较大电压,使设备外壳带电。除连接大地的"地"之外,在电路图上还会看到另一种"地"。它表示各个电路以及信号的公共"零电位"参考点。它常被称为信号地或参考地。

在测量实验过程中,必须注意人身安全,确保仪表的正确工作状态。在仪器设备加电之前,应先确定电源电压是否符合要求;加电之后,如果出现异常现象,则首先应当切断电源。最后,举一个单相自耦变压器(调压器)连接的例子:它有两个输入端子和两个输出端子,但有一个输入端子跟输出的一个端子是直接连通的,因此,输入跟输出直通的公共端子必须连接中线,另一输入端子连接火线。判断电源火线和中线的简单办法是使用(氖灯)验电笔。

1.4 测量的内容和基本方法

1.4.1 测量的内容

测量的内容(包括电专业和非电专业)是极其庞大、繁多的,甚至可以说是无所不包的。所以,在此只能对本书电路测量的内容做一简略的叙述:

①电能量的测量(电流、电压、功率、电磁场强度等);

②电路参数的测量(电阻、电感、电容、阻抗、品质因数等);

③信号参数的测量(波形、频率、相位、调制系数、失真度等);

④设备性能的测量(放大倍数、灵敏度、频带、噪声系数等);

⑤器件特性曲线的显示(幅频特性、伏安特性等)。

1.4.2 基本测量方法

为了实现测量,获得测量结果,采用的各种手段和方式称为测量方法。测量方法可以有多种分类法:例如,根据被测量的状态可分为静态和动态测量法;根据测量的性质可分为时域、频域测量法以及随机测量法;根据测量的手段,可分为直接与间接测量法以及组合测量法。

直接测量法是直接以被测量为对象进行测量,并直接从仪表的标尺读数得出测量结果。间接测量法不是直接测量被测量,而是测量与被测量有函数关系的其他量,然后利用函数关系式计算出被测量。例如,用伏安法测量电阻R:先直接测量电阻的电流和端电压,然后用欧姆公式 $R=V/I$ 计算出电阻 R 值。组合法实际上是一种较复杂的间接测量法。例如,已知导体电阻 R 与温度 t 的函数关系式为:

$$R_t = R_{20}[1+\alpha(t-20)+\beta(t-20)^2] \tag{1.4.1}$$

式中:R_{20}是20℃时的电阻值;α 和 β 是导体的温度系数。

为了求得需要的温度系数 α 和 β,可先测量出这个导体在三个温度下的电阻值:R_0、R_{20}、R_{50},代入上式,即得下列联立方程:

$$\left.\begin{aligned} R_0 &= R_{20}[1+\alpha(0-20)+\beta(0-20)^2] \\ R_{50} &= R_{20}[1+\alpha(50-20)+\beta(50-20)^2] \end{aligned}\right\} \tag{1.4.2}$$

从这联立方程就可解出所需要的 α 和 β。

直接测量法简单而常用,是间接法的基础。间接法是当被测的量不能或不方便直接测量时,或者当用间接法会得出比直接法更为精确的结果时才采用的。

直接测量法又可分为直读式和比较式。直读式使用直读仪表,直接读出被测量值,所以,操作简单快捷。除数字显示的仪表外,一般模拟指示的仪表其准确度都不很高。而比较式测量是利用标准量与被测量进行比较。比较的方法是使两者的差值为零或为微小值。还可以在相同测量条件下,用标准量代替被测量,调节标准量,使仪表的指示跟被测量的指示相同,于是被测量等于调节后的标准量。

思考与练习题

1.1 说说测量技术的重要性和电子测量的特点。

1.2 说说测量实验中干扰的危害,说出一些干扰源和干扰路径。

1.3 在干扰抑制中,电场屏蔽和磁场屏蔽方法的特点是什么？说出低频电磁场屏蔽方法与高频电磁场屏蔽方法的区别。

1.4 叙述图1.2.3互感滤波器的作用与原理。

1.5 电力供应的三相四线制的输电方式是怎样的？它有什么优点？

1.6 试用相量图代替式(1.3.1),证明相电压为220 V时的线电压为380 V。

1.7 试用相量图代替式(1.3.2)、式(1.3.3),证明平衡负载情况的中线电流等于0。

1.8 某实验室为220 V单相供电,设备的最大用电量为1 kW。现有3 A、5 A、10 A三种保险丝,你选用哪一种？

1.9 不能在总配电板的中线上安装保险丝、开关或其他断电器,为什么？

1.10 说说保护地、参考地和信号地的作用和它们间的区别。

1.11 定义直接测量法和间接测量法,定义直读法和比较法。

第2章　误差分析和数据处理

在做测量实验之后，不可缺少地要对测量所得数据进行处理和做误差分析。所以，测量实验人员必须了解和掌握：如何对测量数据进行整理、统计、计算或绘制曲线；并且能够对测量误差做出分析，了解误差的原因和特性，评定数据的可靠度，确定测量误差的正确表示法等，这些都是本章所要讨论的内容。

2.1　误差的表示法

2.1.1　误差基本表示法

在测量过程中，总是尽力想找出被测量的真实值，但由于测量仪器本身的不精确，测量方法的不完善，测量条件的不稳定，以及人员操作的失误等原因，都会使测量值和真实值有差异，这就造成测量误差。

如果测量误差过大，超过一定限度，测量的结果会变成无意义，失去使用价值。使用大误差的测量数据，有可能给工程应用带来危害和灾难。但是，过分要求精确，也会增加测量成本，造成浪费。

由于测量方法和使用仪表的不同，测量误差可以有多种表示法。这里，先介绍两种最基本的误差表示法：绝对误差和相对误差。

(1)绝对误差

设对一个 A 量进行测量，其真实值为 A_0，而测量值为 A_X，则测量的绝对误差的定义为：

$$\Delta A = A_X - A_0 \tag{2.1.1}$$

绝对误差 ΔA 是正（负），表示测量值大（小）于真实值。事实上，由于微观量值的离散性和不确定性，绝对的真实值是不可测知的。所以，上式中的 A_0 总是用更高一级的标准仪表的测量值 A（称为标准值）来代替，于是，上式可写成：

$$\Delta A = A_X - A \tag{2.1.2}$$

(2)相对误差

绝对误差与标准值之比的百分数被定义为相对误差 γ，即

$$\gamma = \frac{\Delta A}{A} \times 100\% \approx \frac{\Delta A}{A_X} \times 100\% \tag{2.1.3}$$

相对误差 γ 要比绝对误差有更多的实用性,因为 γ 能表示出测量的精确程度。例如,测量 10 V 电压和测量 1 000 V 电压,设它们的绝对误差相等,都是差 1 V。但是,前者的相对误差是 10%,而后者是 0.1%,显然后者的测量精确度高得多。

2.1.2 仪表的误差表示法

由于各种仪表的结构和设计原理各不相同,有的适合用绝对误差来表示误差,有的适合用相对误差来表示,有的甚至适合用两者联合表示。除此之外,一些仪器、仪表还会使用某种适合自己特性的特殊误差表示法。例如,数字频率计的基本误差表示法是晶振(时基)的误差加上 ±1(量化)误差。

在此介绍一种常用电工仪表的基本误差表示法。这种电工仪表采用磁电动圈、指针式表头,测量读数与指针偏角成正比。这种动圈式表头常由于其中磁场不均匀、偏转系统重心不平衡、轴承的摩擦呆滞和读数标尺校正不良等原因,总会有一个不确定的偏角 $\Delta\theta$ 存在,对应地就有一个读数的绝对误差 ΔA 存在。所以,这种表头的固有基本误差自然就应该用绝对误差 $\Delta\theta$ 或 ΔA 表示。但是,用这种指针式表头常做成多挡量程的直流电流、电压表,这时用 ΔA 表示误差就很不方便。因为量程大的挡,对于相同的 $\Delta\theta$、ΔA 就大;各挡的绝对误差 ΔA 不相等。所以,表头的固有误差实际改用"满度相对误差 γ_m"来表示,其定义如下:

$$\gamma_m = \frac{\Delta\theta}{\theta_m} = \frac{\Delta A}{A_m} \times 100\% \tag{2.1.4}$$

式中:θ_m、A_m分别是指针偏满度时的偏角和读数。对于多挡量程的电表,显然满度误差是一个常数。把上式中的 ΔA 代入前面的式(2.1.3),即可得出测量误差和满度相对误差的关系式:

$$\gamma \approx \frac{\Delta A}{A_X} = \frac{A_m}{A_X}\gamma_m \tag{2.1.5}$$

由此可见,应当让测量读数 A_X尽量地接近满度值 A_m,才会有较小的测量误差值 γ。例如,当 $A_X = A_m$时,γ 最小,等于 γ_m。具体的操作法是改变量程的挡位,使读数尽量靠近满偏度值。例如,对于 5 倍率换挡的多挡量程电表,测量误差可以是 $\gamma = (1 \sim 5)\gamma_m$;对于 2 倍率换挡,$\gamma = (1 \sim 2)\gamma_m$。后者优于前者。

2.2 误差的来源和分类

2.2.1 误差的来源

误差的主要来源有:

(1)仪器误差

仪器误差是由于仪器本身的电器和机械性能不完善所产生的误差。

(2) 使用误差

使用误差是指人们在使用仪器的过程中出现的误差。例如,安装、调节和使用不当等造成的误差。

(3) 环境影响误差

环境影响误差是指测量过程受到温度、湿度、电磁场、机械振动、声、光等的影响所造成的误差。

(4) 方法误差

方法误差是指使用的测量方法不完善或理论不严密所造成的误差。

2.2.2　误差的分类

测量误差常分为三大类:粗大误差、系统误差和随机误差。

(1) 粗大误差

粗大误差是由于测量人员的粗心或测量条件发生突变引入的误差。其量值与正常值明显不同。含有粗大误差的量值常称为坏值或异常值。实验数据中出现异常值时,必须慎重处理其去留。应当根据统计方法的某些准则,判断出数据中哪些是必须消除的坏值。

(2) 系统误差

系统误差是由仪器的固有误差、测量工作条件、人员的技能等整个测量系统引入的有规律的误差。对于系统误差,可以用改进测量方法,用标准仪表进行校正,采取措施改善测量条件等办法来减小或消除它,从而得到更为准确的测量结果。常用 $A_X \pm \Delta$ 表示由系统误差造成的测量误差。其中,A_X 是测量的结果值;Δ 是误差极限(边界);$\pm\Delta$ 是误差的范围。

(3) 随机误差

随机误差又称为偶然误差。在相同的条件下,多次重复测量同一个量,各次测量的误差时大时小、时正时负,杂乱地变化,这就是随机误差。人们无法校正和消除这种误差。虽然随机误差不可预测,变化杂乱,但从多次重复测量中可以发现这些误差的总体服从一种统计规律。从其统计规律中能找出这种误差的分布特性,并能对测量结果的可靠性做出评估。

2.2.3　评定测量结果

通常用准确度、精密度和精确度来说明测量结果。

(1) 准确度

它说明测量值与真实值的接近程度,反映出系统误差的大小。一般地,准确度是事物与要达到的效果的吻合程度。例如,钟表时间与标准时间的吻合程度。

(2)精密度

它一般是指某事物的完善、精致和细密程度。说一个仪表很精密，是指它的设计和构造精巧、严密和考虑周到。精密度和准确度有相对的独立性。例如，一个精密的钟表如果不与标准时间校对，就可能不准确；但精密的东西却容易做到准确，暂时准确的东西并非一定是精密的结果。

在测量学中，用准确度说明系统误差的大小，用精密度说明随机误差的大小。系统误差小的测量必然准确度高。对同一个量进行多次重复测量，如果各次测量数据互相接近而集中，则表明随机误差小、精密度高。

(3)精确度

它是精密度和准确度的总称，表示既精密又准确。

2.3 系统误差

一般说，测量实验的条件确定之后，系统误差就是恒定值。当条件改变，系统误差也随之改变。然而，可以尽力找出误差源，进行校正改善，或者采用另一些适当的测量方法，削弱或基本消除系统造成的误差。

2.3.1 削弱误差的方法举例

(1)零示法

它是一种比较测量法。这里举一个用电位器测量电压的简单例子，如图 2.3.1 所示。其中 W 是标准电位器，有一个大刻度盘，标写 0～100% 分压系数；E_S是标准电池；V_S是标准电压；V_X是被测电压；G 是高灵敏度电流检测器。连续调变 W，当 G 中电流为零时，$V_X = V_S$。只要 G 有足够的灵敏度，测量的准确度就取决于已知标准电压 V_S的准确度，而与其他系统条件无关。

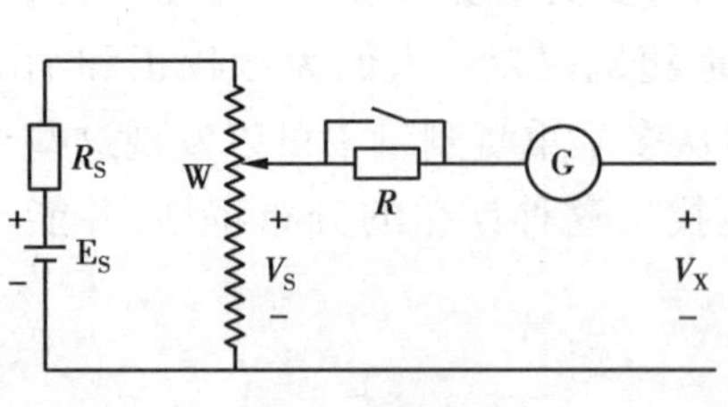

图 2.3.1　简单零示比较法

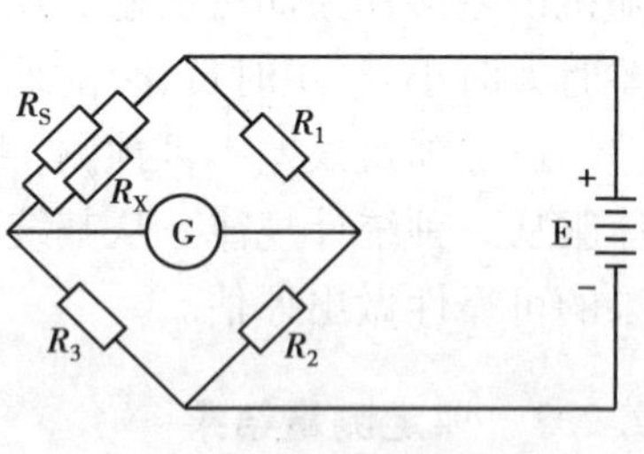

图 2.3.2　替代比较法

(2)替代法

替代法又称为置换法。如图 2.3.2 所示，先连接被测电阻 R_X并调节电桥达到平衡,而后用标准电阻 R_S 替代 R_X,调节标准电阻 R_S,使电桥恢复平衡。于是,可知道被测电阻值等于标准电阻值。电桥中其他电阻的误差不影响测量值。

(3) 交换法

它是一种消除系统误差的简易方法。例如,一个测量电阻的电桥,如图 2.3.2 所示,当电桥平衡时,被测电阻为:

$$R_X = R_3 \cdot \frac{R_1}{R_2} \tag{2.3.1}$$

设比率 $R_1/R_2 = 1(R_1 = R_2)$,则 $R_X = R_3$。R_3 一般是有读数盘的可变标准电阻。利用 R_3 调节电桥平衡,而后直接读出电阻值。

实际上,R_1 和 R_2 有误差,不完全相等,比率误差必然会造成测量误差。现在可用交换法,消除比率误差对测量的影响。在第一次平衡之后,交换 R_X 和 R_3 在电路中的位置,调节 R_3 得第二次平衡。设第一次和第二次测量的读数分别是 R_{31} 和 R_{32},则可得两次的被测电阻计算值分别为:

$$R_{31} \cdot \frac{R_1}{R_2} \quad 和 \quad R_{32} \cdot \frac{R_2}{R_1} \tag{2.3.2}$$

把上面两结果相乘,然后再开方,即得出已经消除比率误差的结果,即

$$R_X = \sqrt{R_{31} \cdot R_{32}} \tag{2.3.3}$$

(4) 补偿法

它是一种部分替代法。如图 2.3.3 所示为一个用补偿法测小电容 C_X 的电路。C_S 是有读数盘的可变标准电容,从盘能直读电容值。测量的第一步是不连接 C_X,调节标准电容使电路谐振,此时电容为 C_{S1}。第二步是接上 C_X,减小标准电容使电路恢复谐振,此时电容为 C_{S2}。显然,测量结果是 $C_X = C_{S1} - C_{S2}$。此法可消除电路分布电容的影响。

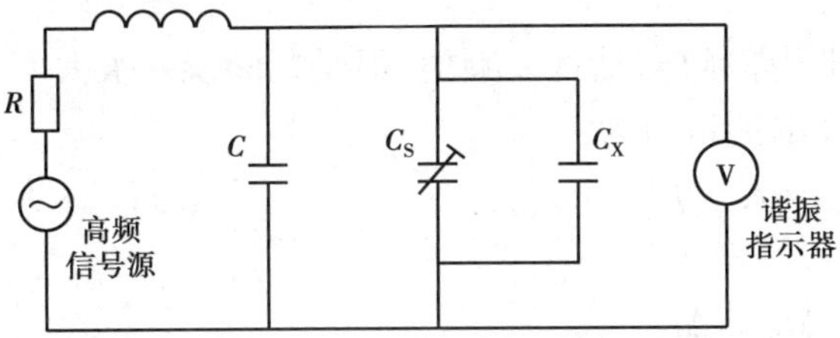

图 2.3.3　补偿法原理

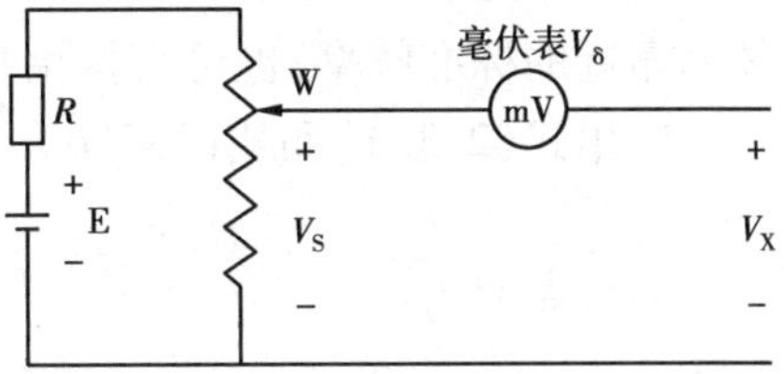

图 2.3.4　简单的微差法

(5) 微差法

它是一种不彻底的零示法。如图 2.3.4 所示为简单测量电路。此图和零示法的图 2.3.1 基本相同,差别是这里用毫伏表代换了检流器。现在,调节 W 使毫伏表可

以有一微小读数 V_δ 不必为零。于是,有电压等式:

$$V_X = V_S \pm V_\delta \tag{2.3.4}$$

从式(2.3.4)可得出测量的绝对误差等式,即

$$\Delta V_X = \Delta V_S + \Delta V_\delta \tag{2.3.5}$$

注意,这式只用"+"号,没有"-"号,因为它是边界误差,即最坏误差。也可得出测量的相对误差,即

$$\frac{\Delta V_X}{V_X} = \frac{\Delta V_S + \Delta V_\delta}{V_X} \approx \frac{\Delta V_S + \Delta V_\delta}{V_S} = \frac{\Delta V_S}{V_S} + \frac{\Delta V_\delta}{V_\delta} \cdot \frac{V_\delta}{V_S} \tag{2.3.6}$$

最后式的第一项是标准量的误差,第二项是毫伏表的误差和所谓微误差的乘积。它是两个小误差量的乘积,其值更加微小。设标准量误差为 5×10^{-4};毫伏表为 2×10^{-2};微误差为 10^{-2}。把它们代入式(2.3.6),即得测量误差:

$$\frac{\Delta V_X}{V_X} \approx \frac{0.05}{100} + \frac{2}{100} \cdot \frac{1}{100} = \frac{0.07}{100} \tag{2.3.7}$$

可见,用一个2%的毫伏表只会引入0.02%的误差。若微误差更小,毫伏表误差的影响就会更减弱。微差法虽然不能像零示法那样全部消除仪表的影响,但它不需要标准量的连续可调,并且可能在仪表上直读被测量的数值,故微差法的应用较广。

如图2.3.5所示为测量高频频率的例子。设被测频率为 f_X,标准频率为 f_S。标准频率是由一个频率综合器提供的。它的最高频率是10 MHz,可供间隔为1 kHz的标准频率。变频器输出的差频为 $f_\delta = |f_X - f_S|$。当 $f_X = f_S$,而有 $f_\delta = 0$ 时,就是典型的零示法。图中耳机的用途是便于找出与被测频率靠近的标准频率;也可直接用耳机听差频声,估计差频值,但是判断误差很大。

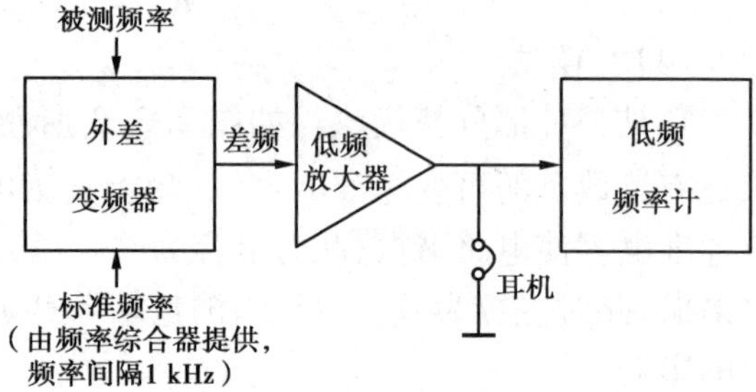

图2.3.5　微差法测频率

应用式(2.3.4)和式(2.3.6),现在的测量值为:

$$f_X = f_S \pm f_\delta \tag{2.3.8}$$

测量误差为:

$$\frac{\Delta f_X}{f_X} \approx \frac{\Delta f_S}{f_S} + \frac{\Delta f_\delta}{f_\delta} \cdot \frac{f_\delta}{f_S} \tag{2.3.9}$$

设标准频率为1 MHz,误差 10^{-6};低频频率计的差频读数为200,误差 10^{-3}。将它们代入上面两式,得被测频率,即

$$f_X = 10^6 \pm 200 \tag{2.3.10}$$

测量误差:

$$\frac{\Delta f_X}{f_X} = 10^{-6} + 10^{-3} \times \frac{200}{10^6} = 1.2 \times 10^{-6} \tag{2.3.11}$$

在式(2.3.8)和式(2.3.10)中,$f_X > f_S$取“+”号,$f_X < f_S$取“-”号。如果不知道哪个大,可用改变标准频率 ±1 kHz 的方法来判定它们的大小。

2.3.2　误差的合成

在测量工作中常会遇到两类问题。一类是已知主量与各分量之间的函数关系,在确定各分量的误差之后,求解由这些分量组成的主量的误差,这就是常见的误差合成问题;另一类是已知函数关系,在确定主量的误差之后,求解各分量的误差分配办法。这是与合成相反的问题,也是仪表设计的重要问题。

现在导出误差合成的公式:设分量的量值是 $x_1, x_2, \cdots, x_n$,而主量值是 y,函数关系式是:

$$y = f(x_1, x_2, \cdots, x_n) \tag{2.3.12}$$

全微分公式是:

$$\mathrm{d}y = \frac{\partial y}{\partial x_1}\mathrm{d}x_1 + \frac{\partial y}{\partial x_2}\mathrm{d}x_2 + \cdots + \frac{\partial y}{\partial x_n}\mathrm{d}x_n = \sum_{i=1}^{n} \frac{\partial y}{\partial x_i}\mathrm{d}x_i \tag{2.3.13}$$

在增量相当小的情况下,可以用增量近似代替微分,从而得出绝对误差和相对误差的公式,即

$$\Delta y = \frac{\partial y}{\partial x_1}\Delta x_1 + \frac{\partial y}{\partial x_2}\Delta x_2 + \cdots + \frac{\partial y}{\partial x_n}\Delta x_n = \sum_{i=1}^{n} \frac{\partial y}{\partial x_i}\Delta x_i \tag{2.3.14}$$

和

$$\frac{\Delta y}{y} = \frac{1}{y} \sum_{i=1}^{n} \frac{\partial y}{\partial x_i}\Delta x_i \tag{2.3.15}$$

再利用数学等式

$$\frac{1}{y} = \frac{\mathrm{d}(\ln y)}{\mathrm{d}y} \tag{2.3.16}$$

代入式(2.3.15),可得相对误差的又一公式:

$$\frac{\Delta y}{y} = \sum_{i=1}^{n} \frac{\partial(\ln y)}{\partial x_i}\Delta x_i \tag{2.3.17}$$

例 2.3.1　已知计算电功率的公式是 $P = IV$,又知电流 I 和电压 V 的测量误差等于 $\Delta I/I$ 和 $\Delta V/V$,求出功率计算值的误差。

解　用式(2.3.14)得出绝对误差:

$$\Delta P = V\Delta I + I\Delta V \tag{2.3.18}$$

用式(2.3.15)或式(2.3.17)得出相对误差:

$$\frac{\Delta P}{P} = \frac{\Delta I}{I} + \frac{\Delta V}{V} \tag{2.3.19}$$

这个相对误差可简写成:

$$\gamma_P = \gamma_I + \gamma_V \tag{2.3.20}$$

显然,这结果可扩大到多分量的乘积计算,即乘积的相对误差等于各分量的相对误差之和。例如,使用公式 $P = I^2R$ 的合成误差,可以写为:

$$\gamma_P = 2\gamma_I + \gamma_R \tag{2.3.21}$$

例 2.3.2 已知两个电阻串联和并联的总阻公式分别为:

$$R = R_1 + R_2 \qquad 和 \qquad R = \frac{R_1R_2}{R_1 + R_2} \tag{2.3.22}$$

请读者自己证明:它们的合成误差分别为:

$$\gamma_R = \frac{R_1}{R_1 + R_2}\gamma_{R1} + \frac{R_2}{R_1 + R_2}\gamma_{R2} \quad 和 \quad \gamma_R = \frac{R_2}{R_1 + R_2}\gamma_{R1} + \frac{R_1}{R_1 + R_2}\gamma_{R2} \tag{2.3.23}$$

从最后的式子可得出结论:电阻串联时,大电阻的误差对合成误差影响大;电阻并联时,小电阻的误差对合成误差影响大。

例 2.3.3 设函数式是 $y = x_1 - x_2$,求 y 的合成误差。

解 用公式(2.3.15)即得:

$$\frac{\Delta y}{y} = \frac{x_1}{x_1 - x_2} \cdot \frac{\Delta x_1}{x_1} - \frac{x_2}{x_1 - x_2} \cdot \frac{\Delta x_2}{x_2} \tag{2.3.24}$$

注意,上式必须改写成误差等式,即

$$\gamma_y = \left|\frac{x_1}{x_1 - x_2}\right|\gamma_{x1} + \left|\frac{x_1}{x_1 - x_2}\right|\gamma_{x2} \tag{2.3.25}$$

才能使用,因为误差只表示最坏的边界,它指示误差的最大可能范围。

在式(2.3.25)中,分量误差的分母是$(x_1 - x_2)$,若其差值很小,特别是当 x_1 和 x_2 接近相等的时候,就会出现非常大的分项误差。由此例题可知:应当尽量避免用两量之差去求第三量。

有时还会遇到另一种误差合成情况:各分量是独立的,与合成量无函数关系。这时,必须应用随机变量的统计规则处理,一般用下式计算合成总误差,即

$$\gamma = \sqrt{\gamma_1^2 + \gamma_2^2 + \cdots + \gamma_n^2} \tag{2.3.26}$$

2.3.3 误差的分配

误差的分配只能在某种前题下进行,不同的前提有不同的分配方法。下面介绍几个误差分配的例子:

例 2.3.4 设计一个普通直流电桥。要求电桥的测量准确度为 ±0.1%,将误差等分给桥路电阻。问电阻的误差应该是多少?

解 已知电桥平衡公式是 $R_x = \frac{R_1}{R_2} \cdot R_3$($R_1/R_2$ 是比率臂,R_3 是标准电阻)。从而知道合成误差 $\gamma_x = \gamma_1 + \gamma_2 + \gamma_3 = 0.1\%$。所以得 $\gamma_1 = \gamma_2 = \gamma_3 = 0.033\%$。

例 2.3.5 设定两电阻串联和并联的总阻的误差不大于±2%，又规定两电阻有同等的误差级别。问这误差级别是多大时总阻误差才不会超过±2%？

解 利用例题(2.3.2)的式(2.3.23)，令其中 $\gamma_{R1}=\gamma_{R2}$，即得 $\gamma_{R1}=\gamma_{R2}=\gamma=2\%$。

例 2.3.6 设 y 和 x_1,x_2,x_3 的函数关系如下，问应怎样分配误差？

$$y = x_1^l \times x_2^m \times x_3^n \tag{2.3.27}$$

解 误差合成公式为：

$$\gamma_y = l\gamma_{x1} + m\gamma_{x2} + n\gamma_{x3} \tag{2.3.28}$$

一般情况总是要求分量误差差别不大。在 $\gamma_{x1}=\gamma_{x2}=\gamma_{x3}$ 情况，可见上式各分项的大小与系数 l,m,n 成正比。有大系数的分项是总误差的主要分项，会对总误差有大的影响。所以，应当根据系数的大小比例分配各个分项误差。系数很小的分项对总误差影响很小，甚至可以忽略不计。

2.4 随机误差

概率学将事物出现的随机现象称为随机事件，将随机变化的量称为随机变量。在测量实践中出现的随机误差就是一种随机变量。在处理一个精确测量过程中，如果出现随机误差，人们不会去追究和分析产生随机误差的原因，而是通过大量测量数据的观察，运用概率学的理论来研究随机误差的统计规律。为了避免系统误差对随机误差的处理产生影响，应尽量排除和减小系统误差，至可忽略的程度。

2.4.1 随机变量的平均值和方差

设有一个离散随机变量 x，其可能的量值是 $x_1,x_2,\cdots$，这些值出现的概率分别为 $p(x_1),p(x_2),\cdots$。如果重复测量的次数 N 非常大，则可望 x_1 值出现 $Np(x_1)$ 次，x_2 值出现 $Np(x_2)$ 次，……。于是，即可写出这些量值的平均值为：

$$\bar{x} = \frac{1}{N}[Np(x_1)\cdot x_1 + Np(x_2)\cdot x_2 + \cdots] = \sum_i x_i p(x_i) \tag{2.4.1}$$

为了求连续随机变量 x 的平均值，将变量分成非常多的小单元区 Δx，变量出现在区间($x_i \sim x_i+\Delta x$)的概率近似为 $f(x_i)\Delta x$ ($f(x)$ 是随机变量的概率(分布)密度函数，密度函数曲线下的面积就是概率)。依据式(2.4.1)，可得连续变量的平均值，即

$$\bar{x} = \sum_i x_i f(x_i)\Delta x \tag{2.4.2}$$

当 $\Delta x \to 0$ 时，式(2.4.2)变成：

$$\bar{x} = \int_{-\infty}^{\infty} x f(x)\,\mathrm{d}x \tag{2.4.3}$$

一般情况，设变量 $g(x)$ 是变量 x 的函数，则有平均值公式：

$$\overline{g(x)} = \int_{-\infty}^{\infty} g(x)f(x)\,dx \tag{2.4.4}$$

现在,若要知道变量的各次实验值对其平均值的偏差,以便了解变量对其平均值的靠近或离散程度,这离散程度该用什么做衡量呢?用$(x-\bar{x})$的平均值作衡量是不行的,因为它们的相加有正负抵消性。用它们绝对值的平均值是可行的,但是,更好的办法是选取$(x-\bar{x})^2$的平均值作变量离散度的衡量。$(x-\bar{x})^2$的平均值称为变量的方差,常用σ^2标记,而随机变量的平均值常用m标记。这时,利用式(2.4.4),可得方差公式:

$$\sigma^2 = \overline{(x-m)^2} = \int_{-\infty}^{\infty} (x-m)^2 f(x)\,dx \tag{2.4.5}$$

可见,σ本身是偏差$(x-m)$的根均方(r. m. s)值,故把它称为根方差或标准偏差。

2.4.2 误差的正态分布

正态分布也就是高斯概率密度,是极为重要的函数。因为自然界非常多的随机现象都可用高斯概率密度的随机变量来表征。正态分布具有两大特点:一是正和负误差出现的概率相等,即概率分布曲线左右对称;二是大误差出现的概率小,小误差出现的概率大,概率分布曲线呈现"钟"形。随机误差(变量δ)的正态分布的函数式如下:

$$y = \phi(\delta) = \frac{1}{\sigma\sqrt{2\pi}} e^{-\delta^2/2\sigma^2} \tag{2.4.6}$$

其中,σ是误差的标准偏差(常数)。随机误差δ等于测量值x与期望值m的偏差,即$\delta=(x-m)$;期望值m是无穷多次测量值x的平均值。现在把$\delta=(x-m)$代入式(2.4.6),即得测量值x的概率分布函数式如下:

$$y = \varphi(x) = \frac{1}{\sigma\sqrt{2\pi}} e^{-(x-m)^2/2\sigma^2} \tag{2.4.7}$$

式(2.4.6)和式(2.4.7)的函数曲线分别如图2.4.1和图2.4.2表示。图2.4.2是图2.4.1曲线平移m的结果。

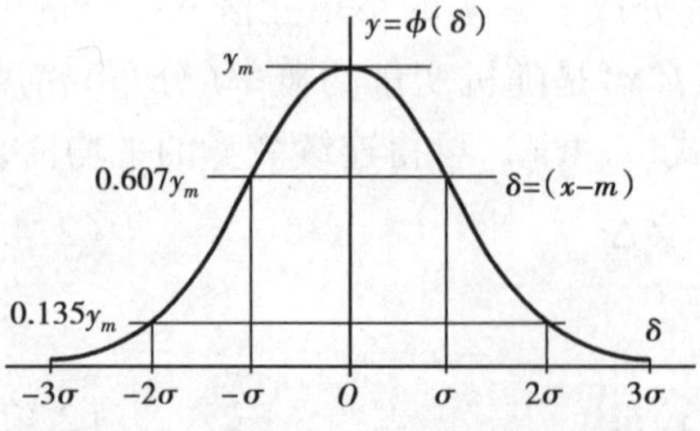

图2.4.1 随机误差的概率密度曲线

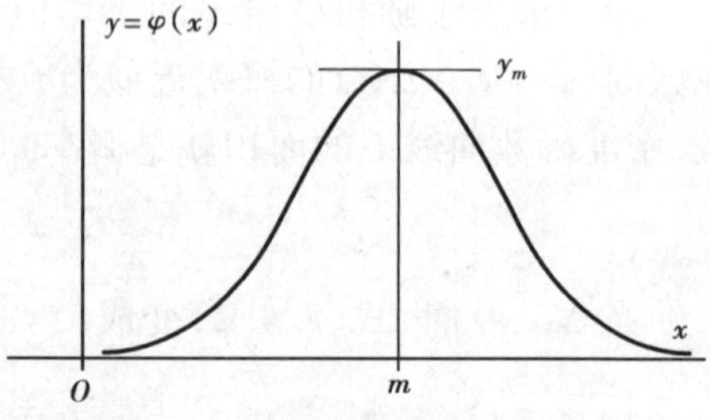

图2.4.2 测量值的概率密度曲线

概率密度曲线下的面积是概率值。由于随机变量所有量值出现概率的总和必然等于1,所以,分布曲线下的总面积是等于1的。实际去积分概率密度函数(查积分表)即可证明有:

$$\int_{-\infty}^{\infty} \varphi(x)\mathrm{d}x = 1 \tag{2.4.8}$$

还可证明平均值:

$$\bar{x} = \int_{-\infty}^{\infty} x \frac{1}{\sigma\sqrt{2\pi}} \mathrm{e}^{-(x-m)^2/2\sigma^2}\mathrm{d}x = m \tag{2.4.9}$$

和方差:

$$\overline{(x-m)^2} = \int_{-\infty}^{\infty} (x-m)^2 \frac{1}{\sigma\sqrt{2\pi}} \mathrm{e}^{-(x-m)^2/2\sigma^2}\mathrm{d}x = \sigma^2 \tag{2.4.10}$$

因为概率密度曲线下的总面积是不变的(等于1)。对于图2.4.1或图2.4.2分布曲线的体形在σ大时,“矮”而“胖”;在σ小时,“高”而“瘦”。前者表明误差的离散度大,后者表明误差小而集中,也表明测量的精密度高。在图2.4.1和图2.4.2中,显然$y_m = 1/\sigma\sqrt{2\pi}$。容易证明,当$\delta = \pm\sigma, \pm 2\sigma, \pm 3\sigma$时,函数值分别等于$0.607y_m, 0.135y_m, 0.011y_m$。

有时需要计算误差在某范围内的概率,例如,若要知道误差在$\pm 3\sigma$范围内的概率值,这就要求去计算概率密度曲线下的面积。但这并不是简单、轻松的事。实际上,在一些数学用表(如积分表)中都有概率积分表,可供直接查出所需积分值。概率积分表常用的查表公式为:

$$\frac{2}{\sqrt{2\pi}}\int_0^t \mathrm{e}^{-t^2/2}\mathrm{d}t \qquad \text{或} \qquad \frac{2}{\sqrt{\pi}}\int_0^x \mathrm{e}^{-x^2}\mathrm{d}x \tag{2.4.11}$$

所以在查表时,必须做变量代换以符合查表公式。

现在求误差落在$\pm 3\sigma$范围内的概率值:从式(2.4.6)可得所要概率,即

$$P\{|\delta| \leqslant 3\sigma\} = 2\int_0^{3\sigma} \frac{1}{\sigma\sqrt{2\pi}} \mathrm{e}^{-\delta^2/2\sigma^2}\mathrm{d}\delta \tag{2.4.12}$$

变量代换,令$\delta/\sigma = t$,而有$\mathrm{d}\delta = \sigma\mathrm{d}t$;又当$\delta = 3\sigma$时,$t = 3$。从而符合查表公式式(2.4.11)的前一式。查得表中$t = 3$的积分值等于0.997 3。即误差在$\pm 3\sigma$范围内的概率是0.997 3,范围外的概率是(1 - 0.997 3)。

2.4.3 n次测量值的平均值

最小二乘法理论:一组n次测量数据$x_1, x_2, \cdots, x_n$对参数a的偏差的平方和等于最小的时候,这时的a最接近被测真值。即函数为:

$$f(a) = \sum_{i=1}^{n}(x_i - a)^2 \tag{2.4.13}$$

为最小的时候,a 最接近被测期望值。为了得函数最小时候的 a 值,先求函数的导数,令其等于零。经过演算最后可得出:

$$a = \frac{1}{n}\sum_{i=1}^{n} x_i = \overline{x_n} \tag{2.4.14}$$

这结果说明:有限 n 次测量的平均值是测量的最佳评估值,最接近期望值。同时也可理解,当 $n \to \infty$ 时,$\overline{x_n} \to m$ 期望值。注意,这有限 n 次测量的平均值会随 n 值变化而有所变化,而且,即使测量次数 n 相同的几组测量各自的平均值也会有所不同。显然,$\overline{x_n}$ 也是一个随机变量。既然是随机变量,它就有它的概率分布和标准偏差等参量表征其特性。

2.4.4 关于标准偏差的几个重要定理

(1)变量之和的方差等于各变量的方差之和

证明:设变量 x 是三个独立的变量之和,即 $x = x_1 + x_2 + x_3$。显然,x 的期望值也是这些变量的期望值之和,即 $m = m_1 + m_2 + m_3$。于是,可写出变量 x 的方差等式:

$$\begin{aligned}
\sigma^2 &= \overline{(x-m)^2} = \overline{[(x_1-m_1)+(x_2-m_2)+(x_3-m_3)]^2} \\
&= \overline{(x_1-m_1)^2} + \overline{2(x_1-m_1)[(x_2-m_2)+(x_3-m_3)]} + \overline{[(x_2-m_2)+(x_3-m_3)]^2} \\
&= \overline{(x_1-m_1)^2} + \overline{[(x_2-m_2)+(x_3-m_3)]^2} \\
&= \overline{(x_1-m_1)^2} + \overline{(x_2-m_2)^2} + \overline{(x_3-m_3)^2} \\
&= \sigma_1^2 + \sigma_2^2 + \sigma_3^2
\end{aligned} \tag{2.4.15}$$

即为所证。上面的等式中无平方项的平均值等于零,因为无穷多次测量的偏差会正负抵消。

(2)Kx 的标准偏差等于 K 倍 x 的标准偏差(标偏 $Kx = K \cdot$ 标偏(x))

证明:因为常数乘随机变量不会改变其概率,但会使概率密度曲线的水平坐标扩大或缩小,曲线变宽或变窄。所以,变量的标准偏差也比例变化。

(3)若标偏$(x) = \sigma$,则标偏$(\overline{x_n}) = \sigma/\sqrt{n}$(标偏是标准偏差的简称)

证明:可将一个变量的 n 个量值看成是由 n 个相同变量在相同条件下得出的量值。这样就可利用定理(1),知道 n 量值之和的标偏等于 $\sqrt{n\sigma^2}$。又利用定理(2),$K = 1/n$,得下列等式:

$$\text{标偏}(\overline{x_n}) = \text{标偏}\left(\frac{1}{n}\sum_{i=1}^{n} x_i\right) = \frac{1}{n} \times \text{标偏}\left(\sum_{i=1}^{n} x_i\right) = \frac{1}{n}\cdot\sqrt{n\sigma^2} = \sigma/\sqrt{n} \tag{2.4.16}$$

在此推导一个有用的公式。可从有限 n 次测量的数据得出变量的标准偏差的评估值。推导如下:

$$\sigma^2 = \overline{(x-m)^2} = \overline{(x - \overline{x_n} + \overline{x_n} - m)^2}$$

$$= \overline{(x - \overline{x_n})^2} + \overline{2(x - \overline{x_n})(\overline{x_n} - m)} + \overline{(\overline{x_n} - m)^2}$$

$$\approx \overline{(x - \overline{x_n})^2} + \overline{(\overline{x_n} - m)^2} \tag{2.4.17}$$

由定理(3)可知：

$$\text{方差}(\overline{x_n}) = \overline{(\overline{x_n} - m)^2} = \sigma^2/n \tag{2.4.18}$$

把它代入前式，即可解出方差：

$$\sigma^2 \approx \frac{n}{n-1} \cdot \overline{(x - \overline{x_n})^2} \approx \frac{n}{n-1} \cdot \frac{\sum_{i=1}^{n}(x_i - \overline{x_n})^2}{n} = \frac{\sum_{i=1}^{n}(x_i - \overline{x_n})^2}{n-1} \tag{2.4.19}$$

结果得标偏公式：

$$\sigma \approx \sqrt{\frac{\sum_{i=1}^{n}(x_i - \overline{x_n})^2}{n-1}} \tag{2.4.20}$$

上式根号中的分子可展开成：

$$\sum_{i=1}^{n} x_i^2 - 2\,\overline{x_n} \sum_{i=1}^{n} x_i + n\,\overline{x_n}^2 = \sum_{i=1}^{n} x_i^2 - 2n\,\overline{x_n}^2 + n\,\overline{x_n}^2 = \sum_{i=1}^{n} x_i^2 - n\,\overline{x_n}^2 \tag{2.4.21}$$

所以，式(2.4.20)也可写成：

$$\sigma \approx \sqrt{\frac{\sum_{i=1}^{n} x_i^2 - n\,\overline{x_n}^2}{n-1}} \tag{2.4.22}$$

例 2.4.1　对某一电压做精确测量。重复测量 10 次，各次的量值 x_i 登记在下表中。设系统误差很小，可忽略。估算出这电压变量的离散度(σ)和 10 个量值的平均值的离散度。

解　电压变量的离散度为：

$$\sigma \approx \sqrt{0.008\,25/9} = 0.030\,3$$

平均值变量的离散度为：

$$\frac{\sigma}{\sqrt{n}} = \frac{0.030\,3}{\sqrt{10}} = 0.009\,58$$

	x_i	$x_i - \overline{x_n}$	$(x_i - \overline{x_n})^2$
$i=1$	75.01	−0.035	0.001 225
2	75.04	−0.005	0.000 025
3	75.07	+0.025	0.000 625
4	75.00	−0.045	0.002 025
5	75.03	−0.015	0.000 225
6	75.09	+0.045	0.002 025
7	75.06	+0.015	0.000 225
8	75.02	−0.025	0.000 625
9	75.05	+0.005	0.000 025
10	75.08	+0.035	0.001 225
平均值	75.045	和	0.008 25

方差(或根方差 σ)的大小表征随机变量的离散度的大小。在工农业生产和科研中，广泛应用方差分析法，找出并比较某些因素对变量的影响，某项生产或研究方法是否较为有利。所以，式(2.4.20)或式(2.4.22)是在

知道几个量值后估计方差值的一个很有用的公式。实际上,人们使用的(科学)计算器都带有统计计算,能算出平均值,依据式(2.4.22)可计算出标准偏差等量值。只需从按键输入一组数据,即可得出相关的统计结果,很方便。

2.4.5 测量结果的表示法和置信度

从2.4.3节知道,有限 n 次测量的平均值是测量的最佳评估值,最接近期望值。所以,测量的结果总是用这 n 次量值的平均值来表示的。n 数越大,平均值越接近期望值,测量越精确。但是,实际常要求减少测量次数,n 数不可能很大,一般都小于20。

用类似系统误差的表示法来表示随机误差,将测量结果表示成形式:$\overline{x_n} \pm \alpha$。$\overline{x_n}$ 是 n 次量值的平均值,α 是 $\overline{x_n}$ 的边界误差。合理选用的边界误差为:

$$\alpha = 3\sigma_{\overline{x_n}} = 3\sigma_x / \sqrt{n} \qquad (2.4.23)$$

因为在 ±3 倍标偏范围内的概率为0.997 3,在范围外的概率为0.002 7,小于3/1 000而被忽略,认为偏差不超过3倍标偏(边界)。应用这种表示法,可写出例题(2.4.1)的测量结果是:

$$\text{被测电压} = \overline{x_n} \pm \alpha = 75.045 \pm 3 \times 0.009\,58 = 75.045 \pm 0.029(\text{V}) \qquad (2.4.24)$$

注意,以3倍标偏为边界的表示法其默认的置信度(或可信度)是99.73%。

一般情况,先提出置信度(可靠性)要求,然后反向查找概率积分表,得出边界 α,写出测量结果表示式。

置信度是边界内偏差的概率值。这个概率可以写成如下等式:

$$P\{|\overline{x_n} - m| < \alpha\} = P\{(m - \alpha) < \overline{x_n} < (m + \alpha)\} = P\{(\overline{x_n} - \alpha) < m < (\overline{x_n} + \alpha)\} \qquad (2.4.25)$$

读者自证这等式的正确性。等式的第一概率式表明偏差绝对值小于边界的概率;第二式表明平均值在边界内的概率;第三式表明期望值在边界内的概率。现在应用这些式子来说明式(2.4.24)测量结果的含义:在置信度为99.73%的条件下,①平均值75.045与期望值的误差小于0.029;②平均值75.045在 $m \pm 0.029$ 范围内;③期望值 m 在 75.045 ± 0.029 范围内。

2.5 测量数据的处理

数据处理就是对测量数据进行处理,得出被测量的最佳结果,并确定其误差边界,分析和整理出科学结论,还要用一定的形式加以表述,必要时,需要将数据绘制成曲线,或归纳成经验公式。

2.5.1 有效数字的处理

(1)有效数字的定义

定义 n 位有效数字：一个 n 位有效数字前 $(n-1)$ 位是准确可靠的，而末尾一位是欠准的估计数。即是说，由 $(n-1)$ 位准确数和1位欠准数组成 n 位有效数字。一般规定末位欠准数的误差不超过 ± 0.5。例如，一个两位有效数34的数值应在33.5～34.5之间。所以，从有效数字基本可估计出数据的误差。

有效数的位数与小数点无关，尾数是零也要写出。例如，0.045是两位有效数；20.5和6.00都是三位有效数。很大和很小的数可用10的乘幂表示，例如，2.80×10^6 和 28.0×10^{-6} 都是三位有效数。

在读取数据时，有效数位应与测量误差一致。例如，某电压表读数是9.64 V，又知测量误差是 ± 0.2 V，则结果应写成 9.6 ± 0.2 V(两位有效数)。

(2)四舍五入法

在处理测量数据中，常有一些数字的数位多于所需的有效位，而要删除多余的数位。这时，可采用传统的四舍五入法来删除多余的数字位。

四舍五入法的舍入规则是：所要的 n 位有效数之后的数位是多余位。多余位的前面第一个数如果是4、3、2、1、0，则舍去全部多余位；如果是5、6、7、8、9，则在舍去全部多余位之后，还必须进位，在有效数的欠准位上加1。例如，数据224.369和224.55，用四舍五入法取三位有效数，分别得224和225。

现在来看经过四舍五入法之后有效数末尾欠准位的误差是多少。在只有一个多余位的情况下，显然欠准位的最大误差是 -0.4 和 $+0.5$；对于有两个多余位的情况，也容易知道，欠准位的最大误差是 ± 0.49；对于有三个多余位的情况，欠准位的最大误差是 ± 0.499；以下类推。

有人主张：当多余位是5且前面的数是奇数时，才进位加1，使欠准位变为偶数；若已是偶数，则舍去5。这样，可使5的舍、入概率各为1/2。还有主张：应该从多余位的最后一位开始，逐个向前进行舍入。实际上，这些都是意义不大的烦琐之举。四舍五入法是一个非常简明的舍入方法，只看多余位的第一位数，决定四舍五入。

(3)一个补充规则

这里补充一个有效数字的处理规则：在舍取规定的 n 位有效数时，若有效数的首位是1或2，则应多保留一位，取 $(n+1)$ 位有效数。例如，在正规取3位有效数的情况下，19.125 6和29.125 6都取成4位有效数，分别是19.13和29.13；而39.125 6则正规取成3位有效数39.1。

这个规则的 n 或 $(n+1)$ 数位的分界点实际是 $\sqrt{10} \approx 3.16$，首数小于3.16则用 $(n+1)$ 位有效数。读者能说出用 $\sqrt{10}$ 分界的理由吗？

(4) 有效数字的加减运算

有效数字的加减运算必须对齐各数字的小数点。这里举两个例子，读者可从中了解怎样定出运算结果的欠准位：

$$33.\underline{5}+3.34\underline{5}=36.\underline{8}4\underline{5}=36.\underline{8}$$

和

$$33.\underline{5}-3.34\underline{5}=30.\underline{1}5\underline{5}=30.\underline{2}$$

两式中有下划线的数字是欠准位。注意，对于两数相减，若它们大小接近相等，则它们的原数据应多保留两位有效数。

(5) 乘除、开方和对数的运算

这些运算结果的有效位数原则上等于参与运算的有效数中有效位最少者的位数。但是，在实际计算中，对于一些重要数据的运算，为了提高运算精确度，一般都要多保留一、二位有效数位。下面是一般的运算举例：

$$437.42\times0.37\div6.09\approx26.575\,599\approx26.6;\qquad 43.7^2\approx1\,909.7\approx1\,910$$

$$\sqrt{48}\approx6.928\,2\approx6.9;\qquad \ln206\approx5.327\,876\approx5.33$$

2.5.2 绘制曲线

除了用数字表示测量结果外，也常用曲线图表示测量结果。用曲线表示测量结果能形象、直观和清晰地反映测量结果所表达的物理特性。例如，根据测量数据画出电路谐振曲线或频率特性曲线。最后对曲线图进行分析，得出需要的结果。

根据测量数据绘制曲线图，必须注意下列要点：

①坐标分度数值的稀密要恰当，应与仪表的分辨力吻合。若分度值太细，就夸大了测量的精确度；太粗就会影响原有精度，增加制图误差。纵、横坐标比例不必取得一样，根据具体情况而定。除了等分的线性坐标之外，也常用非线性的对数坐标。

②在曲线弯曲变化快和曲线陡峭的地方，数据点必须取得密一些。在曲线的峰值和谷值处，应该取得峰值和谷值的数据，并画出峰值和谷值点。

③在实际测量中，由于随机误差的影响，数据出现分散性，如果直接把数据点连接起来，得不到一条光滑的曲线，而会成为折线或波动线。这时要设法对这些数据点进行平均化，使之变成一条光滑和均匀的曲线。简单的方法是：将数据点进行分组，估计出每组的几何中心，最后连接这些中心，使其成为曲线。连接曲线点的时候，还必须很好地进行手工圆滑和均匀，才能得出平滑曲线。

思考与练习题

2.1 说说绝对误差和相对误差的区别，举例说明相对误差更具有实用意义。

2.2 造成动圈式指针表头的固有误差的原因是什么？说明这种表头的固有误差为什么要用“满度相对误差”来表示。

2.3　推导出测量误差 γ 和满度相对误差 γ_m 的关系式。再说明"对于多挡电流电压表,应当利用换挡法,尽量让指针读数靠近满偏度位置。"的重要性。

2.4　为了校正一个量程(满度)为 30 mA、等级(满度相对误差)为2.5级(2.5%)的电流表,将此表与一个标准电流表串联,输入测量电流,记录被校表上 30、25、20、15、10、5 mA 六点所对应的标准表读数;最后在坐标纸上标记出六点,其横坐标是被校表读数,纵坐标是标准读数与被校读数之差值。连接这些点(包含 0 点)成为折线,这条折线就是所谓的"校正线"。注意,这里标准表读数的误差必须至少比被校表读数的误差小一半。现在实验室有 4 只电流表,①100 mA,0.5 级;②50 mA,2.5 级;③150 mA,0.2 级;④50 mA,0.5 级。问应当选用哪一只作为这里校正用的标准表? 说明理由。你能否由此总结出一个选用标准表的准则。

2.5　用一个量程为 150 V、等级为 1.0(即满度相对误差为 1%)的电压表测量电压,读数是 93 V,试计算其测量误差。若电压读数是 33 V,其测量误差又是多少? 比较这两个测量误差,会得出什么结论。

2.6　两个色环电阻,一个的色环是绿蓝红金色,另一个的是黄紫橙银色。试分别求出两电阻串联和并联时的总阻及总阻的误差。

2.7　已知下列各量值的函数式,求出 y 的误差合成公式,以供参考。

①$y = x_1 + x_2 - x_3$; ②$y = x_1^2 / x_2$; ③$y = x_1 x_2 / x_3$; ④$y = x_1^m \cdot \sqrt[n]{x_2}$

2.8　在示波器屏幕上观测两个同频率正弦波的相位差 ϕ,如题图 2.8 所示。观测得相位差 ϕ 为 1.2 ± 0.1 cm,周期 T 为 9.5 ± 0.1 cm。①计算出相位差的角度;②确定这角度的误差。

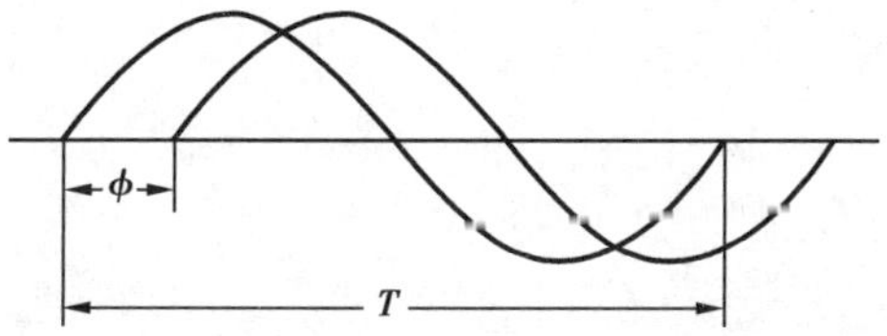

题图 2.8

2.9　简述三类误差:粗大误差、系统误差和随机误差的性质。

2.10　对某个信号源的输出信号频率 f_X 进行了 8 次测量,其数据列表如下:

	1	2	3	4	5	6	7	8
频率/kHz	100.82	100.79	100.85	100.84	100.91	100.96	100.76	100.82

试用两种方法计算出频率的平均值和平均值的标准偏差,①直接计算;②用(科学)计算器的统计计算键运算。最后将输出频率表示成平均值加减边界误差的形式(其置信度是 99.73%)。

2.11　说明传统四舍五入法的舍入规则。分析此法对有效数末位(欠准位)造成的误差。你对"多余位为 5 时,要看前位的奇偶而决定入舍"和"要从多余位的最后位起始,逐步向前进行舍入”有什么评论和主张。

2.12　有某类指针式电流表,其表面标尺的电流读数 I 与指针偏角 θ 之间的关系是 $I = K\tan\theta$。由于偏转系统重心不平衡、轴承的摩擦呆滞等原因,表的偏角有一个固有误差 $\Delta\theta$。试问电流表指针的偏角在什么地方测量(相对)误差是最小?

第3章　电流、电压的测量

测量电流的电流表是串入电路中的，让支路电流流经电表，从而测量支路电流值。显然，电流表的内阻必须很小，远小于支路电阻，才不会明显增大支路总阻而改变被测电流值；电压表是跨接在电路的两点上，测量这两点的电压（电位差），显然，电压表的内阻必须很大，远大于电路电阻，才不会有明显的分流效应而改变被测电压值。

一般的电流、电压表都不适合做高频测量。因为在高频情况下，电表线路中的分布电感和分布电容会产生扼流与分流作用，甚至出现谐振，读数当然不准。

3.1　万用表

万用表本身无什么特别的重要性，但是万用表的电路设计、测量方法和误差计算是电路测量的好的实践题材，是测量的初阶和基础。万用表是一种常用的便于携带的多用途小型电表。它的基本功能是直读电流、电压和电阻的数值。万用表还可增加测量电容、电感和晶体管放大倍数等电路，使其用途更加多样化。

万用表是利用一个磁电式微安直流表头，配合各种测量电路组成的。这种电表的准确度很低，但携带方便，是维修电器设备的良好助手。另一种数字式液晶显示的小型万用表现在也很普及，它主要是用一块大规模集成电路和一些附属电路组成，准确度较高，在后面将要讨论这种电表。

3.1.1　万用表的表头

万用表使用动圈、磁电式表头。它也是电工测量常用的指针式表头。这种表头的基本原理是利用一个带指针的载流线圈，在磁场中受电磁力而偏转，而且让线圈偏转的角度与线圈电流成正比例。这种表头一般有如图3.1.1所示的结构。在永久磁铁的空气隙内产生有均匀的磁场，磁通密度为B。在测量的时候，有电流流经两个螺旋弹簧丝和框形线圈，使载流线圈受电磁力而偏转。设线圈导线的匝数为N，每匝导线的电流为i，线圈的长度和宽度分别为l和b，于是，可写出磁场对线圈的偏转力偶矩，即

$$Fb = BNilb = BNiS \qquad (3.1.1)$$

其中，$S = lb$是线圈框的矩形面积。由于BNS是常数，所以转动力矩与电流i成正比。

当线框指针从平衡点偏转角度 θ 时，螺旋弹簧（游丝）产生反抗力矩 $W\theta$（W 是比例常数、也称弹性系数）。当电磁力产生的转矩与游丝产生的反抗矩相等时，指针就会停止在 θ 偏角的平衡位置。这时有公式：

$$BNiS = W\theta \qquad 和 \qquad \theta/i = BNS/W = 常数 \tag{3.1.2}$$

这个常数称为表头的灵敏度，即单位电流的偏转角度。

从式(3.1.2)可见，偏角与电流成正比，所以表头的读数标尺是线性的。另外，增强磁场，加大线框面积（最好接近正方形），增加线圈匝数或减弱游丝的弹性，都能提高表头的灵敏度。但应当知道，过分减弱游丝的弹性，针框轴承上的摩擦和针框重心的不平衡就会明显表现出来，结果是 $\Delta\theta$ 误差增大。

针框由于惯性要摆动一段时间才会停止在新的平衡位置。为了缩短测读时间，在表头中常设计有阻尼装置，用来吸收摆动能量，使针框迅速在平衡位置上稳定下来，方便读取标尺上的测量数据。

在针框上产生阻力力矩的方法，一般有空气阻力和电磁阻力两种。空气阻力法是在指针的尾部装置一个纸片或铝箔，当指针转动时，箔片扇动空气而产生阻力。电磁阻力法是将线圈绕在一个铝框架上，铝框相当一匝闭合的短路线圈，铝框在磁场中转动时，产生感应电流，这电流在磁场中受到电磁力，力的方向总是阻碍铝框转动的方向。

表头的最基本的参数是内阻和满偏度电流。内阻和满偏电流的乘积叫满偏电压，是表头的另一参数。

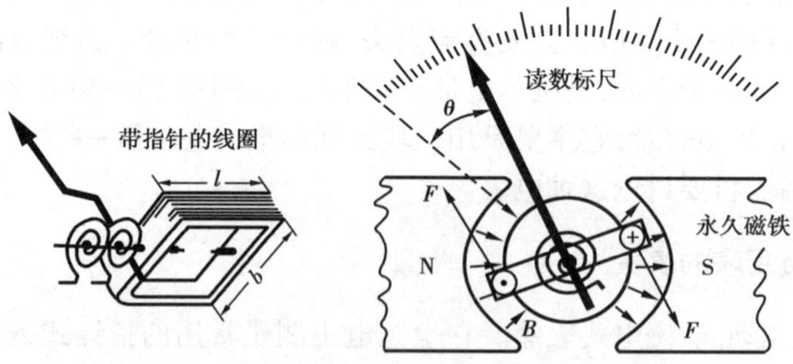

图 3.1.1　动圈式表头

3.1.2　多挡电流表和电压表

万用表总是有多挡量程的。例如，某万用表有满偏电流为 1、10、100、500 mA 的四个电流挡。为什么要设置多挡量程呢？用一个 500 mA 挡不是全包含了小电流挡吗？回顾式(2.1.5)的说明，就能回答这个问题。

常用的多挡电流表和多挡电压表电路如图 3.1.2 和图 3.1.3 所示。

在图 3. 1. 2 中,第四挡是满偏电流最小的挡。设满偏电流 $I = I_4$,这挡有电压等式:

$$I_4 \frac{(r_1 + r_2 + r_3 + r_4)(R_g + R^*)}{r_1 + r_2 + r_3 + r_4 + R_g + R^*} = I_g(R_g + R^*) \qquad (3.1.3)$$

可改写成:

$$I_4(r_1 + r_2 + r_3 + r_4) = I_g(r_1 + r_2 + r_3 + r_4 + R_g + R^*) \qquad (3.1.4)$$

对于第三挡,有

$$I_3(r_1 + r_2 + r_3) = I_g(r_1 + r_2 + r_3 + r_4 + R_g + R^*) \qquad (3.1.5)$$

实际上,对任何一挡下式都成立:

(量程满偏电流)·(量程分流电阻) = (表头满偏电流)·(环路总阻) = K (3.1.6)

可见,量程电流与分流电阻成反比。利用这个等式,就能很快设计出多挡电流表。

在图 3. 1. 3 中,多挡电压表用串联电阻降压法,扩大电压量程。电路显然有下列等式:

$$\frac{V_1}{R_g + r_1} = \frac{V_2}{R_g + r_1 + r_2} = \cdots = \frac{V_2 - V_1}{r_2} = \frac{V_3 - V_2}{r_3} = \cdots \qquad (3.1.7)$$

这就是串阻降压、扩大电压量程的计算公式。

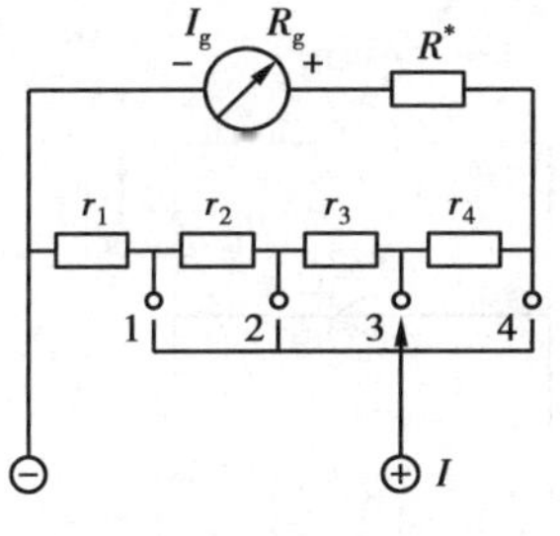

图 3. 1. 2　多挡电流表电路

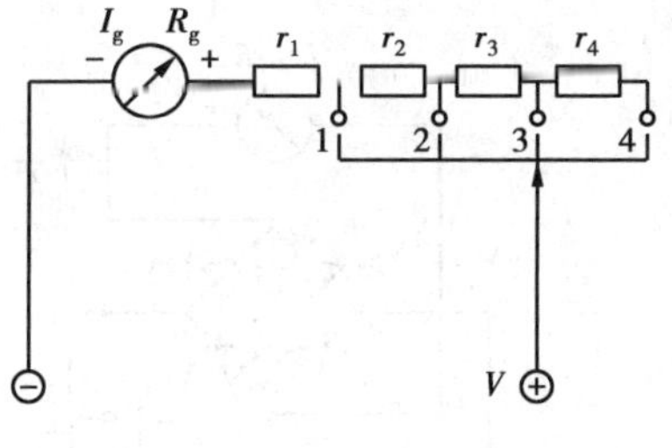

图 3. 1. 3　多挡电压表电路

例 3. 1. 1　设计一个多挡电流、电压两用表:有满偏电流 5、50、500 mA 三挡;有满偏电压 2. 5、10、50、250、1 000 V 五挡。已知表头的满偏电流为 0. 1 mA,内阻等于 800 Ω。

解　设计电路如图 3. 1. 4 所示。首先确定电流表最大电流挡的分流电阻等于 1 Ω。为了减小电流表的内阻,原则上这电阻越小越好。但阻值小于 1 Ω,电路安装电阻和接触电阻就会明显降低阻值的准确度。在 500 mA 挡的分流电阻确定为 1 Ω 之后,根据式(3. 1. 6)的反比关系,立即可知 50、5 mA 挡的分流电阻分别是 10、

100 Ω,所以有图标的串阻值 9 Ω 和 90 Ω。从 5 mA 挡计算出 R^* 值:

因为 $(R^* + 800) \times 0.1 = 100 \times (5 - 0.1)$

所以 $R^* = 4\ 100\ \Omega$

选定电压表的测量电流为 0.2 mA(每 1 伏降压需 5 kΩ 电阻)。设置环路的引线点为 A,可计算得电阻 $r_a = 2.4$ kΩ。从而得 $r^* = 4.1 - 2.4 = 1.7$(kΩ)。

从 A 点看入的内阻等于 $2.5 \div 2 = 1.25$(kΩ),所以有 $r_1 = 2.5 \times 5 - 1.25 = 11.25$(kΩ)。其余计算从略。这里 r^* 是表头支路的可变电阻,作校正电流之用。

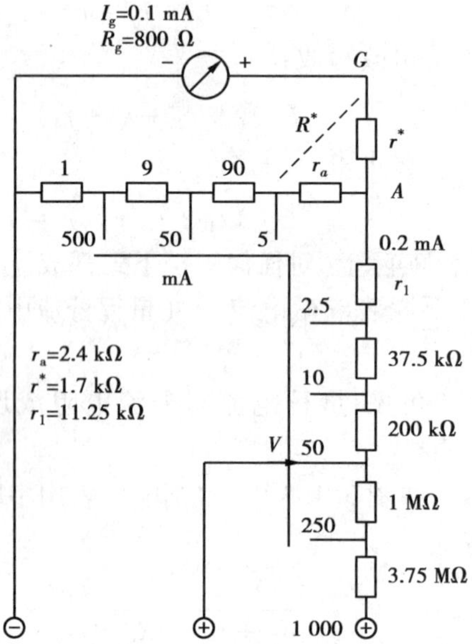

图 3.1.4 多挡电流电压两用表

3.1.3 交流电压表

一般都用二极管把交流电整流成直流送入表头。表头指针偏角大小与这直流的平均值成正比。直流中的波动成分被针框偏转系统的机械惯性滤除。表头的电压读数标尺经过校正,可直接读出被测正弦交流的有效值。

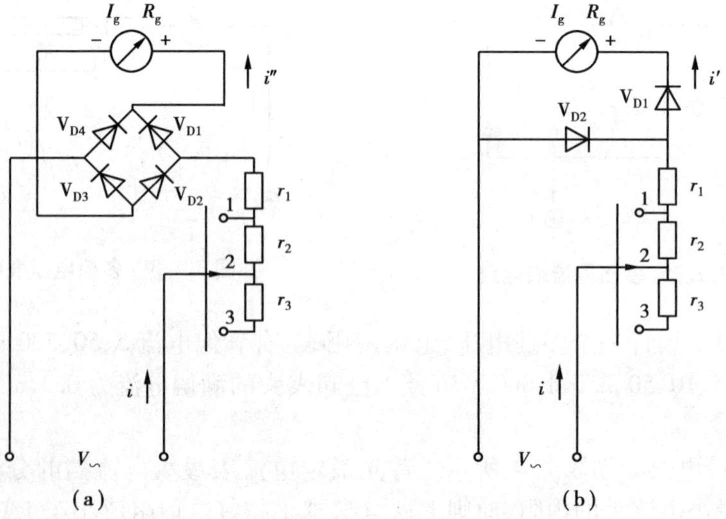

图 3.1.5 全波整流(a)和半波整流(b)电路

交流电压表有全波和半波两种基本整流电路，如图 3.1.5 所示。整流后流经表头的电流和输入交流电流的波形关系如图 3.1.6 所示。在全波整流电路中，交流的正半周流经二极管 V_{D1}、V_{D2}；负半周流经 V_{D2}、V_{D4}。在半波电路中，正半周 V_{D1} 导通，电流流至表头；负半周 V_{D2} 导通，表头电流为零。V_{D2} 的作用主要是保护 V_{D1} 和表头，不被反向高压击穿而产生反向漏电流。万用表一般都采用半波整流电路。这主要因为全波电路会使万用表的转换开关过分复杂，虽然全波电路的电流平均值比半波电路的大。

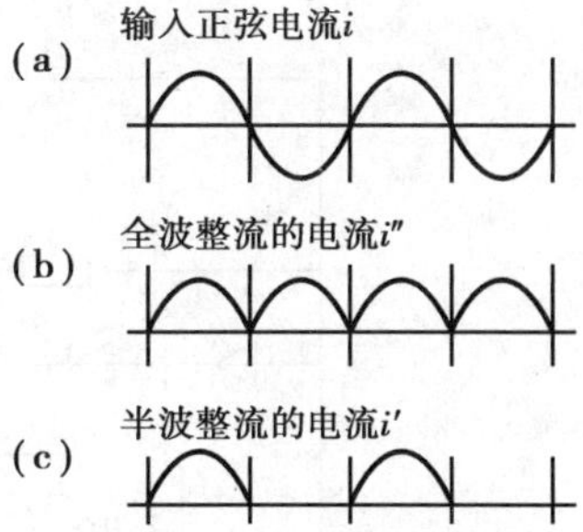

图 3.1.6　电路电流的波形图

假设二极管是理想整流器件，正向导通时，电阻为零；反向截止时，电阻无穷大。这时图 3.1.6 整流电流的半波形与输入电流恒等，也是正弦性的。设 i 的有效值为 I，i'' 和 i' 的平均值分别为 $\overline{i''}$ 和 $\overline{i'}$，于是，从电工学可知有效值与平均值的关系为：

$$I = \frac{\pi}{2\sqrt{2}} \times \overline{i''} \approx 1.11 \times \overline{i''} \qquad 和 \qquad I = \frac{\pi}{\sqrt{2}} \times \overline{i'} \approx 2.22 \times \overline{i'} \tag{3.1.8}$$

当表头电流的平均值等于 I_g 时，指针就指示满偏度。从式(3.1.8)可知，对于半波整流电路，满偏时的交流有效值 I 等于 $2.22I_g$。所以，有公式：

$$V/R = 2.22I_g \tag{3.1.9}$$

其中，V = 量程满偏电压；R = 电路总电阻；I_g = 表头满偏电流。对于图 3.1.5(b)的第 1 量程挡，$R = R_g + r_1$。代入式(3.1.9)，可解出

$$r_1 = \frac{V}{2.22I_g} - R_g \tag{3.1.10}$$

其余挡的降压串阻 r_2、r_3 就容易计算了。

实际整流二极管的特性是非线性的。二极管导通时有一定的电压降。电流微小时，电压降对电流变化很敏感；电流稍大，特性曲线过拐点后，电流增大，二极管的电压降基本不变了。拐点的电压降与二极管的类型有关，一般硅二极管是0.5 ~0.7 V，锗二极管 0.1 ~0.3 V。所以，考虑到实际二极管的电压降，对于硅管，式(3.1.10)中的 V 可修正成($V-0.6$)。

例 3.1.2　试在例(3.1.1)完成的直流电流电压两用表中，加上交流电压测量电路。这交流电压表有 10、100、500 V 三个量程挡。交流电压表采用半波整流电路。

解　增加交流电压测量电路之后的总电路图，如图 3.1.7 所示。首先确定交流电压表的满偏电流为 0.4 mA(有效值)。这是因为半波整流电路的输出电流较小，用比直流电压表电流大一倍的值是合适的。从而确定进入表头环路 B 点的平均电流等于 0.4/2.22 = 0.18(mA)。

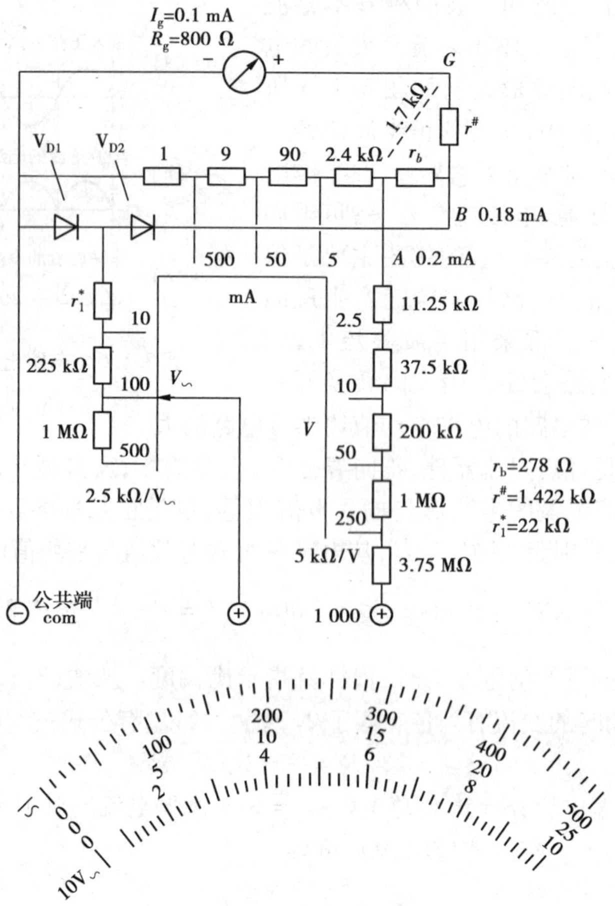

图 3.1.7　三用表的电路和读数标尺

已知 B 点的满偏电流等于 0.18，于是就可求出

$$r_b = 278\ \Omega \quad 和 \quad r^{\#} = 1.422\ \text{k}\Omega$$

从 B 点看入环路的内阻是 1.235 kΩ，所以有：

$$r_1^* = \frac{10 - 0.6}{0.4} - 1.235 = 22.3(\text{k}\Omega)$$

图中 $r^{\#}$ 和 r_1^* 是可调电阻。前者校正 0.2 mA 或 5 mA 电流，后者校正交流 10 V 满偏电压。

直流电压 1 000 V 有专用端子，是因为换挡开关不能耐高压。高压挡的串阻 3.75 MΩ常用 2 或 3 个电阻串联组成，使个别电阻的电压小。

这个三用电表的读数标尺如图 3.1.7 所示。交流电压 10 V 挡用专用标尺，交流

100 V 和 500 V 挡共用直流电压的标尺。

10 V 专用标尺是在标准交流表的校对下绘制出来的。由于交流 10 V 挡的总阻小，整流二极管的非线性电阻突出，所以专用标尺的非线性很严重。特别在低压 0 ~ 2 V 区域，由于交流 100、500 V 挡的总阻很大，二极管的非线性可忽略，故可共用直流电流、电压的线性标尺。

3.1.4　欧姆表

万用表常用如图 3.1.8 所示的串联型电阻测量电路。

在测量之前，必须先短路测量端子(测量 $R=0$)。这时，K 接通 1 位，调节电阻 R_m 使指针恰好指满偏点。而后 K 接通 2 位，测量未知电阻 R。设满偏点的角度为 θ_m，测量 R 的偏角是 θ。由于 $\theta_m \propto E/R_0$，$\theta \propto E/(R+R_0)$，所以有 θ 和 R 的关系式：

$$\theta/\theta_m = R_0/(R+R_0) \quad \text{或} \quad \theta = \theta_m R_0/(R+R_0) \tag{3.1.11}$$

式中，$R_0 = R_g + R_m$，是欧姆表的内阻。在式(3.1.11)中显然有，当 $R=0$ 时，$\theta=\theta_m$；当 $R=R_0$(欧姆表内阻)时，$\theta=\theta_m/2$；当 $R\to\infty$ 时，$\theta\to 0$。现在利用式(3.1.11)，在满偏为 10 的均匀直流标尺基础上，画出欧姆直读标尺，如图 3.1.8 所示。

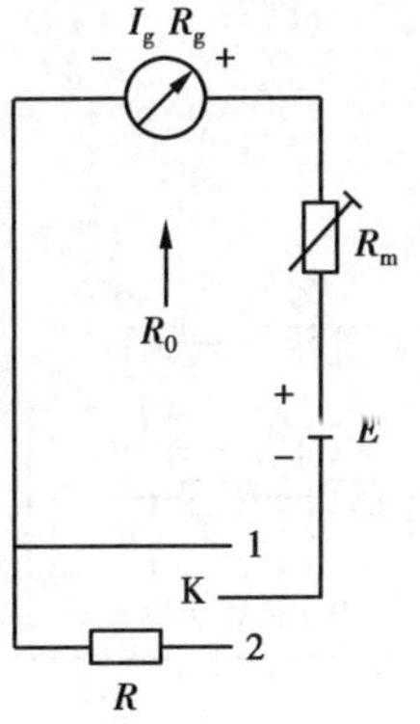

R	$16R_0$	$8R_0$	$4R_0$	$\sqrt{10}R_0$	$2R_0$
基础尺	0.59	1.11	2.00	2.40	3.33
R_0	$R_0/2$	$R_0/\sqrt{10}$	$R_0/4$	$R_0/8$	$R_0/16$
5.00	6.67	7.60	8.00	8.89	9.41

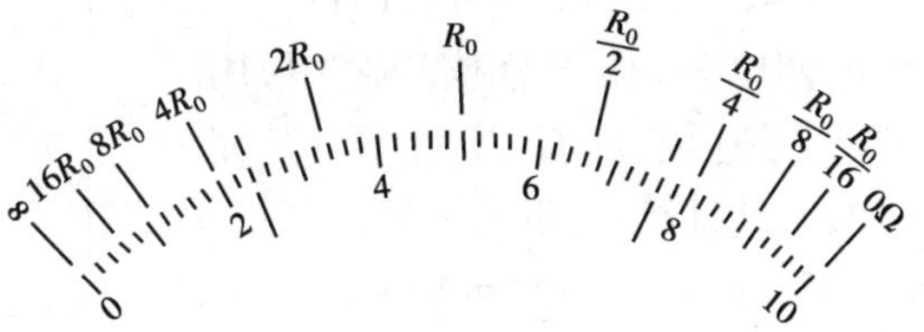

图 3.1.8　串联式电阻测量电路和欧姆读数标尺

在多挡欧姆表中，各个挡的内阻 R_0(也是欧姆标尺的中值)成 10 倍率改变，所以表头面板上可用一条欧姆标尺，适应所有的挡。这条标尺一般是最小电阻挡的标尺。其余挡的读数等于这标尺读数乘 10、100、…。

观察图 3.1.8 中的欧姆标尺，可见，nR_0 和 R_0/n 在中值 R_0 两边的对称位置上。还可见，电阻值成倍变化时，标尺中部改变宽而两端改变窄。这说明标尺中部读数误差较小、精确度高。所以，使用欧姆表时，必须利用换挡，让指针在标尺中部读数。

10 倍率分挡的分挡界限是 $R_0/\sqrt{10}$ 和 $\sqrt{10}R_0$。前挡的大阻值上限恰好是后挡的小阻值下限。界限 $R_0/\sqrt{10}$ 和 $\sqrt{10}R_0$ 在基础尺上的位置分别是 7. 60 和 2. 40。为了方便记忆,常近似用基础尺的 8 和 2 作为分挡边界。

例 3. 1. 3　试在例 3. 1. 2 完成的电路中,再加装多挡欧姆表电路。电阻测量有 ×1 Ω、×10 Ω、×100 Ω、×1 kΩ、×10 kΩ 五个挡。

解　加装后的电路如图 3. 1. 9 所示。其中,电流电压电路已省略,没有画出。

在表头环路中、有一个电位器 W 作为调节满偏(0 欧姆)之用。电阻测量电流从电位器 W 的 C 点引入表头环路。

低阻测量使用 1. 5 V 电池,新电池电压约有 1. 7 V。在使用过程中,电压降低,内阻增大。一般电压低至 1. 2 V 就该换新电池了。在新电池电压 1. 7 V 时,电位器 W 的 C 点应调至下端 B 点;在低压 1. 2 V 时,C 点应调至上端 D 点。在任何中间电压,电表都能将 0 Ω 调成满偏。

电路计算从 ×1 kΩ 挡开始,从 C、B 重合情况可计算出 ×1 kΩ 挡的内阻,即

$$R_0 = 1.7/0.18 \approx 9.4\ (\mathrm{k\Omega})$$

现在选定其内阻为 10 kΩ。又从 C、D 重合情况,可知流入 D 点的电流,从而知 W 的数值:

$$I_D = 1.2/10 = 0.12(\mathrm{mA})$$

$$W = 500/0.12 - (2\,500 + 278) = 1\,389(\Omega)$$

现在选定 $W = 1\ 300$ 的电位器。所以有:

$$r' = 1\,422 - 1\,300 = 122(\Omega)$$

这 r' 是可调电阻,作电流校正之用,用电池的平均电压 1. 45 V 计算 r_1,完成 ×1 kΩ挡的计算:这时有:

$$I_c = 1.45/10 = 0.145(\mathrm{mA})$$

$$r_{BC} = 500/0.145 - 2\,778 = 670(\Omega)$$

$$r_{CD} = 1\,300 - 670 = 630(\Omega)$$

从 C 点看入表头环路的内阻等于

$$(3\,448 \times 1\,552)/5\,000 = 1\,070(\Omega)$$

所以　$r_1 = 10 - 1.07 = 8.93(\mathrm{k\Omega})$

在 ×1 kΩ 挡基础上,很容易扩大或缩小内阻 R_0,以改变量程。图 3. 1. 9 的 ×10 kΩ挡加串联电阻 r_5,把内阻 R_0 扩大 10 倍。为了有相同的测量电流,

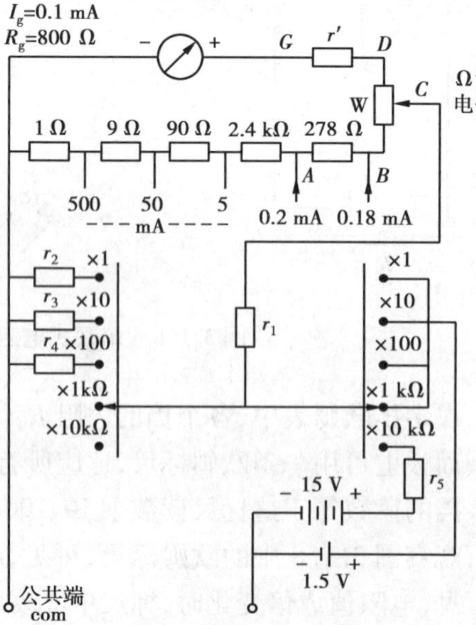

图 3. 1. 9　多挡电阻测量电路

电池电压也应扩大 10 倍。显然，$r_5 = 100 - 10 = 90\ \text{k}\Omega$。10 倍率缩小内阻，可用并联电阻的方法，其余三挡就是分别用并阻 r_4、r_3、r_2，完成缩小内阻 R_0 的。下面是这三个电阻的计算值：

$$r_4 = 10\,000 \times 1\,000/(10\,000 - 1\,000) = 1\,111(\Omega)$$

$$r_3 = 10\,000 \times 100/(10\,000 - 100) = 101.0(\Omega)$$

$$r_2 = 10(\Omega)\quad（考虑电池内阻，r_2 \approx 9.7\ \Omega）$$

3.1.5　测量误差

万用表的误差源除了表头的固有误差外，有很多其他附加误差。例如，电阻值误差、校正误差以及特殊测量（如交流整流测量、欧姆测量）方法的误差等。如果各个误差源引入的测量误差分别是 $\gamma_1, \gamma_2, \gamma_3, \cdots$，则总的测量误差可用下式计算：

$$\gamma = \sqrt{\gamma_1^2 + \gamma_2^2 + \gamma_3^2 + \cdots} \tag{3.1.12}$$

(1) 直流电流、电压的误差

直流电流、电压的测量误差源主要有基准电流的校正误差、电阻元件值误差和表头固有误差。一般万用表的电流校正误差可达 1%；电阻值误差等于或小于表头固有误差。表头固有误差可有两种表示法：一是偏角误差 $\Delta\theta$，它是由于指针偏转部分和轴承间的摩擦，偏转部分重心不平衡和读数标尺校正不良引起的。二是满偏相对误差 γ_m，请参看式(2.1.4)和式(2.1.5)。

现在，定义一个读数标尺的新参量 α。α 定义为指针偏角误差 $\Delta\theta$ 和由它造成的读数相对误差（$\Delta A/A$）之比。或者说，读数相对改变引起的偏角增量和读数相对改变之比。即

$$\alpha = \frac{\Delta\theta}{\Delta A/A} = \frac{\Delta\theta}{\Delta A}A \tag{3.1.13}$$

对于直流线性标尺有 $\Delta\theta/\theta_m = \Delta A/A_m$，所以

$$\alpha = \frac{\theta_m}{A_m}A \tag{3.1.14}$$

因而知道，线性标尺由表头固有误差 $\Delta\theta$ 引起的测量误差为：

$$\gamma = \frac{\Delta A}{A} = \frac{\Delta\theta}{\alpha} = \frac{A_m}{A} \cdot \frac{\Delta\theta}{\theta_m} = \frac{A_m}{A}\gamma_m \tag{3.1.15}$$

与式(2.1.5)相同。5 倍率换挡情况 $\gamma = (1 \sim 5)\gamma_m$；10 倍率换挡情况 $\gamma = (1 \sim 10)\gamma_m$。

(2) 交流电压的误差

在图 3.1.7 的交流电压表中，100 V 和 500 V 两挡的读数标尺共用直流的线性标尺。这两挡的测量误差可以近似认为跟直流电压相同。但是，低电压 10 V 挡的读数标尺是非常不均匀的专用标尺。因此，还须考虑：①式(3.1.15)不适合非线性标尺，相同的误差 $\Delta\theta$ 在标尺低段上会产生比高段大得多的读数误差 ΔA；②这非线性标尺

本身有校正误差。

(3) 欧姆表的误差

有很多误差源造成欧姆表测量的附加误差。例如:①表头固有误差 $\Delta\theta$ 在欧姆尺上产生的误差;②欧姆表的内阻不等于标尺的中值;③指针的 0 点(对应∞欧姆)和满偏点(对应 0 欧姆)没有校正好。现在讨论①、②两项附加误差。

①欧姆标尺是非线性的。它的 α 参量公式(3.1.13)应当写成微分式:

$$\alpha = \frac{\mathrm{d}\theta}{\mathrm{d}R/R} = R\frac{\mathrm{d}\theta}{\mathrm{d}R} \tag{3.1.16}$$

微分式(3.1.11)求出 $\mathrm{d}\theta/\mathrm{d}R$,代入上式即得:

$$\alpha = -\theta_{\mathrm{m}}\frac{RR_0}{(R+R_0)^2} \tag{3.1.17}$$

这里的负号表示电阻增大(减小),偏角减小(增大)。一般用它的绝对值。微分 $|\alpha|$,再令等于零,即可证明:当 $R=R_0$ 时,标尺的 α 最大,该最大值为:

$$|\alpha|_{\mathrm{m}} = \theta_{\mathrm{m}}/4 \tag{3.1.18}$$

当 $R=R_0/\sqrt{10}$ 或 $=\sqrt{10}R_0$(换挡边界)时,从式(3.1.17)可知,两个边界的 α 值相等,都等于 $0.182\,5\theta_{\mathrm{m}}\approx\theta_{\mathrm{m}}/5.5$。

欧姆标尺的测量误差:

$$\gamma = \frac{\Delta R}{R} = \frac{\Delta\theta}{|\alpha|} = \frac{\theta_{\mathrm{m}}}{|\alpha|}\gamma_{\mathrm{m}} \tag{3.1.19}$$

在标尺中值处 $|\alpha|=\theta_{\mathrm{m}}/4$,在边界处 $|\alpha|=\theta_{\mathrm{m}}/5.5$。所以,利用换挡法保持读数在标尺中段,测量误差为:

$$\gamma = (4\sim5.5)\gamma_{\mathrm{m}} \tag{3.1.20}$$

②0 Ω(满偏)调节电路是造成欧姆表内阻 R_0 不稳定的主要根源。当内阻不等于读数标尺的中值时,读数就会出现附加测量误差。参看图 3.1.8 的欧姆标尺。若是内阻由原 R_0 变成新值 R_0',则新值的标尺和原标尺相同,只是应把 R_0 替换成 R_0' 而已。在标尺上任一个相同的偏角点,新读数 R' 与原读数 R 之比率是常数,即 $K=R_0'/R_0$。10 倍率分挡共用一条欧姆尺就是这情况的特例。

现在设内阻不稳,与标尺中值的相对误差为 γ_{R0},于是得证明:

$$(\text{测量误差})\ \gamma = \frac{R'-R}{R} = \frac{KR-R}{R} = K-1 = \frac{R_0'}{R_0}-1 = \gamma_{R0}(\text{内阻的误差}) \tag{3.1.21}$$

例 3.1.4 用万用表做电阻测量。已知表头的满偏误差 $\gamma_{\mathrm{m}}=2.5\%$,内阻对中值的误差为 2%,表头指针 0 点和满偏点不正,引入的读数误差为 2%,又知被测电阻值在标尺中值附近,计算测量误差。

解 表头固有误差引起的测量误差: $\gamma_1=4\gamma_{\mathrm{m}}=4\times2.5=10\%$

内阻不稳造成的附加误差：　　　$\gamma_2 = \gamma_{R0} = 2\%$

表头0和满偏点不正的误差：　　　$\gamma_3 = 2\%$

总的测量误差为：　　$\gamma = \sqrt{\gamma_1^2 + \gamma_2^2 + \gamma_3^2} = 0.104 = 10.4\%$

可见，表头的固有误差是主要的误差源。

3.2　热电式电流表

3.2.1　电流表的结构

在高频宽频带内测量电流，一般使用热电式电流表。它用热电偶作为交/直流变换器。热电偶又称温差电偶，请参看物理学的"温差电现象"。两种不同的金属A和B连接成闭合回路，如图3.2.1所示。设A、B两个接触点的温度不等，分别为T_1和T_2，则回路中就有电流I流动。

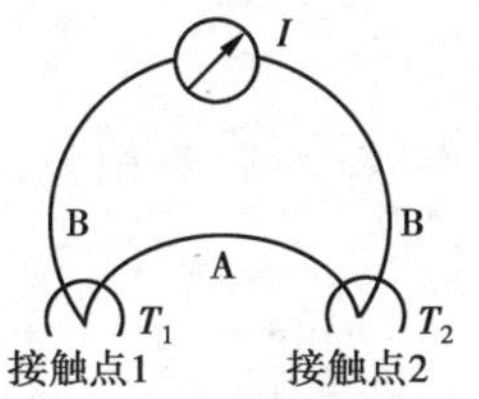

图3.2.1　金属的温差电现象

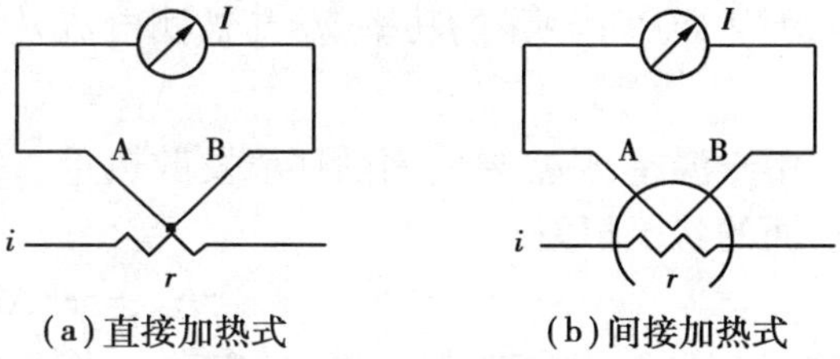

图3.2.2　热电偶电流表的结构

图3.2.2表示两种热电偶电流表的结构。图(a)为接触直接加热式，图(b)为间接加热式。发热电阻r和热电偶不接触，用玻璃小球做机械连接和电绝缘。当被测电流i流过加热器r时，热电偶的一个端面就被加热而温度升高。直流表头有电流I流过。

3.2.2　热电偶电表的原理

金属A和B接触后，接触面附近的电子就会互相扩散。由于不同金属的自由电子浓度不同，浓度大的扩散到浓度小的电子数多于从浓度小的扩散到浓度大的电子数。于是，接触面上会建立起一个电场，阻止浓度大的继续做较多扩散，最后达到动态平衡，使互相扩散的电子数相等。如图3.2.3所示，这个由扩散形成的电场或电势称为金属的接触场或接

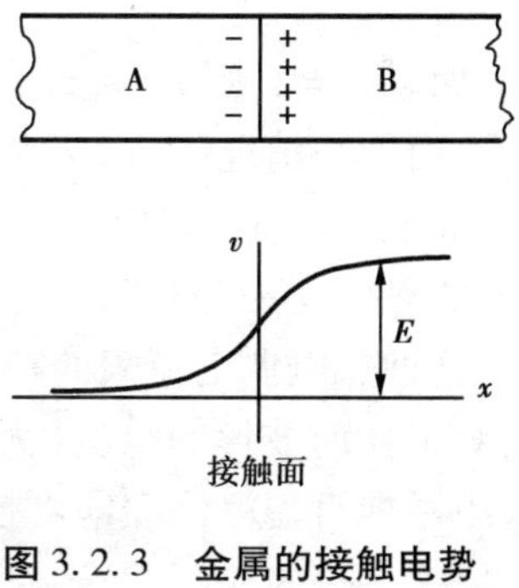

图3.2.3　金属的接触电势

触电势,电势用 E 表示。电子浓度大的金属边是 E 的正端。

看图 3.2.1,设温度 $T_2 > T_1$,接触点 2 的扩散活力强于接触点 1。所以,使 $E_2 > E_1$,而回路呈现电势 $(E_2 - E_1)$,产生回路电流。若 $T_2 = T_1$,则 $E_{AB} + E_{BA} = 0$。对于三种或三种以上金属组成的回路,只要各个接触面温度相同,回路的总接触电势仍等于零。例如 A、B、C 三种金属的连接回路,有 $E_{AB} + E_{BC} + E_{CA} = 0$。这是容易证明的。根据能量守恒原理,电流在回路中流动所消耗的能量是由温差热能提供的,没有温差就没有电流。

实验发现,温差电势近似与温度差成正比。即

$$E = E_2 - E_1 \approx \alpha(T_2 - T_1) = \alpha \cdot \Delta T \tag{3.2.1}$$

这 α 称为温差电偶系数,T_2 是受热接触点的温度;T_1 是其余接触点的温度,一般等于环境温度。如图 3.2.2 所示,设流过表头的热电流为 I,热电偶回路的总阻为 R,则知电流 I 也近似与温差成正比。即

$$I = E/R \approx \frac{\alpha}{R}\Delta T = K\Delta T \tag{3.2.2}$$

加热器产生热量的功率 N_1 与被测电流 i^2 成正比。即

$$N_1 = K_1 i^2 \tag{3.2.3}$$

由于温差,热点要向周围环境发散热量。发散的热功率 N_2 与温差相关,也与散热表面的状况相关:

$$N_2 = K_2 \Delta T^A \tag{3.2.4}$$

指数 $A = 1 \sim 3$,表示散热面状况的参数。当热点温度低的时候,加热功率大于散热功率,热点温度继续升高。当温度升高至散热量等于加热量时,温度稳定不变。假设温度再升高,就有散热速度大于加热速度,温度会下降至稳定温度。令式(3.2.3)和式(3.2.4)相等,即可解出这个稳定(平衡)温度:

$$\Delta T = K_3 \sqrt[A]{i^2} \tag{3.2.5}$$

将式(3.2.5)代入式(3.2.2),则得表头电流 I 与被测电流 i 的关系式如下:

$$I = K_4 \sqrt[A]{i^2} \tag{3.2.6}$$

如果 $A = 2$,则 $I = K_4 i$,表头电流与被测电流成正比。这时表头的读数标尺是线性的,而一般情况($A \neq 2$),标尺是非线性的。读数标尺经过校准,可直接读出电流 i 的有效值。电流 i 可以是任何波形的电流,因为任何波形电流的有效值如果相等,则它们的热效应相等。

这种热电偶电流表的特点是:加热器的分布电感、分布电容非常小,所以能测高频;对于任何波形的电流(无论交流或直流),都是有效值直读;电表的校准方法很简单,用标准直流电流表即可校准读数。

3.3 电压的测量

电流和电压是最重要的基本量,许多电量都是用电流电压的形式表示。直流电压表常用一个高灵敏度直流 μA 表头和串联降压电阻组成。而交流电压表常要把交流整流(或称检波)成直流,再用直流表头指示被测交流电压。模拟式电压表用直流表头,用指针指示电压标尺上的读数。数字式电压表用模/数(A/D)变换,用数字显示读数。数字式电表的优点是:直观、精确度高、输入阻抗大,便于与其他数字式设备连接,组成自动测量系统。

3.3.1 模拟式交流电压表

(1)电压表的组构方案

根据对灵敏度和频带宽度的要求,模拟交流电压表有多种组构方案:①直接检波式(图 3.3.1(a)):这种方案最简单,但灵敏度最低。②放大、检波式(图 3.3.1(b)):被测电压先经宽带放大器放大之后,再检波、指示读数。这种电压表的频率带宽和灵敏度主要决定于前置放大器的带宽和内部噪声水平。一般灵敏度为几毫伏,带宽20 Hz ~ 10 MHz。③检波、放大式(图 3.3.1(c)):这是先检波后放大方式。由于检波二极管的高频响应非常好,能测量高频和超高频电压,但灵敏度受到二极管非线性的限制。例如,某电压表的带宽为 20 Hz ~ 300 MHz,量程为 1 ~ 100 V。④外差式(图3.3.1(d)):这种电路和外差式收音机电路大致相同。由于中频放大器是固定频率 f_m 的放大器,可实现高增益放大,提高灵敏度。采用调节本机振荡器频率 f_0 的方法,适应宽范围的被测电压频率 f。频率的关系式是 $f_0 - f = f_m$ 或 $f - f_0 = f_m$,中频 f_m 是固定值。

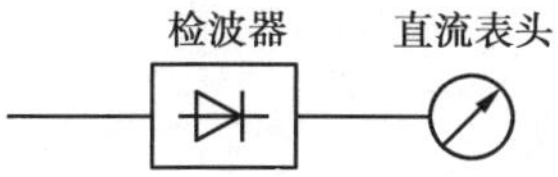

(a)直接检波式

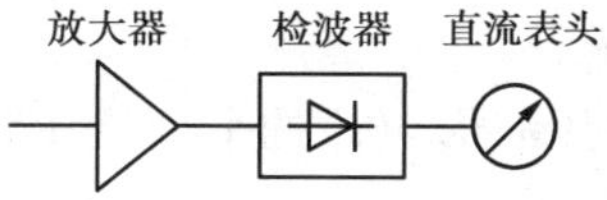

(b)放大—检波式

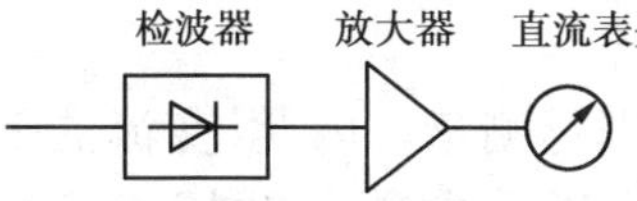

(c)检波—放大式

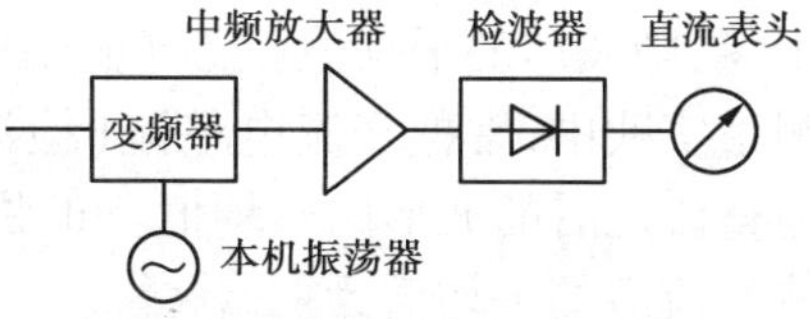

(d)外差式电压表

图 3.3.1　交流电压表的组构方案

外差式电压表克服了图 3.3.1(b)、(c)方式的缺点，解决了灵敏度和带宽的矛盾，同时大大提高灵敏度和频带宽度。例如，某外差式高频电压表，频宽 100 kHz ~ 300 MHz，最低电压可达 15 μV。

(2)正弦交流电压(电流)的特征参数

这里讨论交流电的几个特征参数的定义：

1)峰值和幅值

如图 3.3.2 所示，很直观地说明了这两参数。幅值一般是指正弦振荡波的振幅值，是振动范围的一半；而峰值是波形的正方向最高点和负方向最高点。从图 3.3.2(b)可见，有正峰和负峰值。当正弦波无直流成分时(如图 3.3.2(a)所示)，峰值等于幅值。当有直流成分，而且直流成分相当大时，如图 3.3.2(c)所示，波形会出现谷值。

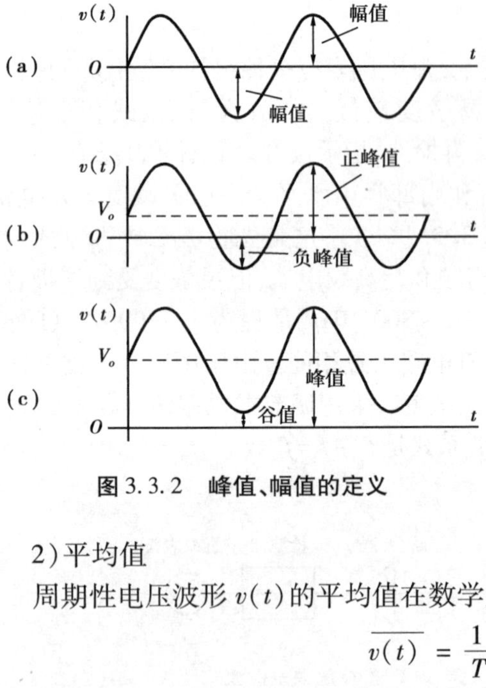

图 3.3.2　峰值、幅值的定义

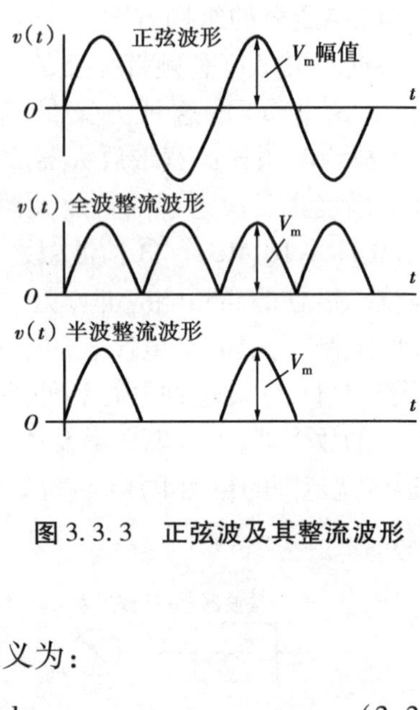

图 3.3.3　正弦波及其整流波形

2)平均值

周期性电压波形 $v(t)$ 的平均值在数学上的定义为：

$$\overline{v(t)} = \frac{1}{T}\int_0^T v(t)\,\mathrm{d}t \tag{3.3.1}$$

这里 T 是波形的周期。设若波形是由正弦波和直流成分 V 组成，因为正弦的平均值等于零，则波形的平均值就等于直流成分值 V。

在测量实践中，常把交流电整流(检波)之后进行测量。因此，交流的平均值应当理解为整流之后的波形的平均值。正弦波和它整流后的波形如图 3.3.3 所示。正弦波全波整流后的平均值为：

$$\frac{1}{T}\int_0^T \left| V_m \sin\frac{2\pi}{T}t \right| \mathrm{d}t = \frac{2}{T}\int_0^{T/2}\left(V_m \sin\frac{2\pi}{T}t\right)\mathrm{d}t = \frac{2}{\pi}V_m \tag{3.3.2}$$

半波整流后的平均值等于 V_m/π。一般说交流的平均值是指全波整流后的平均值。

3）有效值

交流电流、电压的有效值又称根均方（r. m. s.）值。当交流电的有效值和直流电的数值相等时，它们在相同电阻中产生相等的平均热功率。即是说交、直流数值相同，产生的热效应相同。例如，正弦电流 i 在电阻 R 上产生的平均热功率为：

$$\frac{1}{T}\int_0^T i^2 R\mathrm{d}t = \frac{R}{T}\int_0^T (I_{\mathrm{m}}\sin\omega t)^2\mathrm{d}t = \frac{1}{2}I_{\mathrm{m}}^2 R \qquad (3.3.3)$$

而直流电流 I 在 R 上产生的热功率等于 I^2R。在此，令交、直流的热功率相等，则交流有效值等于直流值 I，于是，从式（3.3.3）得交流的有效值，即

$$I = \frac{1}{\sqrt{2}}I_{\mathrm{m}} = \sqrt{\frac{1}{T}\int_0^T i^2\mathrm{d}t} \qquad (3.3.4)$$

可见，正弦交流的有效值等于 $I_{\mathrm{m}}/\sqrt{2}$，是电流平方平均值的方根，所以，也称为根均方（root mean square）值。这个对电流的有效值的结论也适用于交流电压。

4）波形系数和波峰系数

以电压波形为例，它们的定义是：波形系数 K_{F} = 有效值/平均值 = $V/\overline{V}$；波峰系数 K_{P} = 峰值/有效值 = V_{m}/V。常见的几种波形的特征参数见表 3.3.1。

表 3.3.1　几种波形的特征参数

名　称	波　形	有效值 V	平均值 $\overline{V}$	波形系数 $K_{\mathrm{F}}=V/\overline{V}$	波峰系数 $K_{\mathrm{P}}=V_{\mathrm{m}}/V$
正弦波	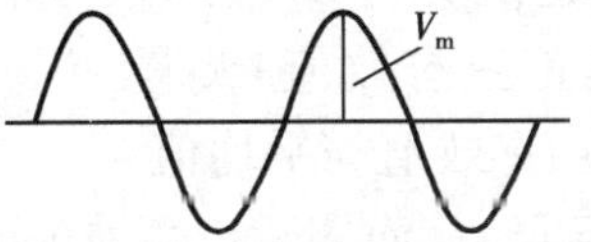	$\frac{1}{\sqrt{2}}V_{\mathrm{m}}$	$\frac{2}{\pi}V_{\mathrm{m}}$	$\frac{\pi}{2\sqrt{2}}$	$\sqrt{2}$
正弦全波整流	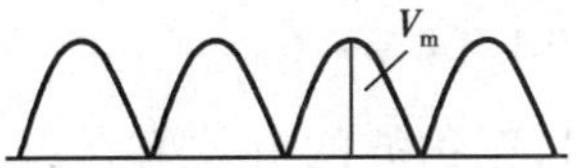	$\frac{1}{\sqrt{2}}V_{\mathrm{m}}$	$\frac{2}{\pi}V_{\mathrm{m}}$	$\frac{\pi}{2\sqrt{2}}$	$\sqrt{2}$
正弦半波整流	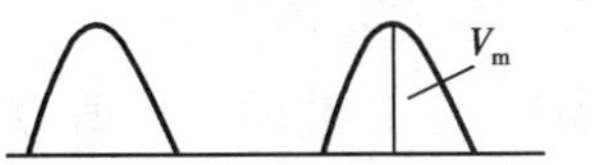	$\frac{1}{2}V_{\mathrm{m}}$	$\frac{1}{\pi}V_{\mathrm{m}}$	$\frac{\pi}{2}$	2
锯齿波或三角波	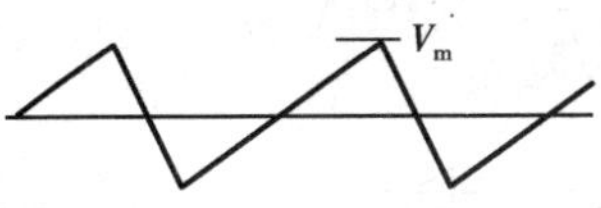	$\frac{1}{\sqrt{3}}V_{\mathrm{m}}$	$\frac{1}{2}V_{\mathrm{m}}$	$\frac{2}{\sqrt{3}}$	$\sqrt{3}$
矩形波或方波	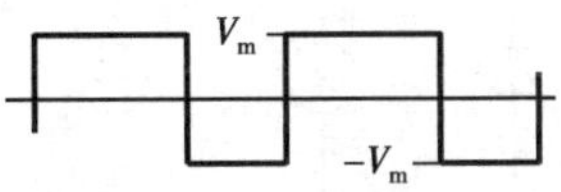	V_{m}	V_{m}	1	1
正脉冲波	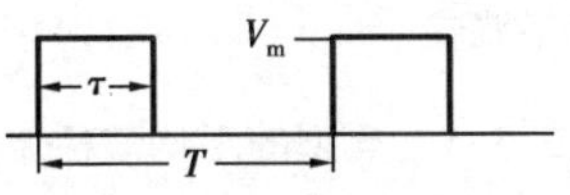	$\sqrt{\frac{\tau}{T}}\cdot V_{\mathrm{m}}$	$\frac{\tau}{T}\cdot V_{\mathrm{m}}$	$\sqrt{\frac{T}{\tau}}$	$\sqrt{\frac{T}{\tau}}$

(3)电压表的检波电路

1)峰值检波器

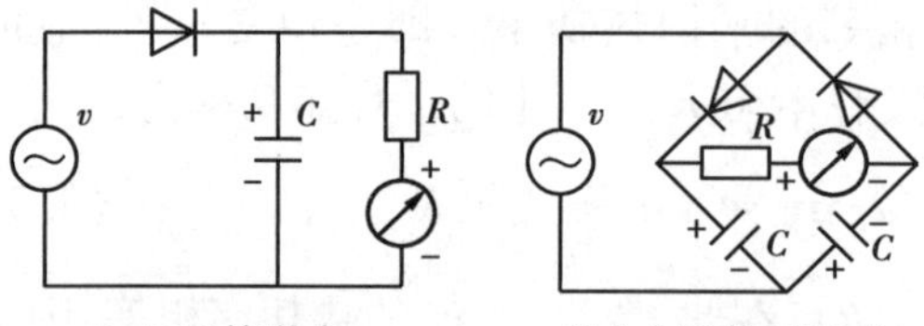

(a)RC并联式　(b)全波倍压桥式

图 3.3.4　典型的峰值检波电路

这种检波器的输出读数与被测交流电压的峰值成正比。图 3.3.4 所示为两个峰值检波器电路。峰值检波电路的特征是:电容 C 经二极管很快完成充电,电容电压等于输入电压的峰值,而后电容 C 经电阻 R 放电。由于 RC 时间常数很大,在下一次充电之前,电容电压下降很少,基本保持峰值。如果令充电的电阻为 r,则应有下式成立:

$$\mathrm{RC} \gg rC \quad 和 \quad \mathrm{RC} \gg T$$

T 是被测电压的周期。峰值检波输出的直流平均值总是稍小于峰值。这是检波器的固有(负)误差。电压频率低、误差大。

设想这表头面上有一条峰值读数标尺,则这电压表就能测量任何波形电压的峰值。例如,正弦波和三角波的峰值相等,则电压表对两波形的读数也相等。实际上,电压表常是测量正弦波有效值专用的。这里有一个定标问题,即要把峰值标尺除以正弦的波峰系数$\sqrt{2}$,变成有效值标尺。下面例题说明测量波形的定标问题。

例 3.3.1　用峰值检波的电压表(标尺是正弦有效值)测量一个三角波形的电压,标尺读数等于 10 V。试求出三角波的峰值、有效值与平均值。

解　首先把电表有效值标尺还原成峰值标尺,从而知道三角波的峰值。即

$$V_{\mathrm{m}} = 10 \times \sqrt{2} = 14.14\ \mathrm{V}$$

查表 3.3.1,得三角波的波形系数 $K_{\mathrm{P}} = \sqrt{3}$,所以,三角波的有效值为:

$$V = V_{\mathrm{m}}/K_{\mathrm{P}} = 10 \times \sqrt{2}/\sqrt{3} = 8.16\ \mathrm{V}$$

查表 3.3.1,得三角波的波形系数 $K_{\mathrm{F}} = 2/\sqrt{3}$,所以,三角波的平均值为:

$$\overline{V} = V/K_{\mathrm{F}} = 8.16 \Big/ \frac{2}{\sqrt{3}} = 7.07\ \mathrm{V}$$

2)平均值检波器

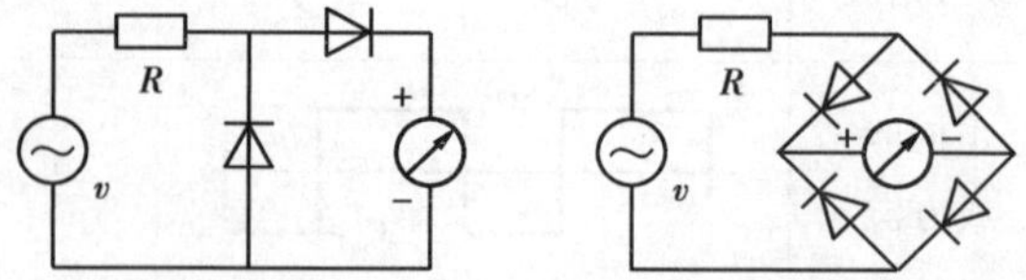

(a)半波式　(b)全波桥式

图 3.3.5　典型的平均值检波电路

检波器的输出与被测交流电压的平均值成正比。图 3.3.5 所示出两个平均值检波电路。注意,这些检波电路都无电容器。经二极管整流得出的半波或全波脉动电流已由表头指针动圈的机

械惯性给以平均化，因而表头指针的指示是稳定的，偏角与脉动电流的平均值成正比。

设想这表头有一条平均值读数标尺，则这电压表就能测量任何波形电压的平均值。如果正弦波和三角波的平均值相等，则电压表对两波的读数也相等。实际上，电表常是测量正弦波有效值的。这里有一个定标问题，即要把平均值标尺乘波形系数，变成有效值标尺。下面例题说明测量波形的定标问题。

例 3.3.2　一个平均值检波的电压表测量三角波电压，读数是 3.5 V。试求出三角波的有效值。

解　先把电表的有效值标尺还原成平均值标尺，即可知三角波的平均值为：

$$\overline{V} = 3.5\bigg/\frac{\pi}{2\sqrt{2}} = 3.5/1.11 = 3.15(\mathrm{V})$$

查表 3.3.1，知三角波的波形系数 $K_F = 2/\sqrt{3} = 1.155$，所以三角波的有效值为：

$$V = K_F\,\overline{V} = 1.155 \times 3.15 = 3.64(\mathrm{V})$$

3）有效值检波器

有效值检波适用于任何波形测量，直接读电压的有效值。但是检波电路较为复杂，有效值检波有平方律检波式、计算式和热电式等方式。

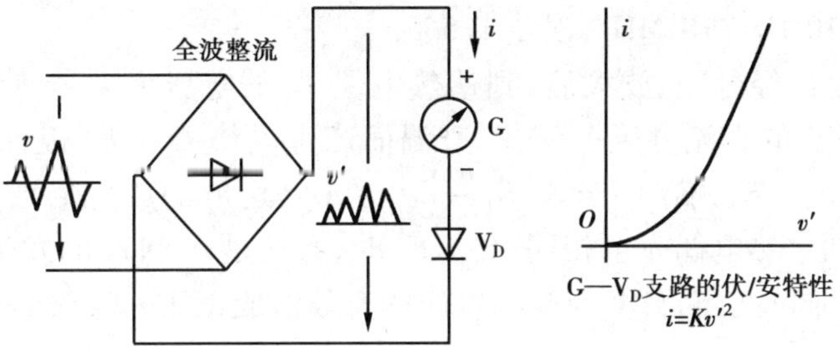

图 3.3.6　平方律检波的工作原理

平方律检波可用图 3.3.6 的简单电路说明其工作原理。V_D 是锗晶体二极管，伏安特性近似平方律特性。现在我们认为、G-V_D 串联支路的伏安特性是正确的平方律特性，即

$$i = Kv'^2 \tag{3.3.5}$$

表头 G 的机械惯性能使脉动电流 i 平均化。结果是表头指针偏角 θ 跟电流 i 的平均值成正比。于是，下式成立：

$$\theta = K_1\,\overline{i} = K_2\,\overline{v'^2} = K_2 V'^2 = K_2 V^2 \tag{3.3.6}$$

这里 V、V'分别是全波整流前后的电压有效值，$V' = V$。又因 $V' = \sqrt{\overline{v'^2}}$，所以，有$\overline{v'^2} = V'^2$。

式(3.3.6)说明表头指针偏角与任何波形电压有效值的平方成正比。可见,表头电压有效值读数的刻线是非线性的,低压处密集,高压处稀疏。

计算式有效值检波是真根均方(r. m. s.)运算,把被测电压做平方、积分、平均和开方运算,最后,输出的直流电压与被测电压的有效值成正比。

真有效值(TRMS)单片集成块现在广泛应用在数字电压表等设备中。集成块典型产品有AD636、AD637、AD736、AD737,除完成TRMS—A/D变换之外,部分产品还有平方、均方、绝对值和dB值输出。

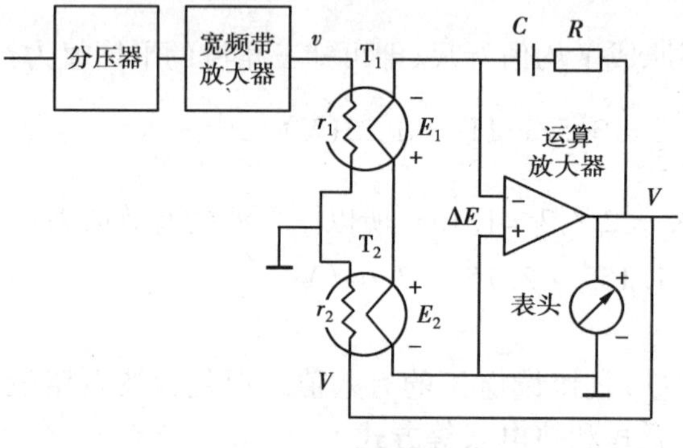

图3.3.7 热电偶式有效值电压表

热电式有效值检波:首先看利用热电偶构成的有效值电压表,如图3.3.7所示。请参看图3.2.2热电偶原理。图3.3.7中的T_1和T_2是两个结构、特性和所在环境散热条件都完全相同的热电偶,E_1和E_2是它们的温差电势,极性如图示。此型(DA—24)多挡电压表的最小量程为1 mV,最大量程300 V,频带10 Hz~10 MHz,误差1.5%。

被测交流电压经分压、放大后,到达热电偶T_1的电压为v。v使T_1升温而产生电势E_1;运放输出的直流电压V使T_2升温而产生电势E_2。E_2极性与E_1相反。运放的输入$\Delta E = E_1 - E_2$,输出$V = A(E_1 - E_2)$。A是运放的放大倍数(非常大),所以$E_1 = E_2$。由于两个热电偶完全相同,$E_1 = E_2$时,必然是r_1和r_2的发热功率相等,V等于v的有效值。同时也说明V与被测电压的有效值成正比。表头的有效值读数标尺是线性的。

热电偶有热惰性大、对温度敏感和过载承受性差等缺点。图3.3.8所示为一个性能较好的集成式热电有效值检波电路。图3.3.8中V_1和V_2是两个热敏晶体管集成电路。由于集成电路制造的特点,两管的集电极电流、基—发电压随温度的变化对称性很好。而且热阻和晶管的热惰性小、响应快、过载力强。

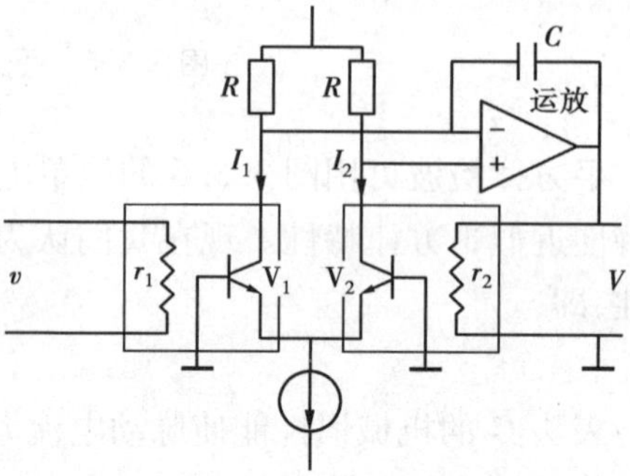

图3.3.8 集成热电有效值检波器

被测电压v先加热r_1,使V_1集电极电流增大;运放输出V加热r_2,使V_2集电极电流也增大。当两电流的增量相等时，r_1 和 r_2 的热功率相等，直流电压 V 就等于被测电压 ν 的有效值。

3.3.2 数字式电压表

数字电压表大体由三部分组成：一是模/数（A/D）变换；二是逻辑控制；三是数字显示。模/数变换是电压表的核心部分，它能把被测的模拟电压变换成数字量。数字电压表的优点是：①精确度高，一般是（0.1～0.01）%，高精度数字电压表可达（0.001～0.000 1）%，而模拟电压表要达到0.1%非常困难；②直接显示读数，读数清晰、方便。③电压表输入阻抗很高，可达1 000 MΩ。

数字电压表常用模/数变换的方法来分类。各类的性能和精确度也基本取决于模/数变换的方法。数字电压表可分成积分型和非积分型两大类。这里只讨论双积分型数字电压表。

双积分数字电压表由于有抗干扰力强，对多数元件要求不高，却仍有较高精确度、容易集成化、成本低廉等优点，所以得到广泛应用。下面说明这种直流电压表的模/数变换的工作原理：

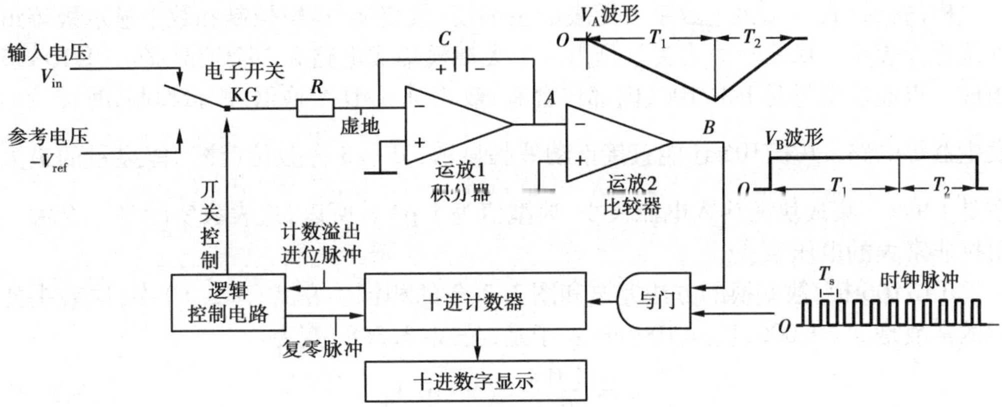

图3.3.9 双积分型A/D变换的原理

如图3.3.9所示，开始时十进计数器复位成全零，积分电容完全放电，电压为零。然后开关KG连接被测电压 V_{in}，于是，积分器的输出 V_A 随着电容 C 的充电而线性下降。这时，比较器输出 V_B 正脉冲，计数门（与门）开启，计数器从零开始计数时钟脉冲。等到计数器发生溢出进位时（计数器进位后成全零），控制电路令KG换接到参考电压 $-V_{ref}$。这个负压使积分电容放电，V_A 线性上升，计数器从进位后的全零连续计数，直到 V_A 上升至零点时，零点比较器输出的 V_B 正脉冲结束，计数门关闭，停止计数。现在，计数器中存留的计数就是电压 V_{in} 的A/D变换结果。下面证明这个叙述：

先设定一些代表符号。设 V_{in}经 R 对电容充电的电流为 I_1，充电时间为 T_1；V_{ref}的放电电流为 I_2，放电时间为 T_2。又设时钟脉冲的周期为 T_s，计数器存留的计数为 n，计数器的容量为 N。即每计数 N 个脉冲就计满，复零并溢出一个进位脉冲。于是，根据充、放电电量 Q 相等的条件，得出下列等式：

$$Q = I_1T_1 = V_{in}T_1/R = I_2T_2 = V_{ref}T_2/R \tag{3.3.7}$$

从而有

$$\frac{V_{in}}{V_{ref}} = \frac{T_2}{T_1} = \frac{nT_s}{NT_s} = \frac{n}{N} \quad 和 \quad n = \frac{N}{V_{ref}} \cdot V_{in} \tag{3.3.8}$$

可见，计数器存留并显示的数 n 与输入电压 V_{in}成正比（N/V_{ref}是比例常数），只要选定常数（N/V_{ref}）为 10 的整数次幂，就可从 n 直读 V_{in}数值。

电压表的固有误差是参考电压的相对误差 γ_{ref}和计数器的 ±1 误差。

3.3.3 数字式万用表

数字万用表（DMM）体积小、重量轻、精确度较高。在电路测量中，已得到和模拟表一样的广泛应用。万用表一般是在直流电压表的基础上扩展功能构成的。下面用简单的 DT830 型数字万用表为例，了解数字万用表的基本工作原理。

（1）表头单元

模仿指针式万用表把数字万用表的主部模/数变换、逻辑控制和数字显示板等组件统称为表头。DT830 的表头就是由一个大规模集成电路和一个液晶显示（LCD）板组成。集成块型号是 ICL7106，内部包含有：双积分 A/D 变换器、逻辑控制、时钟脉冲发生器等电路。ICL7106 还能直接推动液晶显示，显示 $3\frac{1}{2}$数位（注），能显示的最大数是 1 999。集成块的输入电流极小，典型值为 1 pA。所以，这表头实际是一个输入阻抗非常大的电压表头。

ICL7106 模/数变换的方法完全和图 3.3.9 的相同。在式（3.3.8）中，这表头使用的常数是 $N=1\ 000$，$V_{ref}=100$ mV。于是，公式（3.3.8）变为：

$$n = \frac{1\ 000}{0.1}V_{in} = 10^4 V_{in} \tag{3.3.9}$$

因为显示的最大数字 $n=1\ 999$，从上式可知，这表头的满度电压是 199.9 mV。实际上常称它为200 mV 满度的表头。数字表头在使用上有不如模拟表头之处：数字显示是跳变的，不能看出被测电压的连续变化。为此，新的数字表显示板上加有"模拟条图"，使其兼有指针模拟表的特性，为数字万用表取代模拟万用表创造条件。

（注）用 $3\frac{1}{2}$标记表头的显示数位，是仪表厂家自定的标记法，表示有三位十进数和一个最高位。最高位的数最大为 1，满度为 2(000)，显示最大数为 1 999。推论，$3\frac{3}{4}$的显示最大数为3 999。有 7536—03 型数字万用表，称其液晶显示为 3.5 数位，即 3 位半十进数。显示的最大数是 3 200。半个十进数的对数概念是 $\sqrt{10}\approx3.2$。此型表置有模拟条图。

(2) 电流、电压测量

DT830 表的电流、电压测量电路原理图如图 3.3.10 所示。左边 9 个精密电阻组成电压分压器和电流/电压变换器。当被测电压大于表头满度电压 200 mV 时，利用这 10 倍率分压器扩大量程至 2 V、20 V、…。作电流测量时，被测电流经小电阻得电流/电压变换。例如，20 mA 挡的电阻等于 10 Ω，变换得表头满度电压 200 mV。图 3.3.10 的 10 A 挡为什么必须置专用接口？1 000 V 和 10 A 两挡可否写成 2 000 V 和 20 A？这两个问题请读者思考。

当测量直流时，分压器直通表头；当测交流时，在分压器和表头之间插入交流/直流(AC/DC)变换器。变换器的输出直流电压等于输入交流电压的有效值。输入交流电压有效值 200 mV，则输出直流满度电压 200 mV。

表头集成块 ICL7106 的出脚 31,30 是被测电压输入口，32 是公共端，36 和 35 脚是参考电压输入口，1 和 26 是正负电源。在 1 和 32 脚(即 V_+ 和 COM)之间，内部提供有约 2.8 V 的稳压参考源。双积分所需的标准参考电压 V_{ref} = 100 mV 就是从中取得的。

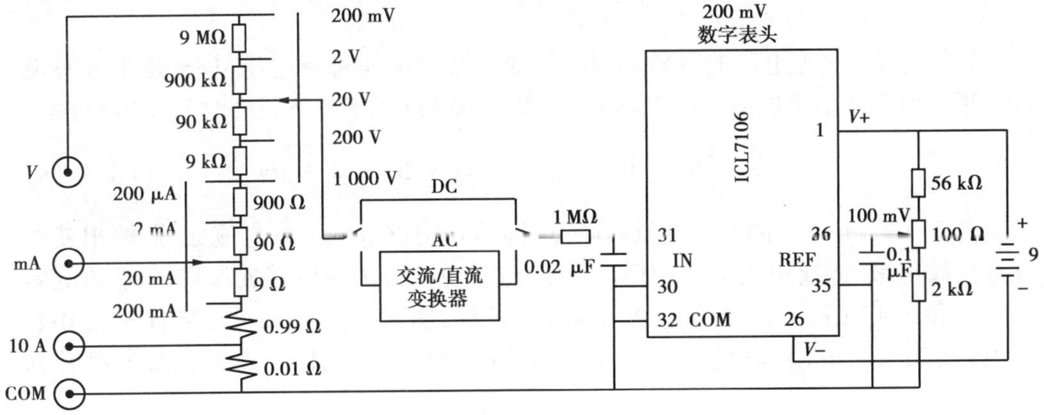

图 3.3.10　电流电压测量电路原理

(3) 交流/直流变换器

对变换器除要求线性和输出直流电压等于交流有效值之外，还要求有非常高的输入阻抗，使不影响分挡分压器的精度。DT830 的 AC/DC 变换电路如图 3.3.11 所示。

为了了解电路图 3.3.11 的工作原理，先看图 3.3.12 基本电路。基本电路是一个同相放大器。输入的正弦电压 u_1 为正半波时，R_1 无效；为负半波时，R_2 无效。从运放输入的虚短路原则可知 R_3 上的电压等于输入电压 u_1。又容易知道，R_2 上的电压在 u_1 为正半波时等于 $R_2 \cdot u_1/R_3$；在 u_1 为负半波时等于 0，如图 3.3.12 的波形图所示。

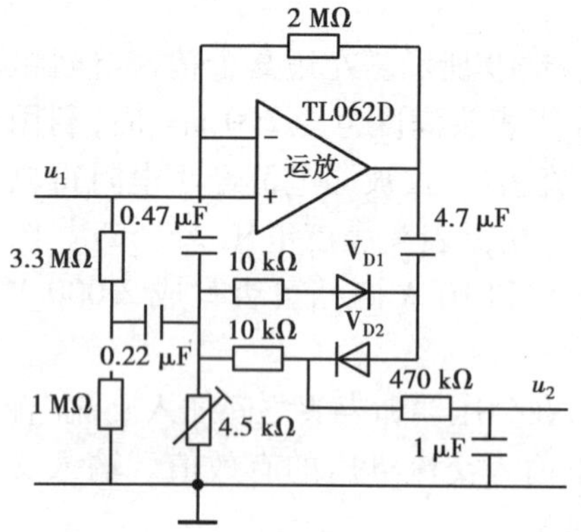

图 3.3.11　交流/直流变换器

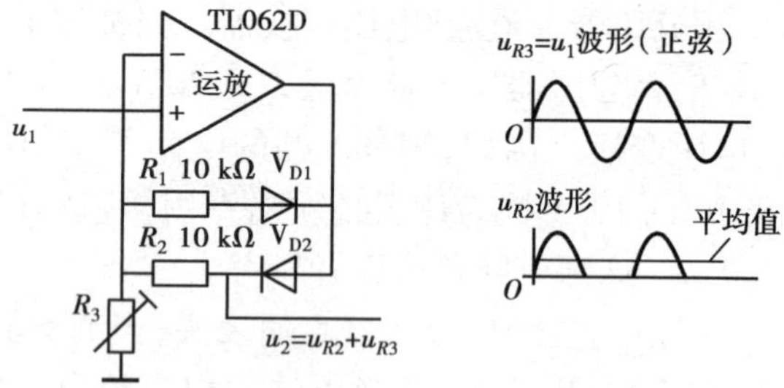

图 3.3.12　基本电路及其波形

从图 3.3.12 可见,变换器的输出电压 $u_2 = u_{R2} + u_{R3}$。u_{R3}的平均值为零,u_2 的平均值就等于 u_{R2}的平均值。u_2 的平均值为:

$$U_2 = \overline{u_{R2}} = \frac{1}{\pi}\frac{R_2}{R_3}\cdot u_{1(\max)} = \frac{\sqrt{2}}{\pi}\frac{R_2}{R_3}\cdot U_1 \tag{3.3.10}$$

式中,U_1 是输入交流电压的有效值,U_2 是变换器输出的直流电压,$1/\pi$ 是半波整流波的平均值和幅值之比率。在 $U_2 = U_1$ 和 $R_2 = 10\ \text{k}\Omega$ 的条件下,从式(3.3.10)可得:

$$R_3 = \frac{\sqrt{2}}{\pi}R_2 = 0.45R_2 = 0.45 \times 10 = 4.5\ \text{k}\Omega \tag{3.3.11}$$

图 3.3.12 基本电路有一个致命缺点:即输入交流电压若有直流成分,输出就会立即反映出来,造成很大的 AC/DC 变换误差。所以,实际电路安装隔直流的电容 4.7 μF和 0.47 μF,克服基本电路的缺点。此外,实际电路输入端安装有 3.3 MΩ、1 MΩ、0.22 μF 电阻电容组成的“自举电路”,可使输入阻抗从 3.3 MΩ 提升到 1 000 MΩ以上。

(4)电阻测量电路

DT830 的电阻测量方法是属比例法,其原理电路如图 3.3.13 所示。从图 3.3.13(b)简化图可见,被测电阻 R_X、标准电阻 R_S和 1 kΩ 电阻串联起来,接到近似 0.6 V 的稳压管上。R_S的电压送入 REF 端口,R_X的电压送入 IN 端口。由于 IN 和 REF 两端口的输入阻抗极高,可认为流过 R_X和 R_S的电流相等。所以,从基本公式(3.3.8)可得电阻测量的公式:

$$n = \frac{V_{in}}{V_{ref}}\cdot N = \frac{R_X}{R_S}\cdot N = \frac{R_X}{R_S}\times 1\,000 \tag{3.3.12}$$

可见,被测电阻等于 2 倍标准电阻时,$n = 2\ 000$ 表头满度。例如,第二挡 $R_S = 1\ 000$,满度量程 $R_X = 2\ \text{k}\Omega$。

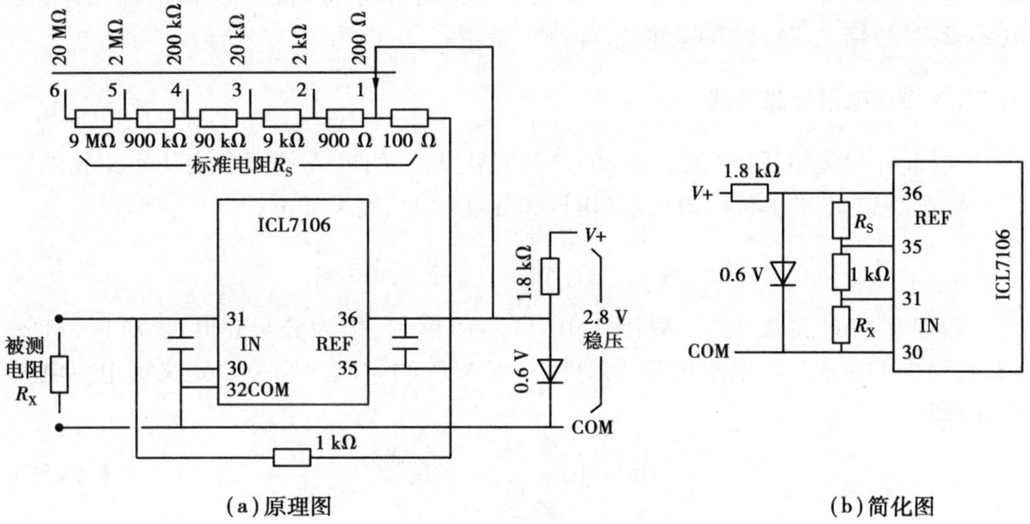

图3.3.13 电阻测量电路

3.4 电平的概念

3.4.1 主观感觉的对数特性

人们的主观感觉是与客观刺激量的相对增量成正比例的。若用 F 表示人的主观感觉强度,用 S 表示客观刺激量,则有下列增量等式和微分等式成立,即

$$\Delta F = K \cdot \Delta S/S \quad 和 \quad dF = K \cdot dS/S \tag{3.4.1}$$

式中,K 是比例常数。积分上式,可得:

$$F = K\ln S + K' \tag{3.4.2}$$

式(3.4.2)说明,人的感觉强度 F 与刺激量 S 的对数成线性关系,而不是直接与刺激量成比例。现在利用式(3.4.2),可求出两刺激量 S_1 和 S_2 之间的感觉强度的差异,即

$$\Delta F = F_1 - F_2 = K(\ln S_1 - \ln S_2) = K\ln(S_1/S_2) \tag{3.4.3}$$

可见,只要 S_1 和 S_2 倍率相同,感觉的差异(增量)就相同,S 的绝对数值并不重要。在人们的生活中,可举出无数事例证明人的感觉的相对比较特性,即对数性。

人们对电信号强弱的水平高低感觉,当然也是相对比较的。例如,比较电压 V_1 和 V_2(或电流 I_1 和 I_2)的水平,定义它们的电水平高低差有 N 个单位,即

$$N = \ln(V_1/V_2) \quad 或 \quad N = \ln(I_1/I_2) \tag{3.4.4}$$

这电水平(以下简称电平)是相对比较单位,称为奈培(Neper)。当 V_1 是 e(e=2.718)倍 V_2 时,V_1 的电平比 V_2 高1奈培。

3.4.2 电平计算公式

式(3.4.4)是电压(电流)比较的自然对数式。然而,人们习惯用功率比较的常用对数式,它的电平单位称为贝尔(Bel)和分贝(dB),定义如下:

$$B = \lg\frac{P_1}{P_2} \qquad 和 \qquad dB = 10\lg\frac{P_1}{P_2} \tag{3.4.5}$$

由于贝尔单位太大,一般用1/10贝尔作单位,称为分贝(dB)。所以,有式(3.4.5)中的后式。在电阻相等的条件下,代入 $P=V^2/R$,可得分贝定义的电压电平公式,即

$$dB = 10\lg\frac{V_1^2}{V_2^2} = 20\lg\frac{V_1}{V_2} \tag{3.4.6}$$

电平高低比较与地势高低比较的概念是类似的。地势比较常设定海平面为0高度参考面,而在电信工作中,由于历史原因,常用"600 Ω电阻消耗的1 mW功率"作为0功率电平参考点。1 mW、600 Ω电阻上的电压等于0.775 V,所以有电平公式:

$$功率电平\quad dB_m = 10\lg\frac{P}{1(mW)};\qquad 电压电平\quad dB_m = 20\lg\frac{V}{0.775} \tag{3.4.7}$$

dB的下标"m"表示在600 Ω、1 mW基础上的电平计算。如果在一个非600 Ω的电阻 R 上测量得电压为V,则功率电平的计算公式应当为:

$$dB_m = 10\lg\frac{V^2/R}{1(mW)} = 10\lg\frac{V^2/R}{0.775^2/600} = 20\lg\frac{V}{0.775} + 10\lg\frac{600}{R} \tag{3.4.8}$$

最后一个等式的第一项是 dB_m 电压电平,第二项是 $R\neq600\ \Omega$ 的修正值。

例3.4.1 电阻=1 200 Ω,其端电压=10 V。问这电阻上的功率电平是多少?

解 功率电平:$dB_m = 20\lg\frac{10}{0.775} + 10\lg\frac{600}{1\ 200} = 22.2 - 3.01 = 19.19(dB)$

3.4.3 电平表

电平表实际就是读数标尺刻写有 dB_m 电压电平的电压表。这种电压表的分挡倍率常是 $\sqrt{10}$(≈3.16)。例如,有一电压量程是0~1 V,则其前一量程就是0~0.316 V,后一量程就是0~3.16 V,…。所以,电平表上至少有两条电压标尺:一条是0~1 V,另一条是0~3.16 V。然而,电压电平的 dB_m 标尺只用一条就行了。在0~1 V标尺的0.775 V对应地点刻记电平的0 dB,其余地点电压与dB数值的对应,由式(3.4.7)确定。

电压表用 $\sqrt{10}$ 分挡的原因,显然是由于电压增大 $\sqrt{10}$ 倍,电平的dB数就增大

10 dB。在 0 ~ 1 V 量程的 dB 标尺刻好之后,其他量程都使用这一条 dB 尺。从这基础尺读出的 dB 数再加,减若干个 10 dB 就等于现在量程的电平 dB 数。例如,0 ~ 10 V量程的电压电平值等于基础尺上的 dB 数加 2 × 10 dB。

电平表可以很方便地直读电路各点的电平值,了解电路各处的增益和衰减 dB 数。

例 3.4.2　某电平表有两条电压尺(电压分挡倍率是 $\sqrt{10}$)和一条对应 0 ~ 1 V 量程的电平 dB_m 尺。现在,在 0 ~ 100 V 电压挡上测量 6 kΩ 电阻上的电平,在 dB 尺上读得 2 dB。试求出这电阻的电压电平和功率电平,并计算出电阻消耗的功率值。

解　电压电平：　$dB_m = 2 + 4 \times 10 = 2 + 40 = 42$

功率电平：　$dB_m = 42 + 10\lg\dfrac{600}{6\ 000} = 42 - 10 = 32$

消耗功率：　$P = 10^{-3}\lg^{-1}\dfrac{32}{10} = 1.585(\mathrm{W})$

思考与练习题

3.1　测量电路中支路电流时,电流表应当怎样与支路连接?测量电压时,电压表又该怎样连接?如果两种电表的连接法交换了,会出现什么情况?

3.2　某电流表有几个外接分流器附件,作扩大电流量程之用。分流器附件的结构如题图 3.2 所示。分流电阻两端焊接在两厚铜块上;每个铜块上面有两个接线柱,作接线用。试说明分流器附件为什么要用铜块和分流电阻焊接?分析分流器接线柱上接触电阻对测量误差的影响。

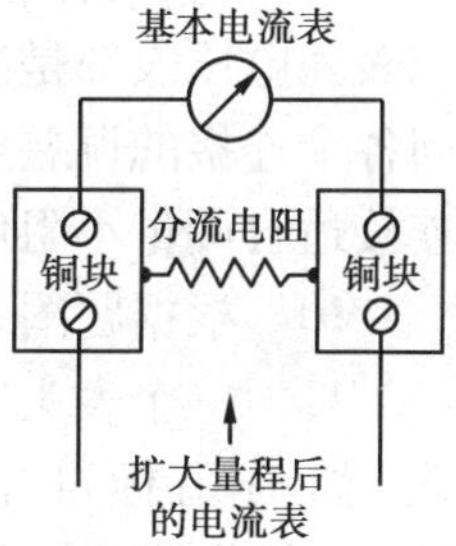

题图 3.2

3.3　多挡(量程)电流表采用环形分流器的优点是什么?

3.4　万用表的交流电压 10 V 挡为什么要使用专用标尺单独刻读数线?

3.5　如何使用万用表的欧姆表,判断二极管的正、负极性和测量有极性的电解质电容器的漏电?

3.6　求出图 3.1.9 欧姆表各个挡的内阻值和最大测量电流。

3.7　利用万用表欧姆测量的内装电池,给有极性的电解电容充电,欧姆表的表笔应怎样与电容极性连接?当电容充电时,技术人员常用秒表来计时间,计电表指针从满偏处缓慢下降至 10 V 线性标尺的 3.68 V 处所经历的时间 t。而后算出电容值:$C = t/R$,R 是欧姆表的内阻(中值)。试证明这种简单测量电解电容器 C 值的正确性。

3.8　用万用表的欧姆挡来测量元件(例如,电阻和二极管),不但可直读其欧姆值,而且还能从直流标尺上读出被测元件的测量电流和端电压,这是很有用的。例如,可测得二极管的顺向电流和顺向电压降。以二极管为例,设测量时欧姆表指针指在 10 V 直流标尺的 6 V 处(参看图 3.1.8)。于是,若这电阻挡的最大测量电流是 I_m(I_m = 电池电压/中值),则把满度 10 V 作为 I_m,6 V 就应作为电流 $0.6 \times I_m$,这就是二极管的顺向电流;若表内电池电压为 1.5 V,则把满度 10 V 作为 1.5 V,6 V 就应作为 0.9 V,二极管的顺向压降等于 $1.5 - 0.9 = 0.6$ V。试证明这二极管例子的叙述。

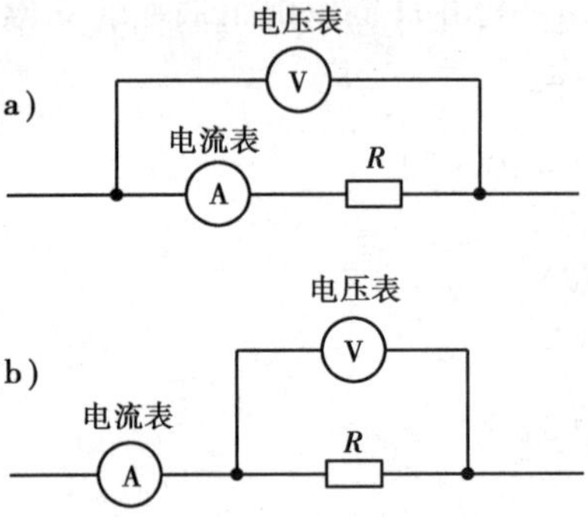

题图 3.9

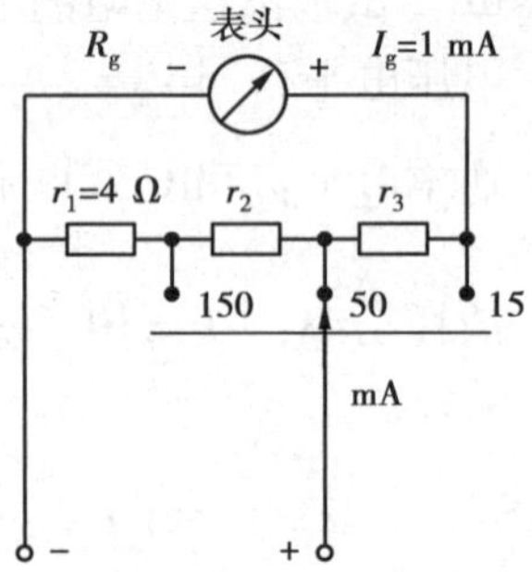

题图 3.10

3.9　用伏/安法测量电阻,有两种连接法如题图 3.9 所示,电阻值 $R = V/A$。设电流表和电压表都是准确度高的标准表,误差可忽略。但两种连接法都会出现误差。试问各个连接的误差原因是什么?试从中得出结论:①连接适合测量大阻值的电阻;②连接适合测量小阻值的电阻。

3.10　根据题图 3.10 中的已知参数 r_1,I_g,计算出未知参数 r_2、r_3、R_g 的数值。

3.11　一个表头,$I_g = 0.1$ mA,$R_g = 1.2$ kΩ,加分流电阻 R,做成一个 5 mA 的电流表;然后用标准电流表来校准它(题图 3.11)。发现标准表读数为 5 mA 时,它的读数是4.5 mA。试计算出现在的分流电阻 R 值和应该有的正确 R 值。

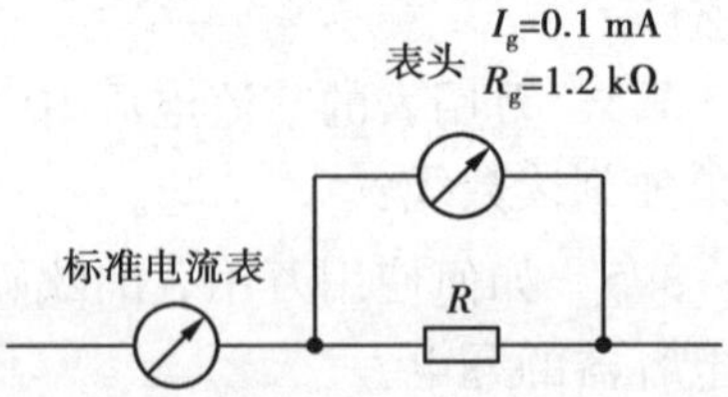

题图 3.11

3.12　简述热电式电流表的基本结构和特点。

3.13　简述模拟式交流电压表的组构方案。

3.14　写出表示正弦波振幅值、平均值与有效值三者之间的关系式。

3.15　证明表(3.3.1)中锯齿波或三角波项的所列数据。

3.16　简述模拟式交流电压表的峰值、平均值与有效值三种检波电路的工作原理和性能。这些电压表的读数标尺一般都刻记为正弦波形的有效值,说明三种电路的读数标尺的定标问题。

3.17　用一个峰值检波的交流电压表去测量幅值相等的正弦波、方波、三角波,所得的读数相同吗?若这时正弦波有效值是 1 V,则方波和三角波有效值是多少伏?

3.18　用一个峰值检波的交流电压表去测量一个方波电压,标尺读数为 4 V。试求出这方波的电压的峰值、有效值和平均值。

3.19　用一个平均值检波的交流电压表去测量一个方波电压,标尺读数为 2.5 V。试求出这方波的峰值、有效值和平均值。

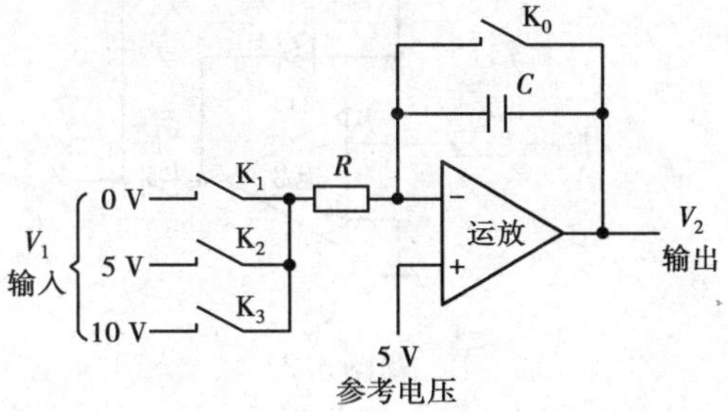

题图 3.20

3.20　题图 3.20 是一个由运放组成的积分器。图中积分电容 C 和电阻 R 分别等于 1 μF 和 10 kΩ。开关 K 的通断情况是:

0—t_1(10 ms)K_0K_1 开关闭合,K_2K_3 断开;

t_1—t_2(20 ms)K_1 闭合,其他断开;

t_2—t_3(10 ms)K_2 闭合,其他断开;

t_3—t_4(20 ms)K_3 闭合,其他断开。

试画出积分器输出电压的响应曲线(横坐标为时间 t,纵坐标为电压 V_2),同时说明响应线形成的理由。

3.21　试说明图 3.3.9 双积分 A/D 变换器的工作原理。

3.22　双积分 A/D 变换器的优点之一是抗干扰力强,它对干扰波有平均作用。设被测直流电压叠加有 50 Hz 电源干扰波,当 T_1 等于整数倍干扰波的周期时,平均作用最完善。试从图 3.3.9 的第一积分时间 T_1 中说明积分对干扰波的平均作用。又已知计数器的容量 $N=1\ 000$,试求出能抗 50 Hz 干扰的时钟脉冲的周期 T_s。

3.23　人们的主观感觉是相对比较性的,感觉的强度与客观刺激量的相对增量成正比,或者说人的感觉是对数性的。试举出 5 个人们生活的例子,说明这种相对比较性。

3.24　为什么有 dB 标尺的交流毫伏表(又称电平表),其电压多量程的分挡总是采用$\sqrt{10}$($\sqrt{10}\approx3.16$)倍率?

3.25 某交流毫伏表的0~1 V挡对应有一条dB_m标尺;用此表在0~3.16 V电压挡上测量电阻50 Ω的电压电平。在dB_m标尺上读得1.5 dB。试求这电阻的电压电平、电压值、功率电平和消耗功率值。

3.26 电平单位是一种相对单位,其实可任设某量值为参考0电平;正如同地势高低可任选某平面为测高的0高面。若以电压1 V作为0 dB,问10 V、316 V的电压电平是多高?又若以1 μW功率作为0 dB,问1 mW、10 mW的电平是多高?

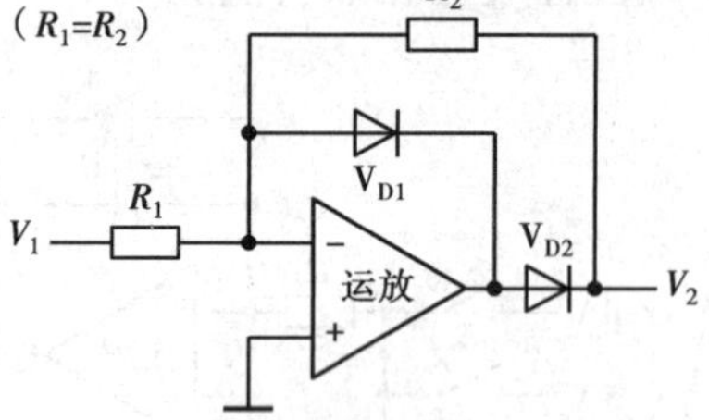

题图3.27

3.27 题图3.27是一个二极管精密(负半波整流)检波电路。设V_1为正弦交流,画出对应的V_2波形;试简述电路的工作原理,特别说明电路怎样消除整流二极管的非线性,使V_2与V_1精确成正比。

第 4 章　电路元器件参数测量

电阻、电容和电感是电路中的基本参量。严格地说,这些参量在电路中都是分布存在的。在某一频率段中元件的一个参量突出,而其余参量不明显,这就形成电阻器、电容和电感元件。除基本参量外,对于电路器件,如电流、电压互感器、谐振单元等组件,常常会对它定义出一些新的参数,表述电路和器件的特性,如互感系数、品质因数、损耗因数等。

必须强调两点:一是元器件的特性和参数是随工作频率不同而改变的,甚至也随电压电流的强弱、环境温度、电磁场干扰等而改变;二是在测量元器件参数时,应在元器件实际工作近似的环境和频率段中进行测量,否则,测量结果没有多大意义的。

4.1　电容器和电感器的等效电路

4.1.1　电容器的等效电路

电容器是用两片金属相对,中间夹有绝缘介质构成的。特点是能用其电场储能。由于引线和其结构、电容器有分布电感和分布电阻,还有介质损耗和漏电,在频率不高情况下,可忽略不计分布电感。忽略电感后,电容器的等效电路和相量图如图4.1.1所示,有并联和串联两种等效电路。等效电路端口的电流、电压必须等于原电容器端口的电流、电压,而且电流、电压的相角关系也必须相同。

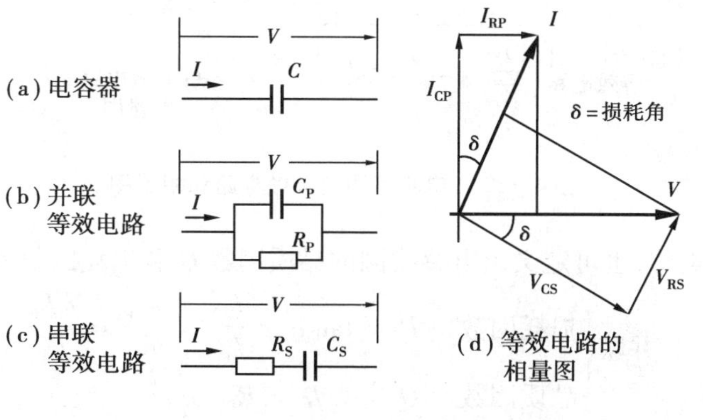

图 4.1.1　电容器的等效电路和相量图

理想电容器的电流超前电压90°。现在电流电压的相角不是90°,是小于90°。这就说明电容器有功率损耗。这个与90°的偏差角δ称为损耗角,角大损耗大。从而可定义一个表示电容器功率损耗的参数,称为损耗因数D;又定义一个表示电容器良好程度的参数,称为品质因数Q。对于并联和串联等效电路,它们是

并联：

$$\text{损耗因数 } D = \tan\delta = \frac{I_{RP}}{I_{CP}} = \frac{X_{CP}}{R_P} = \frac{1}{\omega \cdot R_P C_P} \tag{4.1.1}$$

$$\text{品质因数 } Q = 1/D = \omega \cdot R_P C_P \tag{4.1.2}$$

串联：

$$\text{损耗因数 } D = \tan\delta = \frac{V_{RS}}{V_{CS}} = \frac{R_S}{X_{CS}} = \omega \cdot R_S C_S \tag{4.1.3}$$

$$\text{品质因数 } Q = 1/D = 1/(\omega \cdot R_S C_S) \tag{4.1.4}$$

无论使用并联或串联等效电路,计算出的电容器Q、D参数都应是相同的。电容器常用其并联等效电路和参数D表示特性。

4.1.2 电感器的等效电路

电感器也称为电感线圈。它是用长导线绕制而成,所以明显存在分布电阻。线圈各匝之间也存在分布电容。为了减小分布电容,可采用一些特殊的绕制方法。例如,分段绕法、蜂房式绕法等。一般频率不高的情况下,分布电容可以忽略不计。电感器的等效电路及其相量图如图4.1.2所示。

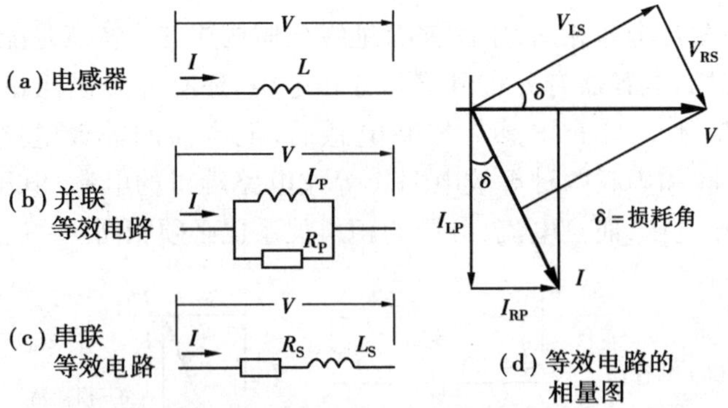

图4.1.2 电感线圈的等效电路和相量图

与电容器类似,也可定义出电感线圈的品质因数Q和损耗因数D。它们是

并联：

$$\text{损耗因数}\quad D = \tan\delta = \frac{I_{RP}}{I_{LP}} = \frac{X_{LP}}{R_P} = \frac{\omega L_P}{R_P} \tag{4.1.5}$$

$$\text{品质因数}\quad Q = 1/D = R_P/\omega L_P \tag{4.1.6}$$

$$\text{串联}\begin{cases}\text{损耗因数}\quad D = \tan\delta = \dfrac{V_{RS}}{V_{LS}} = \dfrac{R_S}{X_{LS}} = \dfrac{R_S}{\omega L_S} & (4.1.7)\\ \text{品质因数}\quad Q = 1/D = \omega L_S/R_S & (4.1.8)\end{cases}$$

电感器的 D 和 Q 用串联或并联等效电路计算均可，所得结果当然是相同的。电感器常用串联等效电路和品质因数 Q 表示特性。

4.1.3　交流电桥

直流电桥可测量直流电阻。交流电桥可测量电容、电感、交流有效电阻以及参数 D 和 Q 等，具有多种用途，所以有“万用电桥”之称。测量误差为1%～2%。下面说明交流电桥的基本原理。

交流电桥的结构和直流电桥基本相同，但交流电桥的4个支路（臂）可以是电抗元件。电桥的电源当然是交流信号源，图4.1.3所示为电桥原理图。在电桥平衡的时候，CD 支路电流等于0。平衡指示器实际是一个电流检测器，它指示电流小至0的平衡情况。容易证明，在平衡的时候，4个臂阻抗满足等式：

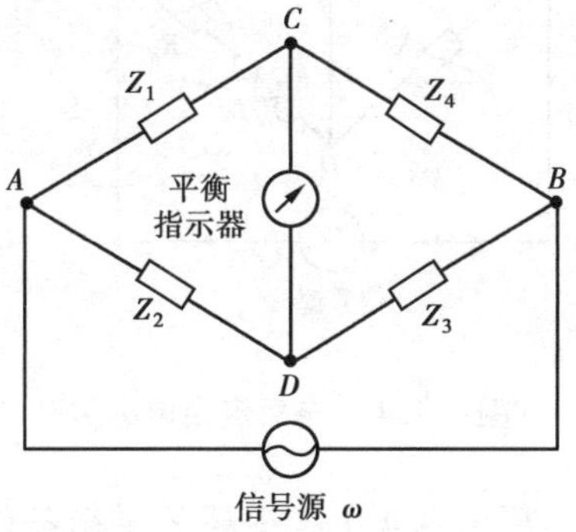

图4.1.3　交流电桥原理图

$$\dot{Z}_1\dot{Z}_3 = \dot{Z}_2\dot{Z}_4 \tag{4.1.9}$$

将这复数阻抗改写成指数形式，则有平衡条件如下：

$$(Z_1Z_3)^{j(\phi_1+\phi_3)} = (Z_2Z_4)^{j(\phi_2+\phi_4)} \tag{4.1.10}$$

它包含两个平衡条件：幅模平衡和幅角平衡。即

$$Z_1Z_3 = Z_2Z_4 \quad 和 \quad \phi_1 + \phi_3 = \phi_2 + \phi_4 \tag{4.1.11}$$

这说明交流电桥的平衡需要同时满足阻抗幅模对边之乘积相等与阻抗幅角对边之和相等。可见，为了使电桥平衡，至少要调节两个元件参量。

交流电桥4臂的阻抗必须按某些方式配置，才能得到桥路平衡。即不能随意选定各种性质（纯阻、感性、容性）的阻抗来配置电桥的4个臂。例如，选定 Z_1 和 Z_2 为纯电阻，$\phi_1 = \phi_2 = 0$，Z_3 和 Z_4 就必须同为感性或同为容性。

在调节电桥平衡时，一般需要调节两个元件参数。它们常会互相影响，要求反复交替调节，最后趋向平衡点。最后趋于平衡点的调节称为收敛性调节。如果反复交替调节，电桥反而远离平衡点，这是发散性调节。在下面的电感电桥测量中，将要说明平衡调节法及其收敛性。

4.1.4　电桥法测量电感器

有几种阻抗臂的配置法都能测量电感线圈。这里举例一个测量电感线圈的电桥，如图4.1.4所示。电路缺点是两个电感之间容易产生互感，造成测量误差。所以，必须注意减弱或消除互感，让两电感远离，互成90°或隔离起来。

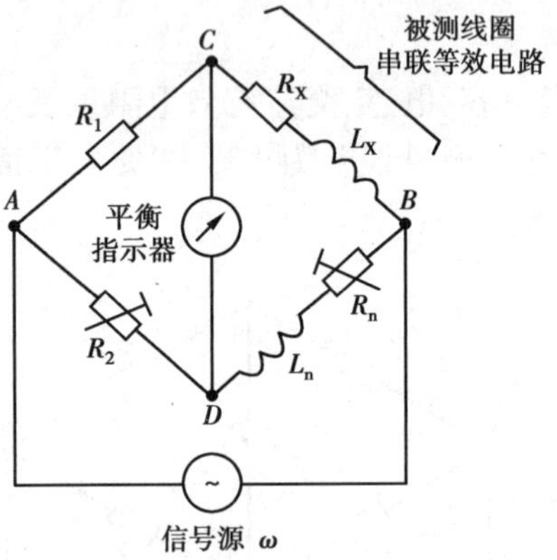

图4.1.4　电桥测量电感线圈

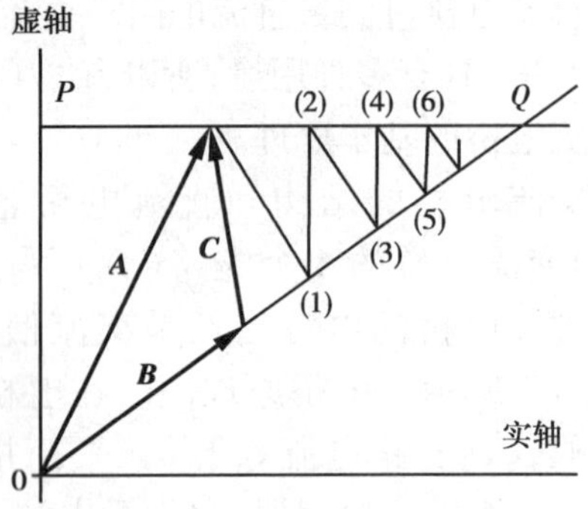

图4.1.5　收敛性平衡调节

写出图4.1.4电桥的平衡条件：

$$R_1(R_n + j\omega L_n) = R_2(R_X + j\omega L_X) \tag{4.1.12}$$

从而知道，当电桥调节平衡之后，可得下列等式：

$$R_1R_n = R_2R_X \quad 和 \quad R_1L_n = R_2L_X \tag{4.1.13}$$

于是，可计算出被测线圈的参量：

$$R_X = \frac{R_1}{R_2}R_n \text{ 和 } L_X = \frac{R_1}{R_2}L_n \tag{4.1.14}$$

也可计算出线圈的品质因数：

$$Q = \omega L_X/R_X = \omega L_n/R_n \tag{4.1.15}$$

为了说明电桥平衡调节的过程，设三个矢量$\boldsymbol{A}$、$\boldsymbol{B}$、$\boldsymbol{C}$。

$$\boldsymbol{A} = R_1(R_n + j\omega L_n), \boldsymbol{B} = R_2(R_X + j\omega L_X), \boldsymbol{C} = \boldsymbol{A} - \boldsymbol{B} \tag{4.1.16}$$

电桥平衡后，$C=0$。设电桥未平衡时的$\boldsymbol{A}$、$\boldsymbol{B}$、$\boldsymbol{C}$三矢量如图4.1.5所示。现在调节R_2和R_n之值，使电桥趋向平衡。第一步，调节R_2（只能改变$\boldsymbol{B}$矢量的长短）使平衡指示器电流为尽可能的最小，即是差矢量$\boldsymbol{C}$最短。这时$\boldsymbol{B}$矢量头应增长至OQ线上的(1)点，$\boldsymbol{C}$矢量垂直OQ线，垂线才是最短。第二步，调节R_n（只能改变$\boldsymbol{A}$的实部）使平衡指示器电流为尽可能小，$\boldsymbol{C}$最短。这时$\boldsymbol{A}$矢量头移至PQ线上的(2)点，(1)(2)$\boldsymbol{C}$矢量垂直PQ线，才是最短。第三步，再回来调节R_2，使$\boldsymbol{B}$头至(3)点……又使

A 头至(4)点。如此交替,反复调节 R_2 和 R_n,最后使 **A** 和 **B** 的矢量头重合于 Q 点,**C** =0,于是电桥的平衡完成。

4.1.5　电桥法测量电容器

有两种测量电路:一种得出电容器的串联等效电路参数,另一种得出并联等效电路参数。损耗因数小的电容器用串联式电路测量。因为若用并联式,并联电阻会非常大,R_n 也会很大。实际电桥没有这样大的标准电阻,而且 R_1/R_2 比率倍数太大,会降低电桥的灵敏度。图 4.1.6 和图 4.1.7 就是这两种测量电路。

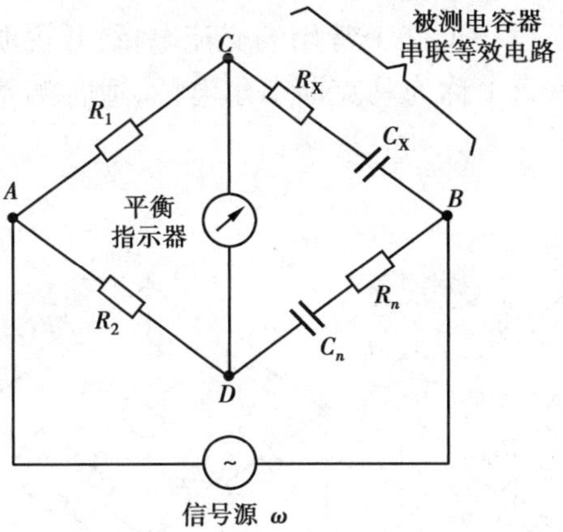

图 4.1.6　测量小损耗因数的电容器

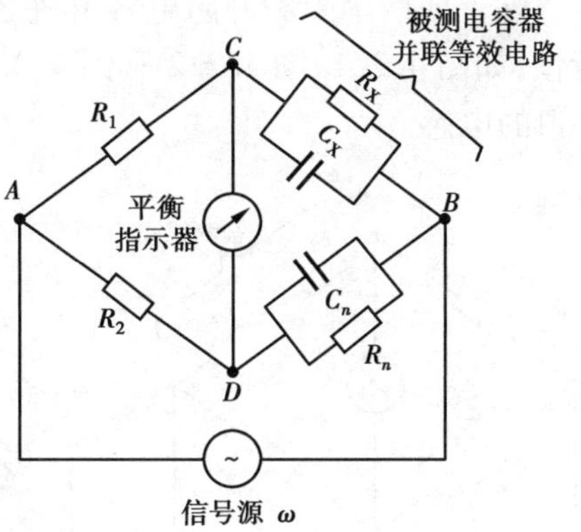

图 4.1.7　测量大损耗因数的电容器

如图 4.1.6 所示,电容串阻式电桥平衡时有:

$$R_2(R_X + 1/j\omega C_X) = R_1(R_n + 1/j\omega C_n) \tag{4.1.17}$$

从而可得出:

$$R_X = (R_1/R_2)R_n, C_X = (R_2/R_1)C_n, D = \omega R_n C_n \tag{4.1.18}$$

如图 4.1.7 所示,电容并阻式电桥平衡时有:

$$G_2(G_X + jB_X) = G_1(G_n + jB_n) \tag{4.1.19}$$

式中,电导 G 是电阻 R 的倒数,电纳 B 是电抗 X 的倒数,$B = \omega C$。从此式即可解出所需的测量结果:

$$G_X = (G_1/G_2)G_n \quad 即是 \quad R_X = (R_1/R_2)R_n \tag{4.1.20}$$

$$B_X = (G_1/G_2)B_n \quad 即是 \quad C_X = (R_2/R_1)C_n \tag{4.1.21}$$

$$D = 1/\omega R_X C_X = 1/\omega R_n C_n \tag{4.1.22}$$

4.2 实用交流电桥举例

4.2.1 常用的交流电桥

交流电桥的4个臂有多种配置方法,电桥电路可能有几十种不同的形式。一般要求电桥灵敏度高、准确度好,特别要求标准元件的准确度好。电阻、电感和电容都可以作为标准元件,但电容器能达到的准确度比电感器高,而且不受外磁场影响。所以,电桥中的标准元件多采用标准电容器和可变标准电阻器。

除上面的串阻和并阻电容电桥之外,这里再举出三个常用的交流电桥,并说明其特性,如图4.2.1、图4.2.2和图4.2.3。图4.2.1称为马克斯韦尔电桥,适合测量小Q值的电感。

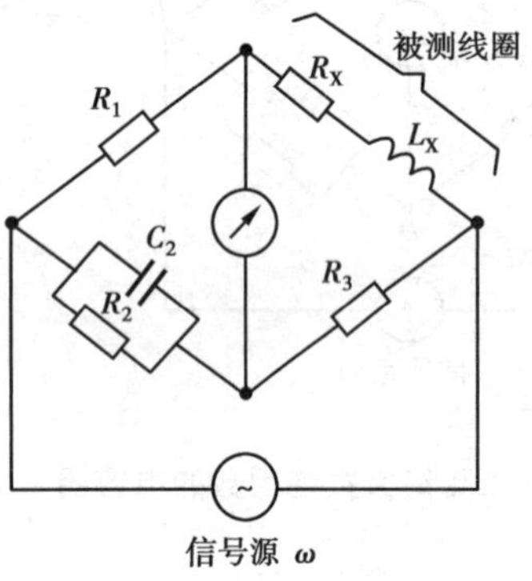

图4.2.1 马克斯韦尔电桥

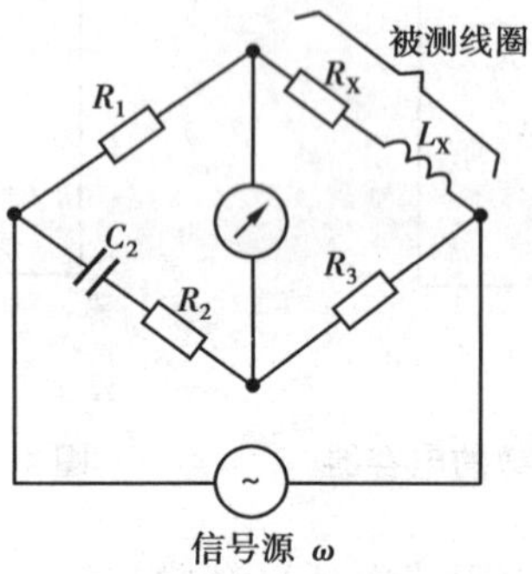

图4.2.2 海氏电桥

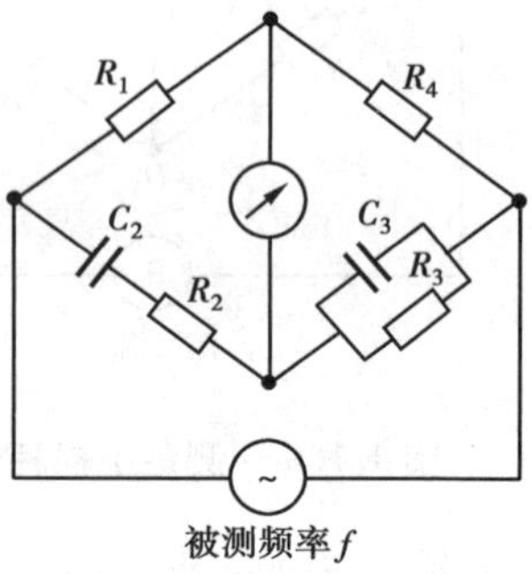

图4.2.3 文氏电桥

电桥平衡后的计算公式为:

$$R_X = R_1R_3/R_2, L_X = R_1R_3C_2, Q = \omega R_2C_2 \tag{4.2.1}$$

图4.2.2称为海氏电桥,适合测量大Q值的电感器。电桥平衡后的公式为

$$R_X = \frac{R_1R_2R_3(\omega C_2)^2}{1+(\omega R_2C_2)^2}, L_X = \frac{R_1R_3C_2}{1+(\omega R_2C_2)^2}, Q = \frac{1}{\omega R_2C_2} \tag{4.2.2}$$

图4.2.3称为文氏电桥,电桥的平衡对频率很敏感,故可作频率测量和选频电路用。它的公式为:

$$f = \frac{1}{2\pi\sqrt{R_2R_3C_2C_3}}; \quad \frac{R_1}{R_4} = \frac{R_2}{R_3} + \frac{C_3}{C_2} \tag{4.2.3}$$

4.2.2　实用交流电桥举例

实际使用的电桥仪器应当能方便直读被测量。为了对测量电桥有较深入的认识,在此看一个实际的电桥测量仪。它是海氏电桥形式,能测量 L 和大于 10 的 Q 值,如图 4.2.4 所示。图中的 R_2 和 R_3 是平衡调节元件,R_1 是标准电阻,有 5 个量程换挡,小电阻测小电感,大电阻测大电感,10 倍率换挡。这个电桥能测量电感线圈的串联等效电路参数,而且能在平衡好电桥之后,从两调节元件 R_2、R_3 旋转度盘上直接读出参数值。

在电桥平衡之后,有:

$$R_1R_3 = (R_2 + 1/\mathrm{j}\omega C_2)(R_X + \mathrm{j}\omega L_X) \tag{4.2.4}$$

展开右端,可得:

$$R_1R_3 = R_2R_X + L_X/C_2 \text{ 和 } \omega L_X R_2 = R_X/\omega C_2 \tag{4.2.5}$$

从式(4.2.5)解出:

$$R_X = \frac{R_1R_2R_3(\omega C_2)^2}{1 + (\omega R_2C_2)^2} \text{ 和 } L_X = \frac{R_1R_3C_2}{1 + (\omega R_2C_2)^2} \tag{4.2.6}$$

品质因数:

$$Q = \omega L_X/R_X = 1/\omega R_2C_2 \tag{4.2.7}$$

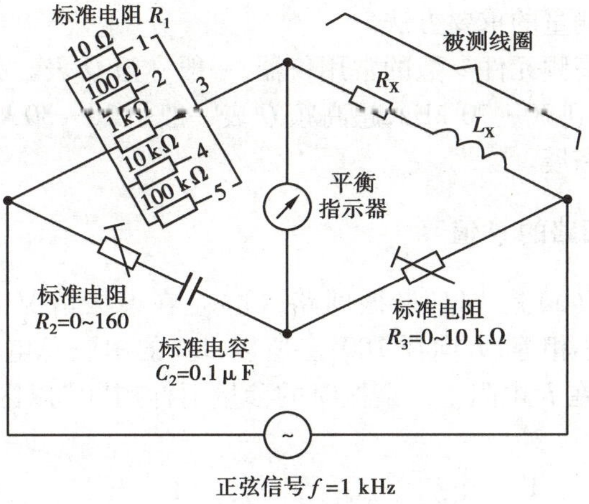

图 4.2.4　实际交流电桥电路原理图

观察式(4.2.6),如果让分母的$(\omega R_2C_2)^2 \ll 1$,等式的分母就可简化为 1。为此,代入数值:标准电容 $C_2 = 0.1\ \mu\mathrm{F}$,信号频率 $f = 1\ \mathrm{kHz}$,$R_2 = 0 \sim 160\ \Omega$,得出:

$$(\omega R_2C_2)^2 = (2\pi \times 1\,000 \times R_2 \times 0.1 \times 10^{-6})^2 = 0.395 \times 10^{-6}R_2^{\,2} \tag{4.2.8}$$

R_2取最大值160，得$(\omega R_2C_2)^2 = 0.395 \times 10^{-6} \times 160^2 \approx 0.01$，也是大大小于1的。可见，把式(4.2.6)的分母近似为1的误差是1%。这是容许的，因为这电桥的测量误差规定成2%。

令式(4.2.6)的分母为1之后，电感的公式变为：

$$L_X = R_1R_3C_2 = 10^N \times 10^{-7} \times R_3(\text{H}) \tag{4.2.9}$$

式中，指数N是图4.2.4的R_1所放的挡位数，10^{-7}是电容量。例如，R_1放在第一挡，就有公式$L_X = R_3(\mu\text{H})$。所以，电感L_X可从R_3的数字盘上直接读出。

在品质因数公式(4.2.7)中，代入ω和C_2的数值，得出：

$$Q = 10^4/(2\pi R_2) = 1\,592/R_2 \tag{4.2.10}$$

可见，Q和R_2成反比。为了能从R_2的盘上直接读出Q值，显然，应当在$R_2 = 159.2\ \Omega$最大值处刻写$Q = 10$；在$R_2 = 159.2/2 = 79.6$处刻写$Q = 20$；在$R_2 = 0$处刻写$Q = \infty$。总之，Q的读数尺由公式(4.2.10)确定。

4.3 谐振法参数测量

谐振法是基于调谐回路的谐振特性而建立的阻抗参数测量法。尽管这种方法的精确度不高，但是，在高频情况下，它具有测量电路简单，抗干扰能力强等优点。此外，由于高频元件常是工作在调谐回路中，谐振法能模拟元件的实际工作状态，使谐振法成为高频范围测量的重要方法。

用谐振法测量高频元件参数的常用仪器，一般称为Q表。高频Q表的工作频段一般是20～50 kHz到30～70 kHz，超高频Q表一般是20～30 kHz到450 kHz。Q表还在向更高的频段拓展。

4.3.1 谐振回路的Q值

在图4.3.1中，(a)是RLC谐振回路，(b)是在谐振情况下的相量图。在谐振时，电压V_L和V_C大小相等，方向反180°。所以，LC的串联总电压等于0。这时信号源电压V_S全部降压在R电阻上。谐振时的参量下标用"0"以区别一般参量，于是在谐振时有：

$$I_0 = \frac{V_S}{R}, \quad V_{L0} = V_{C0}, \quad \omega_0{}^2 = \frac{1}{LC}, \quad \omega_0 = \frac{1}{\sqrt{LC}} \tag{4.3.1}$$

注意，谐振时的阻抗是最小值，等于有效电阻R。所以，I_0是最大值，$V_{L0} = V_{C0}$也是很大的。如果电阻R值很小，I_0就很大，$V_{L0} = V_{C0}$可能非常大。

(1)用电压谐振率定义回路Q值

在回路有效电阻R很小的谐振情况下，L或C的谐振电压值可能是信号源电压V_S的很多倍。因而可能利用这一电压谐振特性来观察L或C上的电压大小，从众多的信号频率中选择出谐振频率 f_0。有效电阻 R 越小，谐振电压 V_{L0} 或 V_{C0} 与信号源电压 V_S 之比值越大，电路的选择性能越好。所以，定义该比值（电压谐振率）为谐振回路的品质因数 Q，即定义为：

$$Q = \frac{V_{L0}}{V_S} = \frac{V_{C0}}{V_S} = \frac{\omega_0 L}{R} = \frac{1}{\omega_0 RC} \tag{4.3.2}$$

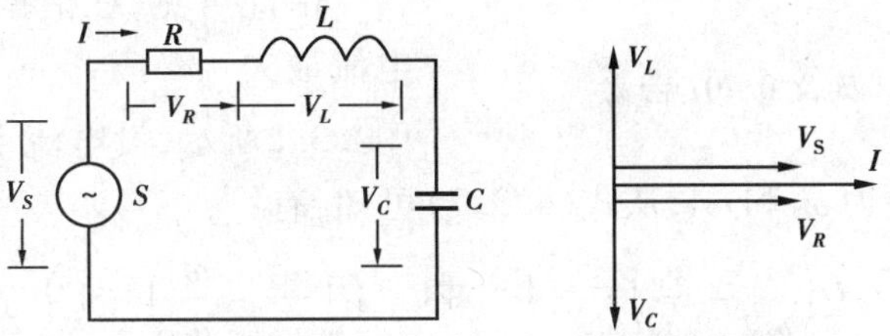

(a) 谐振回路　　(b) 谐振时的相量图

图 4.3.1　RLC 谐振回路和相量图

由式(4.1.4)和式(4.1.8)电容和电感的串联等效电路的 Q 值定义可知，若将回路有效电阻 R 全归属电感线圈，则可认为谐振回路之 Q 就是线圈之 Q；若 R 全归属电容器，则回路之 Q 就是电容器之 Q。这是一个有用的概念。

(2) 用能量之比表示谐振回路 Q 值

回路在谐振情况下，电容的电场能和电感的磁场能是互相反复变换的。当电容放电至电压为 0 时，回路电流最大，场能全部储存在磁场中；当电容充电至最大电压时，电流为 0，场能全部储存在电场中。所以，总的场能为：

$$W_F = LI_m{}^2/2 = LI^2 = CV_{Cm}{}^2/2 = CV_C{}^2 \tag{4.3.3}$$

式中，I 是电路电流的有效值，V_C 是电容电压的有效值。在谐振过程中，电阻 R 在一个周期内消耗的能量等于 I^2RT_0。总场能与电阻一周耗能之比为：

$$\frac{W_F}{W_R} = \frac{LI^2}{I^2RT_0} = \frac{L}{RT_0} = \frac{\omega_0 L}{2\pi R} = \frac{Q}{2\pi} \tag{4.3.4}$$

从而得出谐振回路的品质因数的表达式，即

$$Q = 2\pi\frac{W_F}{W_R}\quad (W_F = \text{场的总能量}, W_R = \text{电阻一周的耗能}) \tag{4.3.5}$$

(3) 用 0.707 相对带宽表示 Q 值

将串联阻抗写成下列等式：

$$\dot{Z}\begin{cases} = R + \mathrm{j}\left(\omega L - \dfrac{1}{\omega C}\right) = R + \mathrm{j}\left(\omega \mathrm{L} - \dfrac{\omega_0{}^2 L}{\omega}\right) \\ = R + \mathrm{j}\omega_0 L\left(\dfrac{\omega}{\omega_0} - \dfrac{\omega_0}{\omega}\right) = R\left[1 + \mathrm{j}Q\left(\dfrac{\omega}{\omega_0} - \dfrac{\omega_0}{\omega}\right)\right] \end{cases} \tag{4.3.6}$$

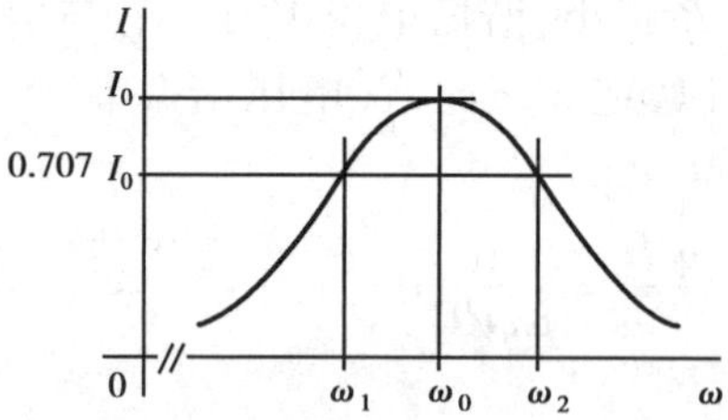

图 4.3.2 定义 0.707 带宽

于是,可写出电流的表达式:

$$I = \frac{V_S}{Z} = \frac{I_0}{\sqrt{1 + Q^2\left(\frac{\omega}{\omega_0} - \frac{\omega_0}{\omega}\right)^2}} \tag{4.37}$$

由此可见,在谐振时,$\omega = \omega_0$,$I = I_0$,电流最大。ω 离开 ω_0,电流就下降。如图4.3.2所示,设电流下降至 $I_0/\sqrt{2}$(即是 $0.707I_0$)时的角频为 ω_1 和 ω_2,从式(4.3.7)可知,有:

$$Q\left(\frac{\omega_1}{\omega_0} - \frac{\omega_0}{\omega_1}\right) = -1 \quad 和 \quad Q\left(\frac{\omega_2}{\omega_0} - \frac{\omega_0}{\omega_2}\right) = +1 \tag{4.3.8}$$

从此可解出:

$$\omega_1 = \frac{1}{2}\left(-\frac{\omega_0}{Q} \pm \sqrt{\left(\frac{\omega_0}{Q}\right)^2 + 4\omega_0{}^2}\right) \quad 和 \quad \omega_2 = \frac{1}{2}\left(\frac{\omega_0}{Q} \pm \sqrt{\left(\frac{\omega_0}{Q}\right)^2 + 4\omega_0{}^2}\right) \tag{4.3.9}$$

由于 ω_1 和 ω_2 是正值,且 $\omega_2 > \omega_1$,所以,根号前应取正号,结果得:

$$\omega_2 - \omega_1 = \omega_0/Q \tag{4.3.10}$$

所以

$$Q = \frac{\omega_0}{\omega_2 - \omega_1} = \frac{f_0}{f_2 - f_1} = f_0/(0.707\ 带宽) \tag{4.3.11}$$

4.3.2 Q 表的基本结构

用 QBG—3 型高频 Q 表作具体例子,说明 Q 表的结构和工作原理。图 4.3.3 是这个仪表的大体结构。高频振荡器出口有监视输出的电压表,保证输出交流500 mv;0.04 Ω 小电阻上有电压 10 mv。图中优质电容 C_S是可调节标准电容,作调节电路谐振之用。电容器两端上的高阻抗电子电压表指示谐振时的电容电压。根据式(4.3.2),有:

$$Q = V_{C0}/V_S = V_{C0}/10 \times 10^{-3} = 100 \cdot V_{C0} \tag{4.3.12}$$

所以,可使用该高阻电压表直读 Q 值。例如,在电压是 100 mv 的地方刻写 $Q = 10$。

谐振回路的有效电阻应包括电感和电容串联等效电阻以及信号源的内阻(0.04 Ω)。由于信号源内阻和电容的串联等效电阻都非常小,可忽略不计,认为回路 Q 值就是电感线圈的 Q 值。

通常讨论高频电感线圈的 Q 值,而较少考虑它的电阻,一是因为 Q 值表明电路谐振特性,二是因为线圈的 Q 值在高频频带中大致是常数。电感、电抗随频率增大而增大,而由于趋表效应、介质损耗等原因,有效电阻也随频率增大而增大。

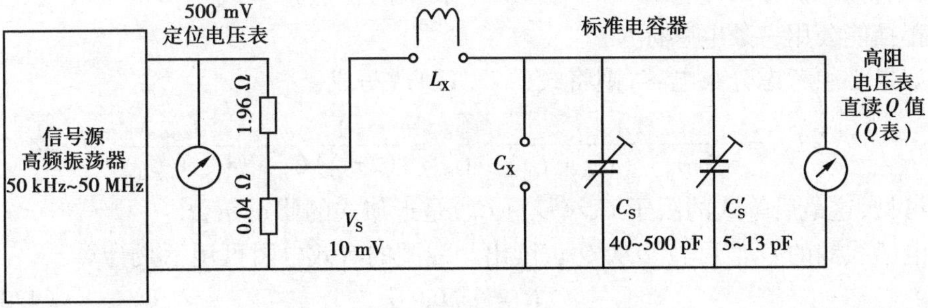

图 4.3.3　QBG—3 高频 Q 表的结构

4.3.3　Q 表测量电感线圈

将被测电感线圈连接到图 4.3.3 的 L_X 端口上，确定测试频率，调节电容 C_S，使电路谐振。于是有：

$$f_0 = \frac{1}{2\pi\sqrt{L_X(C_S + C_0)}} \text{和} L_X = \frac{1}{(2\pi f_0)^2(C_S + C_0)} \approx \frac{1}{(2\pi f_0)^2 C_S} \tag{4.3.13}$$

式中，C_0是电路分布电容，可忽略不计。由此可见，L_X和 C_S成反比，这就可能在 C_S的数盘上刻写电感 L_X的直读数据，而不必用式(4.3.13)计算了。QBG—3 Q 表就是这样做的。它使用 6 个定点频率，将电感分成 6 个 10 倍率的量程挡位，如下表所示：

量程挡	被测电感的范围	倍　率	定点频率值
1	0.1 ~ 1 μH	×0.1	25.2 MHz
2	1 ~ 10 μH	×1	7.96 MHz
3	10 ~ 100 μH	×10	2.52 MHz
4	0.1 ~ 1 mH	×0.1	796 kHz
5	1 ~ 10 mH	×1	252 kHz
6	10 ~ 100 mH	×10	79.6 kHz

现在验证表中的第二量程挡：该 Q 表在 C_S的最小值 40 pF 处刻写成 $L_X = 10$ μH。将这数据代入式(4.3.13)，即可证明定点频率应设置为 7.96 MHz。那么 $C_S = 500$ pF 最大值处 $L_X = ?$。在式(4.3.13)中代入 $C_S = 500$ pF，$f_0 = 7.96$ MHz，即可算出 $L_X = 0.8$ μH。这表明第二量程挡的电感范围是 0.8 ~ 10 μH，它包含了 1 ~ 10 μH 量程。

从式(4.3.13)可知，在同一 C_X值处，定点频率增大 $\sqrt{10}$倍，平方关系使电感值除

10;反之,频率除 $\sqrt{10}$电感乘 10。所以,上表中的定点频率成 $\sqrt{10}$倍率改变,而且 6 个量程挡能公用一条电感标尺。

如果必须考虑分布电容,则将式(4.3.13)改写成:

$$L_X = \frac{1}{(2\pi f_0)^2(C_S + C_0)} \cdot \frac{C_S}{C_S} = \frac{1}{(2\pi f_0)C_S} \cdot \frac{C_S}{(C_S + C_0)} \quad (4.3.14)$$

可见,这最后等式的因子 $C_S/(C_S+C_0)$是近似式的修正系数。

电感线圈的 Q 值可直接从 Q 表读出。线圈的有效电阻可用下式计算:

$$R = \omega_0 L_X / Q \quad (4.3.15)$$

4.3.4　Q 表测量电容器

(1)小电容的测量

先看测量电感线圈分布电容 C_0 的倍频法。此法误差较大,具体操作是令图 4.3.3回路做两次谐振:第一次用频率 $f=f_1$,调节谐振后,$C_S=C_1$;第二次用倍频 $f=2f_1$,调谐后,$C_S=C_2$。所以,有等式:

$$f_1 = \frac{1}{2\pi\sqrt{L_X(C_1 + C_0)}} \text{和} 2f_1 = \frac{1}{2\pi\sqrt{L_X(C_2 + C_0)}} \quad (4.3.16)$$

两相除式,消去 f_1和 L_X,即得出分布电容计算式

$$C_0 = (C_1 - 4C_2)/3 \quad (4.3.17)$$

测量小于 460 pF 的电容器:用一个辅助电感线圈,电感量约若干毫亨,Q 值必须很高。把辅助线圈接到图 4.3.3 的 L_X端口上。电容 C_S置于大电容值 500 pF 附近,确定这大电容值为 C_1。于是,调变高频振荡器的频率,使电路谐振。谐振后,图4.3.3的 C_X端口接入被测电容器 C_X(与 C_S并联)。振荡器频率不变,减小 $C_S \sim C_2$值,电路恢复谐振。显然,第一次谐振和第二次谐振电容相等,即 $C_1=C_X+C_2$,所以可得:

$$C_X = C_1 - C_2 \quad (4.3.18)$$

因为 C_X的范围是 40~500 pF,C_1最大 500 pF,C_2最小 40 pF,故此法只能测量小于 460 pF 的小电容器。

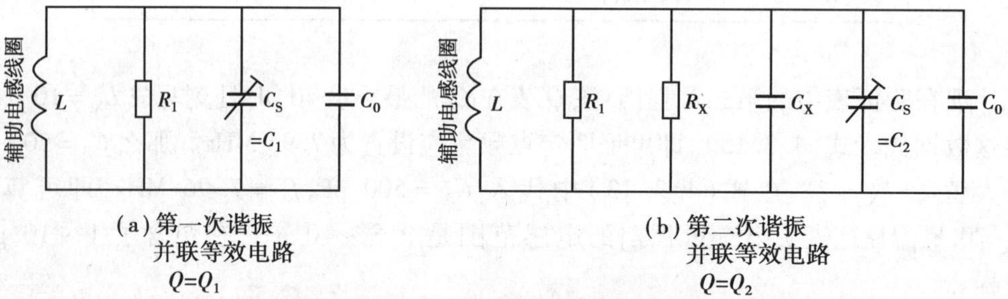

图 4.3.4　求电容器损耗因数的参考电路

为了求被测电容 C_X 的损耗因数 D，参看图 4.3.4 并联等效电路图。第一次谐振时 Q 表读数为 Q_1，将回路的 Q_1 全归属电容，则有：

$$Q_1 = \omega_0(C_1 + C_0)R_1 \tag{4.3.19}$$

第二次谐振时 Q 表读数为 Q_2，同理有：

$$Q_2 = \omega_0(C_X + C_2 + C_0)\frac{R_1R_X}{R_1 + R_X} = \omega_0(C_1 + C_0)R_1\frac{R_X}{R_1 + R_X} = Q_1\frac{R_X}{R_1 + R_X} \tag{4.3.20}$$

从而解出：

$$R_X = \frac{R_1Q_2}{Q_1 - Q_2} = \frac{1}{\omega_0(C_1 + C_0)}\cdot\frac{Q_1Q_2}{Q_1 - Q_2} \tag{4.3.21}$$

最后得出：

$$D = \frac{1}{\omega_0R_XC_X} = \frac{1}{\omega_0R_X(C_1 - C_2)} = \frac{(C_1 + C_0)}{(C_1 - C_2)}\cdot\frac{Q_1 - Q_2}{Q_1Q_2} \tag{4.3.22}$$

(2)用串联法测量大电容

此法也需要一个 Q 值大、分布电容小的辅助线圈。具体操作是：首先把辅助线圈连接到图 4.3.3 的 L_X 端口，调节电路谐振。这时，$f = f_0$，$C_S = C_1$，$Q = Q_1$。然后，将被测电容器和辅助线圈串联起来，连接到 L_X 端口，保持频率不变，调 C_S 使电路谐振。这时，$C_S = C_2$，$Q = Q_2$。这两次谐振的参考电路如图 4.3.5 所示。由于两次谐振频率相同，图 4.3.5(b)的串联电容应等于图 4.3.5(a)的电容，所以有：

$$\frac{C_XC_2}{C_X + C_2} = C_1 \quad 和 \quad C_X = \frac{C_2C_1}{C_2 - C_1} \tag{4.3.23}$$

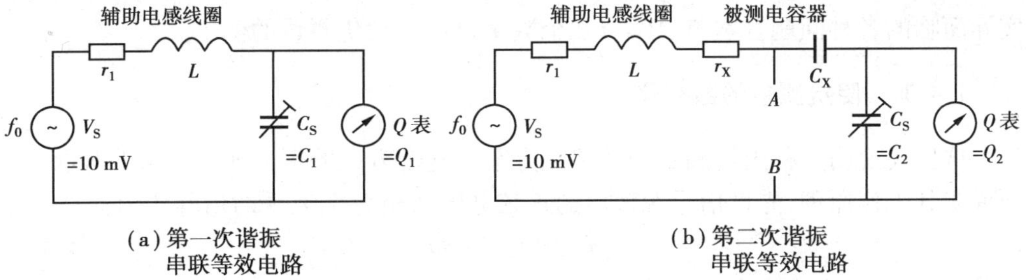

图 4.3.5　串联法测电容器的参考电路

现在求被测电容器的损耗因数。从图 4.3.5 可见，Q_2 不是图 4.3.5(b)回路的 Q。因为回路的 Q 应当是 V_{AB}/V_S，而现在的读数是 V_{C2}/V_S。这里 C_X 和 C_2 的分压关系为：

$$V_{C2} = V_{AB}\frac{C_X}{C_X + C_2} \tag{4.3.24}$$

两端同除以 V_S，可得：

$$Q_2 = Q_{AB}\frac{C_X}{C_X + C_2} \tag{4.3.25}$$

Q_{AB}才是第二次谐振回路的 Q 值。将回路 Q 全归属电容，有：

$$Q_{AB} = 1\Big/\omega_0(r_1 + r_X)\left(\frac{C_X C_2}{C_X + C_X}\right) \tag{4.3.26}$$

将式(4.3.26)代入式(4.3.25)，可解出：

$$r_X = \frac{1}{\omega_0 C_2 Q_2} - r_1 = \frac{1}{\omega_0 C_2 Q_2} - \frac{1}{\omega_0 C_1 Q_1} = \frac{C_1 Q_1 - C_2 Q_2}{\omega_0 C_1 C_2 Q_1 Q_2} \tag{4.3.27}$$

最后有：

$$D = \omega_0 r_X C_X = \frac{C_1 Q_1 - C_2 Q_2}{C_1 C_2 Q_1 Q_2}\cdot\frac{C_2 C_1}{C_2 - C_1} = \frac{C_1 Q_1 - C_2 Q_2}{Q_1 Q_2 (C_2 - C_1)} \tag{4.3.28}$$

4.4 测量的数字化与自动化

电子测量技术已进入一个数字化、自动化和智能化的新时期。近些年来，数字式测量仪表发展极快，使测量工作"轻而易举"，而且精确度高、灵敏度高、速度快。所以单纯从测量仪表的需要和使用来说，人们可买到很多好仪表。如像一般人都可买电脑使用，而不必知道其硬、软件的结构和原理一样。然而，人们必须学习测量理论、技术，理论与测量实践相结合，才能更好地使用仪器，创新和发现新的测量技巧，解决实际面临的各种问题。本节要学习几个数字化和自动化测量的例子。

4.4.1 阻抗测量的数字化

这里要说明一种阻抗测量的数字化方案。这个方案的框图如图 4.4.1 所示。下面说明其工作原理：先设信号源输出的正弦电压初相为 0，其瞬时值等式为：

$$v_S = V_m \sin \omega t \tag{4.4.1}$$

于是，流经 R_1 和被测阻抗的电流为：

$$i_1 = \frac{v_S}{R_1} = \frac{V_m}{R_1}\sin \omega t \tag{4.4.2}$$

运放输出经倒相器后的电压为：

$$\left.\begin{aligned} v_0 &= R\frac{V_m}{R_1}\sin \omega t + X\frac{V_m}{R_1}\sin(\omega t \pm 90°) = R\frac{V_m}{R_1}\sin \omega t \pm X\frac{V_m}{R_1}\cos \omega t \\ v_0 &= V_R \sin \omega t \pm V_X \cos \omega t \end{aligned}\right\} \tag{4.4.3}$$

这里使用了简写符号：

$$V_R = RV_m/R_1, \quad V_X = XV_m/R_1 \tag{4.4.4}$$

当被测阻抗为感性时，式(4.4.3)的“±”号应取“+”号；为容性时，应取“-”号。

乘积解调器也称为同步解调器，它的输出是两同频率波输入的相乘积。

乘积解调器1的输出为：

$$\left.\begin{aligned} &V_m\sin\omega t \times v_0 = V_m\sin\omega t(V_R\sin\omega t \pm V_X\cos\omega t) \\ &= V_mV_R\sin^2\omega t \pm V_mV_X\sin\omega t\cos\omega t \\ &= \frac{V_mV_R}{2} - \frac{V_mV_R}{2}\cos 2\omega t \pm \frac{V_mV_X}{2}\sin 2\omega t = \frac{V_mV_R}{2} + \cdots \end{aligned}\right\} \tag{4.4.5}$$

乘积解调器2的输出为：

$$\left.\begin{aligned} &\pm V_m\cos\omega t \times v_0 = \pm V_m\cos\omega t(V_R\sin\omega t \pm V_X\cos\omega t) \\ &= \pm V_mV_R\sin\omega t\cos\omega t + V_mV_X\cos^2\omega t \\ &= \pm\frac{V_mV_R}{2}\sin 2\omega t + \frac{V_mV_X}{2}\cos 2\omega t + \frac{V_mV_X}{2} = \frac{V_mV_X}{2} + \cdots \end{aligned}\right\} \tag{4.4.6}$$

两个乘积解调器的输出口都设置有低通滤波器，滤除2倍频率成分。所以，两解调器最后的输出分别为：

$$V_1 = \frac{V_mV_R}{2} = \frac{V_m^{\ 2}}{2R_1}R \quad 和 \quad V_2 = \frac{V_mV_X}{2} = \frac{V_m^{\ 2}}{2R_1}X \tag{4.4.7}$$

式中，V_m和R_1是仪器选定的常数。显然，系数$V_m^{\ 2}/(2R_1)$必须设置为10的整数次幂，才可在数字电压表上直接读出R和X之值。

4.4.2 阻抗测量的自动化

在此学习一种数字阻抗电桥的自动平衡电路及其工作原理。

(1)基本的电桥电路

这个阻抗电桥的基本桥路如图4.4.2所示。图(a)为测电感串联等效电路，图(b)为测电容并联等效电路。图4.4.2中的V_1为基准信号源电压，大小固定、相角定为0的正弦电压，R_S为标准电阻；而V_2是与V_1同频率的可变电压，它的大小和相角都会自动改变，自动满足电桥平衡的需要。所以，V_2的变化是电桥自动平衡的关键。

图4.4.2中的电压检出器是高阻器件，没有分电流，AC和CB两支路的电流相等。设此电流为I，对于图4.4.2(a)RL桥路有：

$$\dot{V}_{AC}/\dot{I} = R_S \quad 和 \quad \dot{V}_{CB}/\dot{I} = R_X + j\omega L_X \tag{4.4.8}$$

从而有：

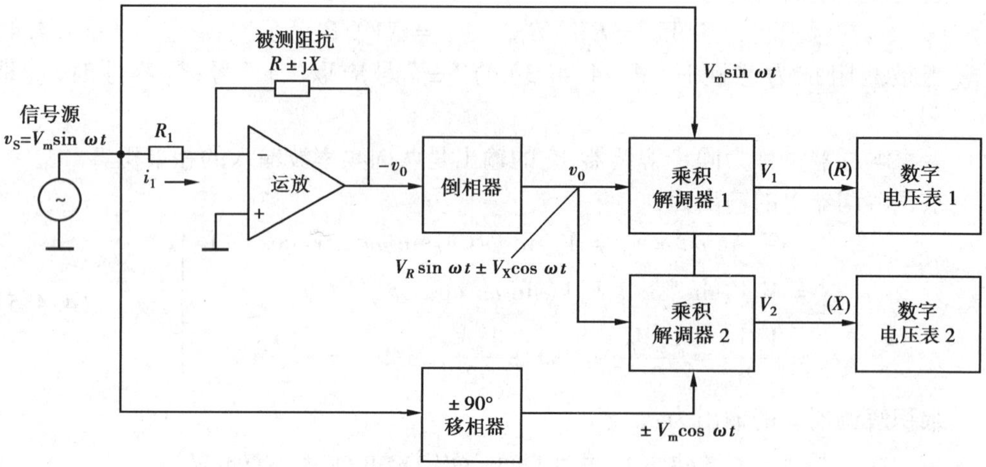

图 4.4.1　阻抗测量的数字化方案举例

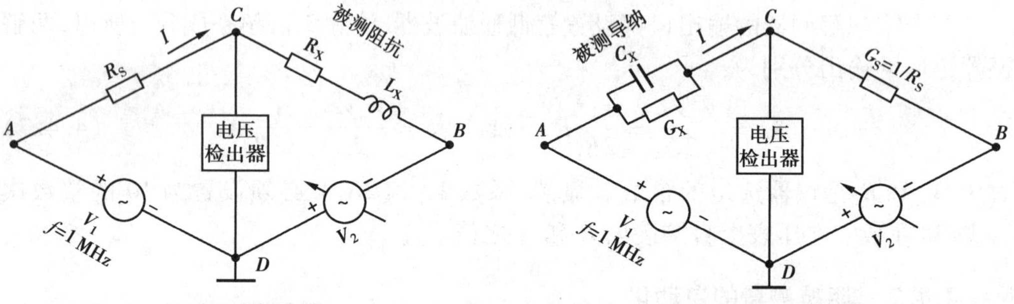

图 4.4.2　电桥的基本桥路

$$\frac{\dot{V}_{CB}}{\dot{V}_{AC}} = \frac{R_X + j\omega L_X}{R_S} \tag{4.4.9}$$

对于图 4.4.2(b) GC 桥路有：

$$\dot{I}/\dot{V}_{AC} = G_X + j\omega C_X \quad 和 \quad \dot{I}/\dot{V}_{CB} = G_S \tag{4.4.10}$$

从而有：

$$\frac{\dot{V}_{CB}}{\dot{V}_{AC}} = \frac{G_X + j\omega C_X}{G_S} \tag{4.4.11}$$

正是由于图4.4.2阻抗、导纳测量的两种巧妙连接法，才使式(4.4.9)与式(4.4.11)两式有统一的形式和统一的分析法。现在依据式(4.4.9)与式(4.4.11)，画出阻抗和导纳的复数矢量三角形及其对应的电压三角形，如图4.4.3和图4.4.4所示。显然，阻抗和导纳三角形与电压三角形是相似形。从式(4.4.9)可见，电压V_{CB}和V_{AC}之间的夹角等于$(R_X + j\omega L_X)$和R_S之间的夹角，而且矢量长度成比例。所以，图4.4.3电压$\triangle ACB$和阻抗$\triangle acb$是相似形，同理，从式(4.4.11)可证明，图4.4.4中的$\triangle ACB$和$\triangle acb$是相似形。应当说明，这里阻抗和导纳三角形三角用abc标记，只是为了表明它跟电压三角形三角ABC有对应角关系。

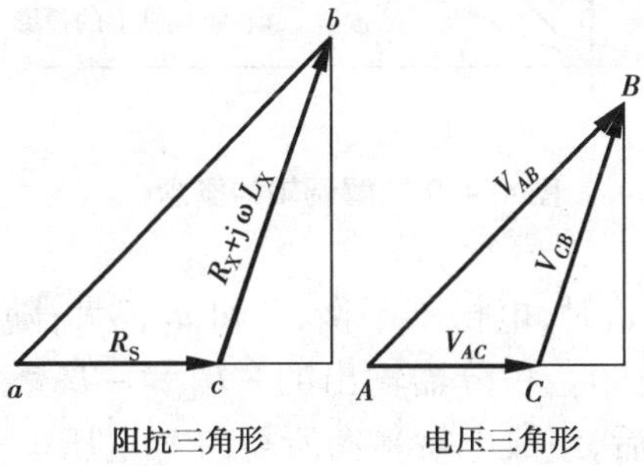

图4.4.3 RL桥路的三角形

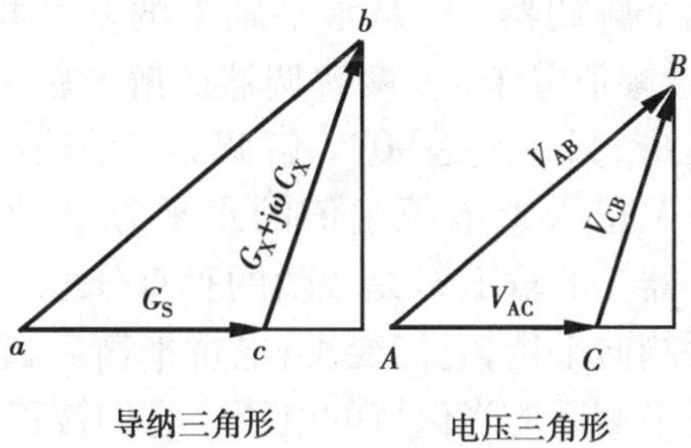

图4.4.4 GC桥路的三角形

当图4.4.2电桥平衡时，$V_{CD}=0$，$V_1=V_{AC}$，$V_2=V_{CB}$。这时，V_1和V_2构成的电压三角形$\triangle ADB$与前面的电压三角形$\triangle ACB$重合，D点与C点重合。所以，在电桥平衡的时候，式(4.4.9)和式(4.4.11)可分别写成：

$$\dot{V}_2 = \frac{V_1}{R_S}R_X + j\frac{V_1\omega}{R_S}L_X \quad 和 \quad \dot{V}_2 = \frac{V_1}{G_S}G_X + j\frac{V_1\omega}{G_S}C_X \tag{4.4.12}$$

式中，V_1是大小确定，相角为0的正弦基准电压，R_S、G_S和ω也是选定的参数。可见，只要分别求出V_2的实部和虚部，就可得出R_X和L_X或G_X和C_X之值。

(2)解调轴的概念

乘积解调也称为同步解调。它用一个与载波同频率的解调波和调幅载波相乘，从而解调出调幅载波的幅值。通常要求解调波和载波同频、同相，严格同步。现在来看解调波和载波有一个相角差的一般情况，从而得出解调轴的概念。

设调幅波为$A\sin(\omega t+\theta)$，解调波为$2\sin(\omega t+\phi)$。这里解调波的幅值设定为2可避免下式中出现1/2系数。它们相乘，有

$$\begin{aligned} &A\sin(\omega t + \theta) \times 2\sin(\omega t + \phi) \\ &= A\cos(\theta - \phi) - A\cos(2\omega t + \theta + \phi) = A\cos(\theta - \phi) - \cdots \end{aligned} \tag{4.4.13}$$

上式中的2倍频成分被低通滤波器滤除，解调器输出的解调结果只有$A\cos(\theta-\phi)$。

一般情况，解调波和调幅载波有相角差$(\theta-\phi)$，如图4.4.5所示。如果把解调

波相量所在的轴线称为解调轴,则乘积解调的解调结果就是载波幅值 A 在解调轴上的投影。这是一个很有用的概念。当解调波和载波同相且严格同步时,$\theta-\phi=0$,解调轴上有100%载波幅值 A 投影;当解调波和载波正交时,$\theta-\phi=90°$,解调轴上的投影为0。所以,乘积解调不能解调正交载波。

(3)自动平衡电路

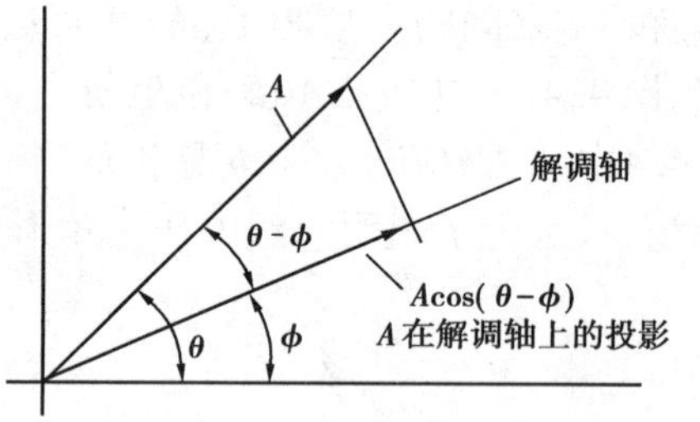

图4.4.5　解调轴的概念

图4.4.6为自动平衡的电路框图。左边的 $ABCD$ 四点就是图4.4.2电桥的 $ABCD$ 四点。电桥不平衡时,不平衡误差电压经电压检出放大器放大 K 倍,输入到两个解调器。V_1 是水平轴上的基准相量,设幅值等于1。两解调器的解调轴一个是0°,另一个是90°。解调器1的输出 u_1 是 K 倍误差电压幅值的水平分量,而解调器2的输出 u_2 是幅值的垂直分量。测量开始时,电桥不平衡,u_1 和 u_2 很大;随着电桥趋向平衡,它们变小;电桥平衡后,它们等于0。积分器输出的 $-U_1$ 和 $-U_2$ 表示电桥平衡后应当保持的电压。它们被正交调制后,组成电桥平衡所需的 V_2 电压。

注意,图4.4.2中 V_2 的参考方向是 $D+B-$,图4.4.6的 B 点应标写 $-V_2$。在电桥平衡过程中,解调器输出 u 为正时,积分电容(以所标极性)充电;u 为负时,积分电容放电。只要电桥还未平衡,电容 C 就有充放电过程,积分器的输出 U 也随电容的充放电而增减。当 U_1、U_2 组成的 V_2 电压已满足电桥平衡时,误差电压为0,u 电压也是0,电容 C 停止充放电,并保持电桥平衡所要的 U 电压。这里积分器的作用:一是用做自动控制系统中的积分调节器,使调节过程缓慢而稳定;二是记忆(保持)平衡电压值。

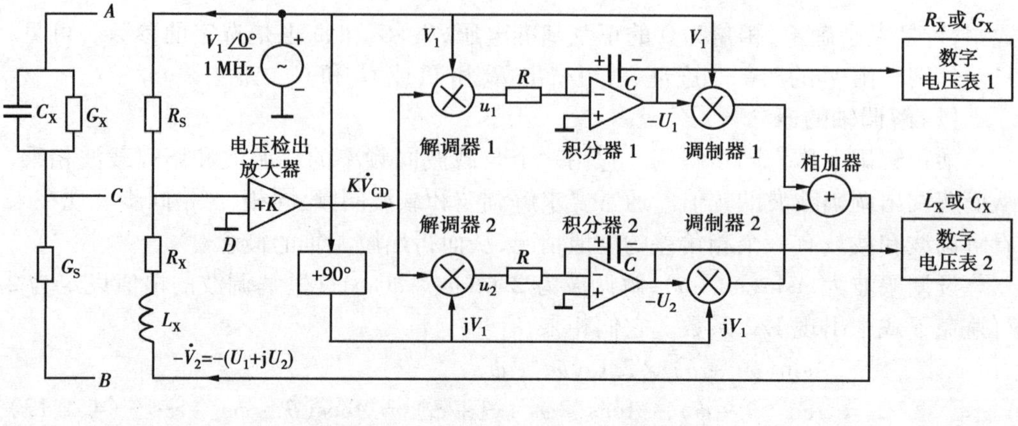

图4.4.6　数字自动阻抗电桥的电路框图

积分器输出的 U_1 和 U_2 分别是 V_2 的水平分量和垂直分量，即

$$\dot{V}_2 = U_1 + jU_2 \tag{4.4.14}$$

在电桥平衡的条件下，对比式(4.4.14)和式(4.4.12)，可得：

$$U_1 = \frac{V_1}{R_S}R_X \quad 和 \quad U_2 = \frac{V_1\omega}{R_S}L_X \tag{4.4.15}$$

$$U_1 = \frac{V_1}{G_S}G_X \quad 和 \quad U_2 = \frac{V_1\omega}{G_S}G_X \tag{4.4.16}$$

由此可见，上面被测量 R_X、L_X 或 G_X、C_X 的系数如果设置为10的整数次幂，则图4.4.6的数字电压表就能在电桥平衡后直接读出被测的量值。

(4)用电压三角形说明自动平衡

如图4.4.7所示，它是电桥不平衡时候的电压三角形，表现出不平衡误差电压 V_{CD}。此图的作图法是：第一步，画出 V_1 相量，设其幅长为某定值，相角为0°；第二步，随意设一个不平衡的 V_2 电压（如图示），而后构成△*ADB*；第三步，设定一点 *C*，以△*ADB* 的 *AB* 边为公共边构成电压△*ACB*。电压△*ACB* 是阻抗或导纳△*acb* 的相似形，对应角相等。因为阻抗或导纳被测参数是确定值，其三角形是确定的，所以，在 *AB* 边确定后，电压△*ACB* 的 *C* 点是确定点。最后，连接 *CD* 线得 V_{CD} 误差电压。注意，这里只有 V_1 是固定长度的水平基准相量，其余相量的长度和相角都是随 V_2 变化而变化的。但是，无论怎样变化，△*ACB* 总是保持跟阻抗或导纳三角形相似，△*ACB* 的三内角不变。

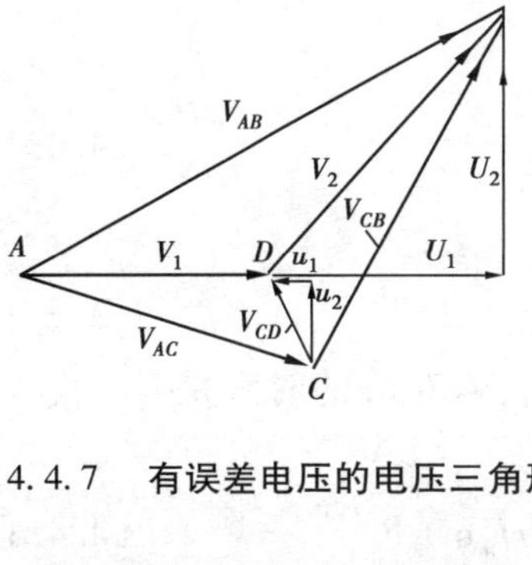

图4.4.7　有误差电压的电压三角形

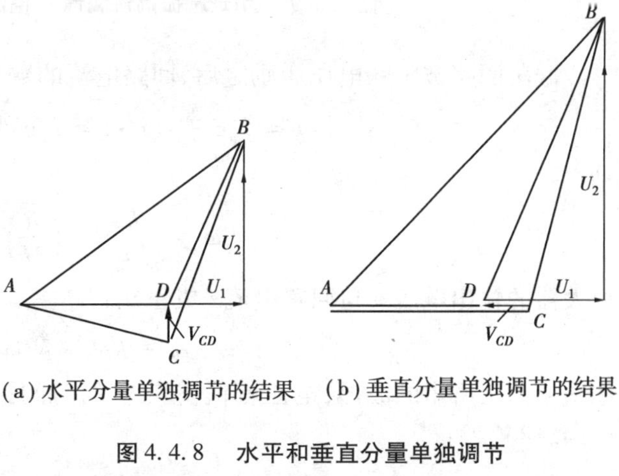

(a)水平分量单独调节的结果　(b)垂直分量单独调节的结果

图4.4.8　水平和垂直分量单独调节

图4.4.7所示为误差电压 V_{CD} 有负水平分量和正垂直分量。为了便于说明，看负水平分量的单独作用。这水平分量经解调器1，得出负值 u_1，使积分电容放电，$-U_1$ 增大，即 U_1 减小。于是，图4.4.7的 *B* 点向左水平移动，始终保持与阻抗、导纳

三角形相似的△*ACB*有所缩小,有所转动,直至V_{CD}垂直,如图4.4.8(a)所示。如果看垂直分量的单独作用,则图4.4.7的*B*点会垂直上升,相似三角形△*ACB*增大,转动,直至V_{CD}成水平,如图4.4.8(b)所示。容易想象,水平和垂直分量同时调节,最后会使误差电压$V_{CD}=0$。

4.4.3 *Q*值测量的数字化

这里介绍一个测量*Q*值的衰减振荡法。原理框图如图4.4.9所示。信号源提供一个阶跃电压,激励被测线圈和辅助电容组成的谐振回路,使回路产生衰减振荡电流波。从电流/电压变换器得出与电流波成比例的电压。电压放大后,输入幅值鉴别器。这幅值鉴别器有两个幅值比较电压值V_1和V_2。放大器输出衰减电压波的幅值必须小于V_1并且大于V_2,才能通过鉴别器,进入计数器计数。

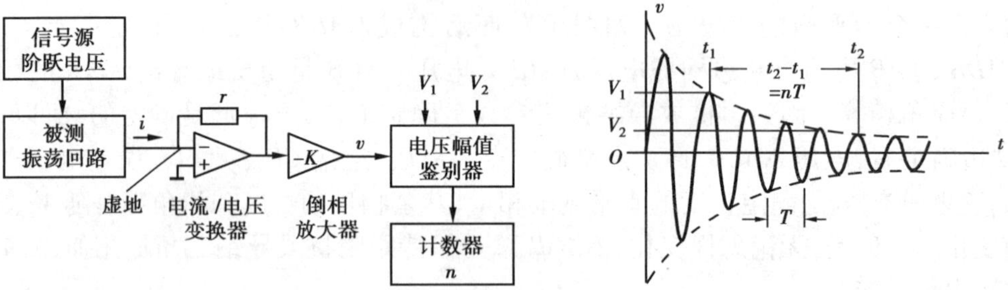

图4.4.9 用衰减振荡法测量*Q*值的框图和波形图

振荡回路被阶跃电压激励之后,回路电流的数学表达式为:

$$i = I_m e^{-\frac{R}{2L}t}\sin\omega t = I_m e^{-\frac{\omega}{2Q}t}\sin\omega t$$

其中

$$\omega = \sqrt{\frac{1}{LC}-\left(\frac{R}{2L}\right)^2} \qquad (4.4.17)$$

放大器的输出电压v与回路电流i成正比:

$$v = Kri = KrI_m e^{-\frac{\omega}{2Q}t}\sin\omega t \qquad (4.4.18)$$

如图4.4.9所示的波形,电压幅值V_1对应的时间是t_1,V_2对应的时间是t_2。代入式(4.4.18),得:

$$V_1 = KrI_m e^{-\frac{\omega}{2Q}t_1} \quad 和 \quad V_2 = KrI_m e^{-\frac{\omega}{2Q}t_2} \qquad (4.4.19)$$

前后两等式相除,取对数,再代入$\omega=2\pi/T$和$(t_2-t_1)=nT$,得:

$$Q = \frac{\omega(t_2 - t_1)}{2\ln\frac{V_1}{V_2}} = \frac{n\pi}{\ln\frac{V_1}{V_2}} \tag{4.4.20}$$

显然,令 $\ln(V_1/V_2) = \pi$,就有 $Q = n =$ 计数器的计数。可见,只要设置幅值鉴别器的 V_1 与 V_2 之比等于 23.14,计数器就能直接读出 Q 值。

4.5　晶体管特性的图示法

对晶体管等器件进行应用特性的研究和测量,有利于改善电路的设计和运行情况。所以,实验室常用晶体管或半导体管特性图示仪测试半导体器件的应用特性。这图示仪能在示波管屏幕上显示器件的特性曲线;通过屏幕上的标尺刻数还可直读或计算出器件的各项参数。图示仪能观测的项目很多,例如,观测 PNP 和 NPN 晶体三极管的共发、共基、共集电极电路的输入输出特性,极限、过载特性等;可以比较两器件特性的等同或对称性;也可以测量场效应管、各种二极管、可控硅整流器以及集成电路等器件的特性。本节简单介绍半导体特性图示仪的基本工作原理和晶体管测量的例子。各种半导体器件的测量实践,通过图示仪的说明书是很容易完成的。

4.5.1　特性图示仪的结构

图示仪有三个主要组成部分:基极的阶梯波发生器、集电极扫描发生器和示波管

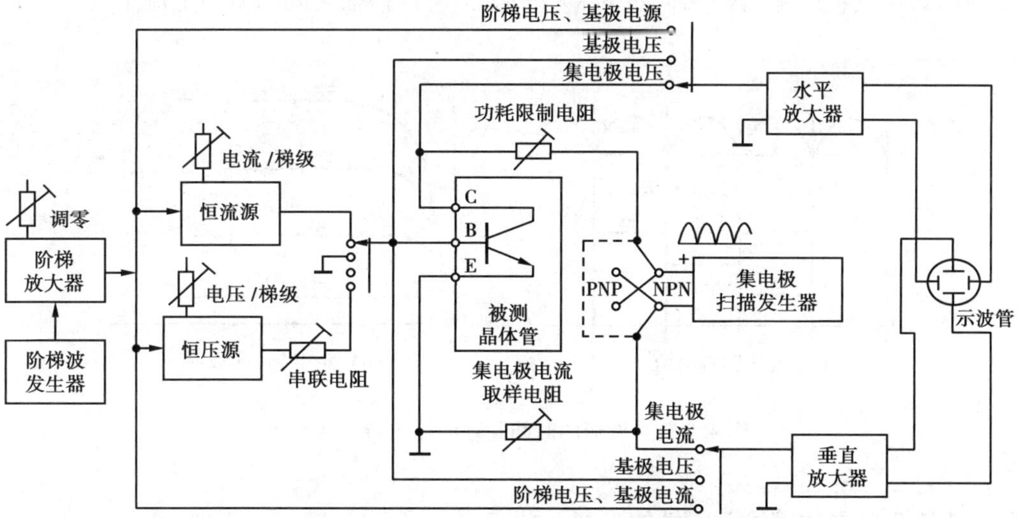

图 4.5.1　特性图示仪的简略方框结构图

的水平与垂直偏转系统。图示仪的大体方框结构如图 4.5.1 所示。图中有一些转换开关,可供多种测量的连接。NPN 和 PNP 开关能改换集电极扫描波的正、负极性,基极开关可让被测管的基极选用电流/梯级或电压/梯级,此外,还可让基极开路或对地短路;示波管的水平和垂直放大器通过各自的转换开关可有多样输入选择。所以,组合应用这些转换开关,就能使图示仪满足多种测量。例如,示波管水平 X 轴加集电极电压,垂直 Y 轴加集电极电流,被测管基极用恒流源的电流/梯级,于是,示波管显示被测晶体管的输出特性曲线簇。

阶梯放大器的调零是将阶梯波的起始梯级调至零电位。恒流恒压源的每梯级的电流电压值是可调节的。串联电阻串在恒压源和基极之间,配合被测管的输入特性模拟其应用特性。功耗限制电阻限制被测管的功耗,也是限流电阻。集电极扫描发生器输出的扫描波形是正弦交流的全波整流波。它实际用电源变压器电压全波整流而得,故可提供大的功率。

4.5.2 晶体管输出特性的观测

晶体管共发电路的输出特性是:基极电流为某定值时的集电极电流与集电极电压之间的关系,即 $i_C = f(v_{CE}) | i_B = k |$。现在示波器的 X 轴用集电极电压,Y 轴用集电极电流,被测管基极用电流/梯级,就可得出一簇输出特性曲线,如图 4.5.2(c)所示。阶梯波每上升一梯级,就是改变一次 I_B 参数。在一个梯级上,集电极扫描电压增大减少,正逆扫描一次,即可得出一条输出特性曲线。从图 4.5.2(a)、(b)可见,扫描波和阶梯波的时间关系是严格同步的。在一次正逆程扫描时间内基极电流不变。

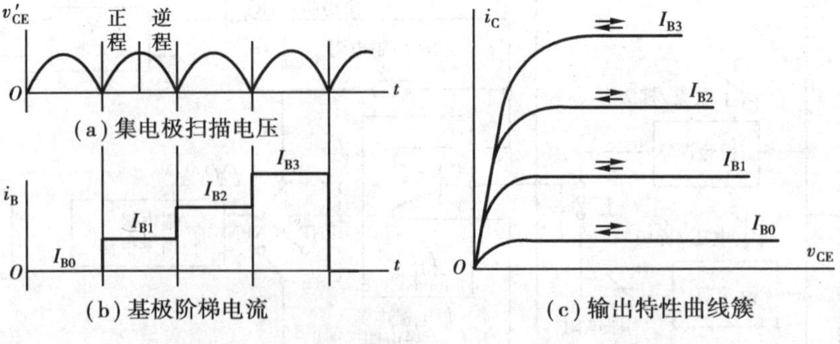

图 4.5.2 波形的时间关系和输出特性曲线簇

4.5.3 晶体管输入特性的观测

共发电路的输入特性表示集电极电压为某定值时,基极电流与基极电压之间的关系,即 $i_B = f(v_{BE}) | v_{CE} = k |$。从观测输出特性的经验可知:这时集电极电压应当是

阶梯波，而基极上应当是扫描波，才能得出输入特性曲线簇。但实际图示仪不是这样做的。它的扫描波仍然在集电极，阶梯波仍在基极。这是因为集电极大功率阶梯电压源的用途不多，制造成本高，使仪器复杂。

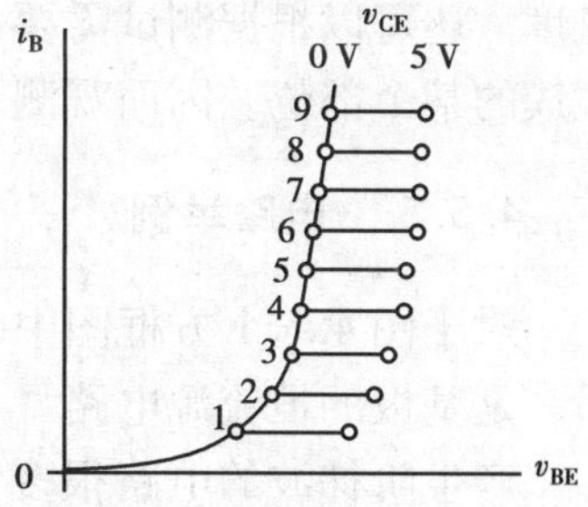

图 4.5.3　输入特性示意图

观测晶体管的输入特性时，图 4.5.1 的水平放大器连接基极电压，垂直放大器连接阶梯电压、基极电流。首先调节集电极的扫描电压等于 0，则示波器出现的图形如图 4.5.3 所示的 $v_{CE}=0$ V 曲线。它实际是由光点 0-1-2—9 组成。基极电流每上升一梯级，光点也跳跃一级。当周期性的阶梯波回 0 后，光点开始重复跳跃。现在设集电极扫描电压的峰值为 5 V，则可得出 $v_{CE}=5$ V的输入特性，如图 4.5.3 所示。

4.5.4　大功率晶体管的图示法

在测量大功率晶体管输出特性时，由于集电极电流大，正程扫描使晶体管结温升高，逆程扫描时集电极电流增大，正程逆程线不能重合，造成所谓的热回线，如图 4.5.4所示。所以，图示仪常用基极阶梯电流脉冲法测量大功率管。基极脉冲未出现时，被测管处于截止态；基极脉冲到来时，被测管工作，显示出脉冲持续期间的输出特性线段。

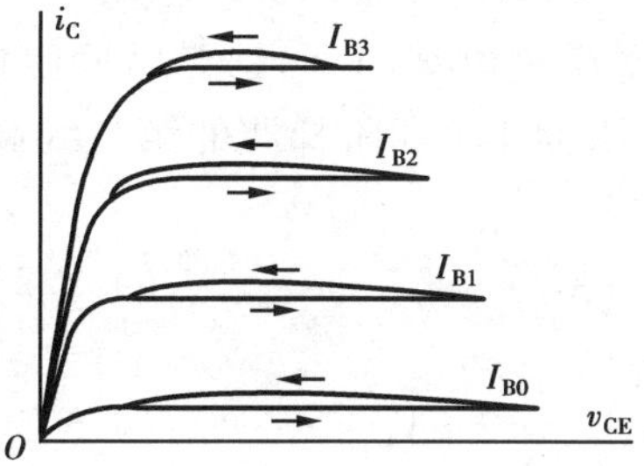

图 4.5.4　有热回线的输出特性

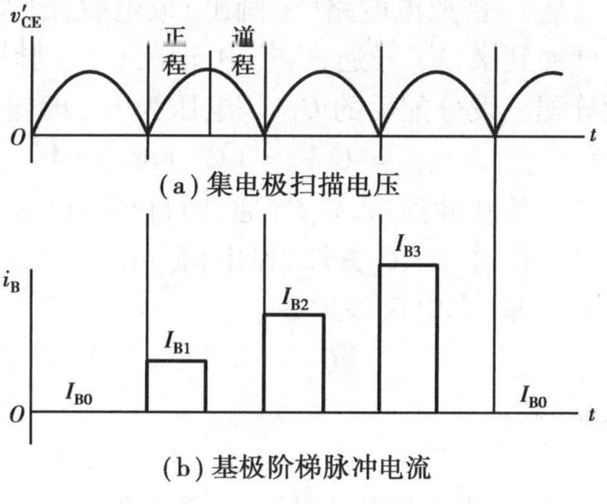

图 4.5.5　基极阶梯脉冲方法

图 4.5.5 表示的脉冲占空率为 1/2，而且图示的扫描波和脉冲的相位关系恰好是正程扫描，无逆程。为了降低功率管的结温，必须更加减少脉冲的持续时间。这时屏幕上只显示出特性曲线簇的一部分。调节脉冲的宽度，可改变这部分显示线段的

长度。还可以根据测试需要,调节扫描波和脉冲之间的相位关系,可选择所要观测曲线簇的某个部位。因而观测十分方便、灵活。

4.5.5 电路举例

对于图 4.5.1 方框图中的电路,这里介绍两个电路:一个是阶梯波发生器电路,另一是基极的恒流源电路。

产生阶梯波的电路很多,例如有积分型、数/模(D/A)变换型、自举型等。现在举一个自举型的例子,其电路如图 4.5.6 所示。其中 $C_2 \gg C_1$,放大器是电压放大倍数等于 1 的同相放大器,也称跟随器。为了便于说明电路原理,设放大器输入阻抗极大,二极管是理想整流管,负脉冲源和放大器的输出阻抗都极小。

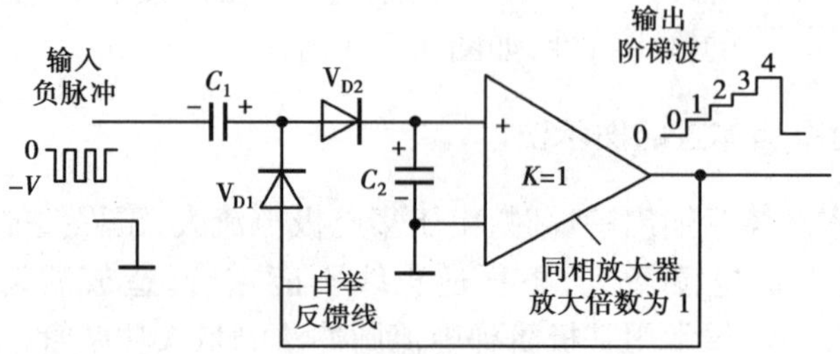

图 4.5.6 阶梯电压发生器

从 C_2 被放电电路(未画出)放电后,放大器输入输出电压等于 0 时开始。第一个负脉冲到来,V_{D1} 导通,C_1 充电至电压 V。脉冲回 0 时,V_{D2} 导通,C_1、C_2 并联,它们做电荷分配。设分配后的 C_1、C_2 电压为 V_1(即输出阶梯波的第 1 级高度),则有:

$$Q_1 = C_1 V = (C_1 + C_2) \cdot V_1 \quad 和 \quad V_1 = C_1 V / (C_1 + C_2) \tag{4.5.1}$$

第二个负脉冲到来,V_{D1} 导通,因自举线已有电压 V_1,故 C_1 充电至$(V + V_1)$。脉冲回 0 时,V_{D2} 导通,C_1、C_2 并联,做电荷分配。设分配后的电压为 V_2(即阶梯波的第二级高度),于是,有电荷等式如下:

$$Q_2 = C_1(V + V_1) + C_2 V_1 = (C_1 + C_2) \cdot V_2 \tag{4.5.2}$$

从而得出:

$$V_2 = C_1 V / (C_1 + C_2) + V_1 = V_1 + V_1 = 2 \cdot V_1 \tag{4.5.3}$$

用相同的方法可以证明:$V_3 = 3V_1$,$V_4 = 4V_1$,…,证明了输出阶梯波的梯级是等高的,每级阶跃高度为 V_1。

对于基极恒流源电路,它的原理如图 4.5.7 所示。运放 A 是同相放大器,电压放大倍数为 2,所以,$V_2 = 2V_1$;运放 B 是电压跟随器,所以,$V_4 = V_3$。电路输入是阶梯电压,设任一阶梯的高度值为 V_{JT};电路输出是阶梯电流,设与 V_{JT} 对应的电流为 I_{JT}。可以证明这电路的输出电流 I_{JT} 是与 V_{JT} 成正比的恒流。

从图4.5.7可以看出，V_1是V_{JT}和V_4的平均值，即$V_1=(V_{JT}+V_4)/2$，而$V_2=V_{JT}+V_4$。又因为$V_4=V_3$，所以，$V_{23}=V_2-V_3=V_2-V_4=V_{JT}$。输出至负载电阻$R_L$的电流为$I_{JT}=V_{23}/R_S=V_{JT}/R_S$。此式证明，输出电流是与输入阶梯电压成正比的恒流。分挡改变R_S，即可调节恒流的阶梯高度。为了了解电路恒流特性，可设负载电阻R_L变大，使V_3电压上升Δ。于是，V_4上升Δ，V_1上升Δ/2，V_2上升Δ，结果V_{23}不变。

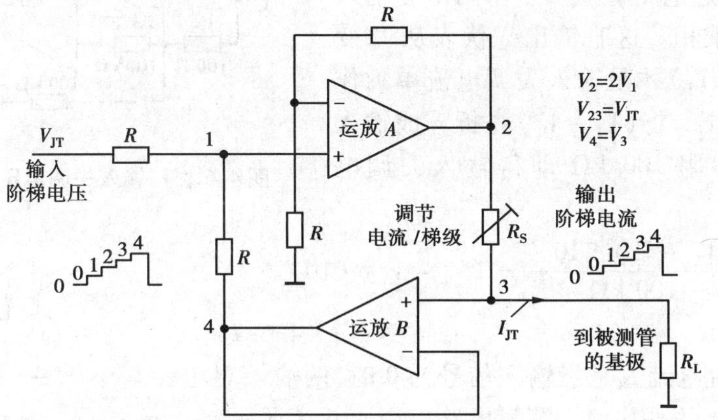

图4.5.7　恒流源的原理

4.6　运放主要参数的测量

模拟集成电路的运算放大器作为通用单元电路应用非常广泛。例如，对信号处理、放大、运算以及组成函数发生器，构成精确的测量电路等。运放集成块的使用很方便，电路的设计和分析也相当简单容易。为了使设计和分析变得简单而有效，又不会有明显误差，通常将运放视为理想运放。它的正、反相两输入端子之间是虚短路，端子与运放内部虚开路。运用这两结论将会使运放电路的分析和理解变得相当容易。本节要介绍运放的几个主要参数的简易测量方法。

4.6.1　输入失调电压、失调电流、偏置电流

输入失调(offset)电压是指当运放的输入信号为0，输出不为0，有一直流电压，把这电压折算(除放大倍数)到输入端的电压值。输入失调电流是指，当输入信号为0，两输入端的偏置电流之差值。输入失调电压V_{OS}和失调电流I_{OS}都是由于运放差分输入级的不对称造成的。

图4.6.1是测量输入失调电压、电流的电路。第一测量输入失调电压V_{OS}。将图中开关放置1位，让两输入端经小电阻100 Ω到地，故可忽略失调电流的影响。这时毫伏表的读数为V_1。于是，输入失调电压为：

$$V_{OS} = V_1 \div \left(1 + \frac{100\ \text{k}\Omega}{100}\right) \approx V_1 \cdot 10^{-3} \tag{4.6.1}$$

第二测量输入失调电流。将开关放置2位，让大电阻100 kΩ串入输入端子。由于两输入端子的偏置电流不等，使两输入端之间出现电压，这电压等于一个串阻值与输入失调电流之乘积。这时输出毫伏表从 V_1 变成 V_2。$(V_2 - V_1)$ 才是输入失调电流单独作用的输出电压。将 $(V_2 - V_1)$ 先折算成输入电压，再除串阻100 kΩ即得输入失调电流，即

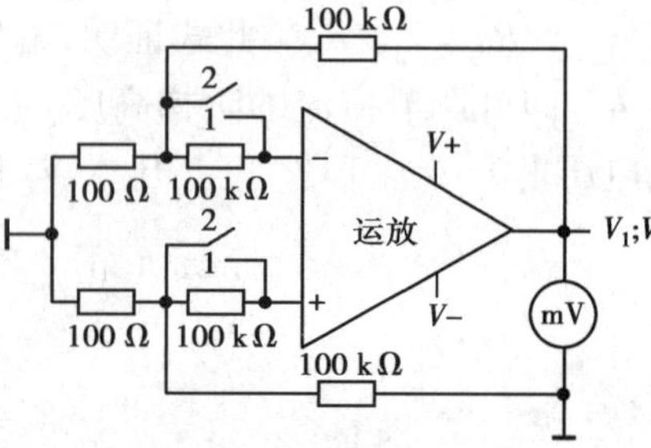

图4.6.1　输入失调电压电流测量

$$I_{OS} = \frac{(V_2 - V_1) \cdot 10^{-3}}{100\ \text{k}\Omega} = (V_2 - V_1) \cdot 10^{-8} \tag{4.6.2}$$

输入偏置电流 I_B 是指输入信号为0时，两输入端子的偏置电流的平均值。测量电路如图4.6.2所示，图中微安表的读数是两输入偏置电流之和。所测输入偏置电流 I_B 等于电表读数除2。

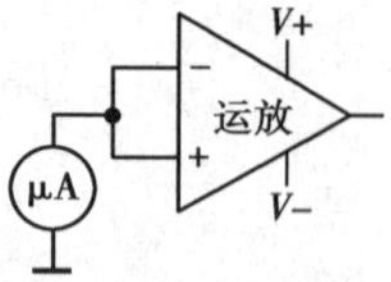

图4.6.2　偏置电流测量

4.6.2　共模抑制比的测量

共模抑制比(CMR)是指运放的差模放大与共模放大之比。图4.6.3是其简易测量电路。先看差模的放大倍数：将图4.6.3的开关放到 D 位置，运放是一个倒相放大器，显然，电压放大倍数为 R_F/R_1。现在把开关转换到 C 位置，即可得共模放大倍数，它是 V_C/V_S。所以，共模抑制比为：

$$K_{CMR} = \frac{R_F/R_1}{V_C/V_S} = \frac{R_F V_S}{R_1 V_C} \tag{4.6.3}$$

它的电平单位为：

$$G_{CMR} = 20\lg\left(\frac{R_F V_S}{R_1 V_C}\right) \quad (\text{dB}) \tag{4.6.4}$$

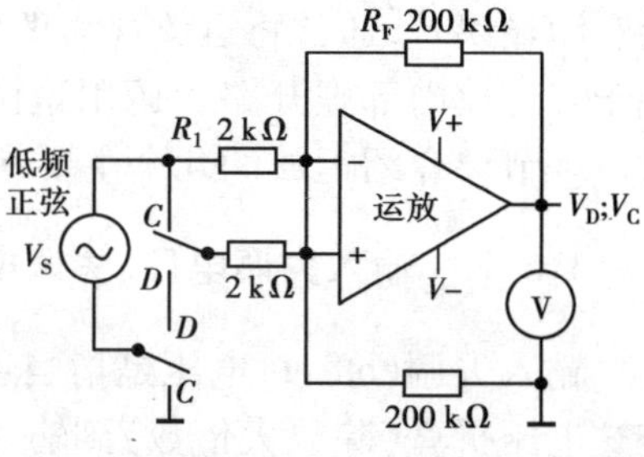

图4.6.3　共模抑制比测量

4.6.3　开环差模电压放大的测量

开环差模电压放大倍数是在放大器负载开路和无任何反馈连接的条件下测量的。由于放大器开环放大倍数很大，一般是 10^4，测量时的关键问题是要保证开环放大器无自激振荡，在最大不失真输出情况下稳定工作。

测量电路如图 4.5.4 所示，图中 R_2 和 R_3 组成≈1/1 000 分压器；R_F 和 R_1 组成直流负反馈，稳定静态工作点；C_1 旁路交流反馈电压，保证交流放大仍是开环工作状态。示波器监视输出波形。调节 W 电位器，使输出电压是无波形失真条件下的最大值。于是，读取电压表的读数，开环差模电压放大倍数为：

$$K = (V_2/V_1) \times 1\ 000 \tag{4.6.5}$$

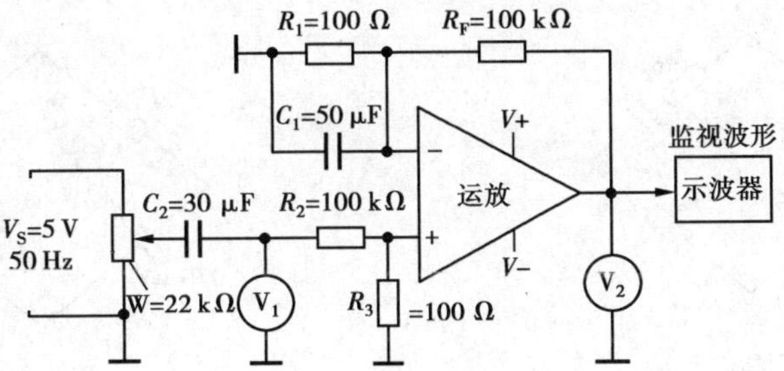

图 4.6.4　开环放大倍数的测量

思考与练习题

4.1　为什么导线的电阻会随导线中的电流频率增高而增大？

4.2　为什么被测元器件应当在接近它的实际工作频率下进行测量？

4.3　试证明：电容器用并联和串联等效电路计算出的参数 D（或 Q）是相等的，即 $\omega R_S C_S = 1/(\omega R_P C_P)$。元件参数不因算法不同而改变。

4.4　试证明：电感线圈用串联和并联等效电路计算出的参数 Q（或 D）是相等的，即 $\omega L_S/R_S = R_P/(\omega L_P)$。元件参数不因算法不同而改变。

4.5　在题图 4.5 中，已知 $R = 200\ \Omega$，$V_S = 10\ \text{V}$，$V_Z = 8\ \text{V}$，$V_R = 4\ \text{V}$。画出电压电流的相量图；求出被测线圈的串联等效电路的电阻 r 和电感 L 值。

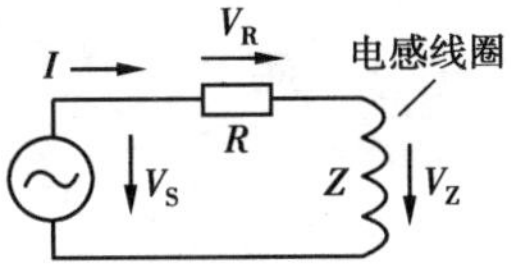

题图 4.5

4.6　交流电桥与直流电桥比较，说明交流桥的各项特点。

4.7　证明：文氏电桥的平衡公式，即式（4.2.3）。

4.8　试求出题图 4.8（西林）电桥平衡时被测元件 R_X、C_X 数值的计算公式。

4.9　试求出题图 4.9（串联欧文）电桥平衡时被测元件 R_X、L_X 数值的计算公式。代入图中所给平衡时的元件参数，求出 R_X、L_X 的数值。

4.10　试设计一个用 Q 表并联法测量大于 460 pF 的电容的方法。

4.11　题图 4.11 为一个用二极管和有中心抽头的线圈构成的简单乘积调制/解调器电路。载波从线圈中心抽头输入，而且载波幅值远大于信号幅值，二极管的电流主要是载波电流，信号电流小，不影响二极管的通断。所以，载波的一个半波使 V_{D1}、V_{D3}导通，另一半波使 V_{D2}、V_{D4}导通；效果是起交换信号输出极性的作用。

试用数学证明此电路确是一个乘积调制/解调器（提示：电路中的载波可等效成一个与载波同频率的符号方波，即幅值是 +1 和 -1 的方波；符号方波和信号相乘即得电路输出）。

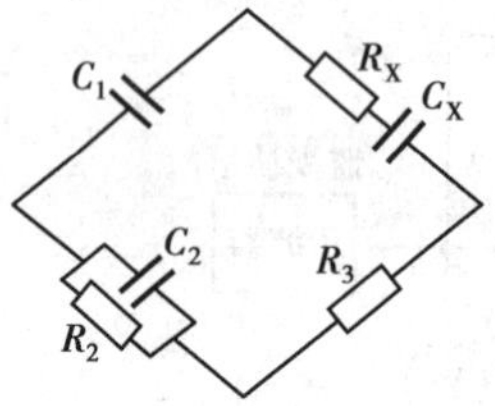

题图 4.8

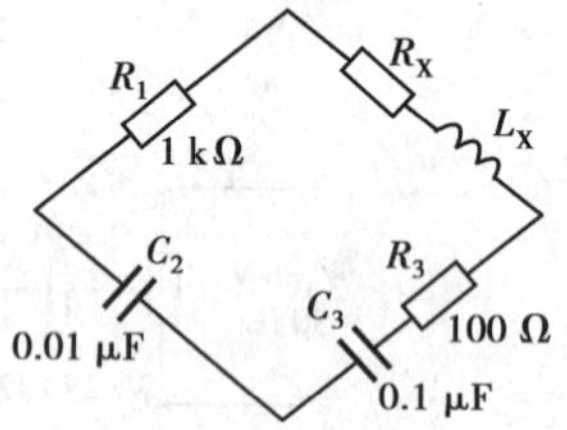

题图 4.9

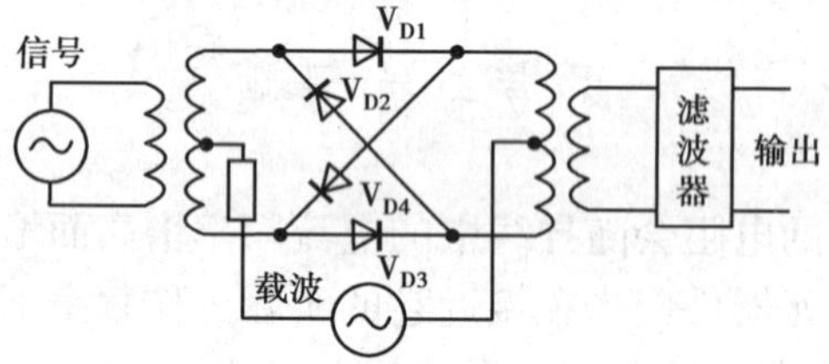

题图 4.11

4.12　说明运放中的“虚开路”和“虚短路”概念及其在分析运放电路中的应用。

4.13　定义运放参数“失调电流”和“偏置电流”；说明两参数的测量方法。

第5章　示波器及其应用

示波器是一种用途极为广泛的电子仪器。它的基本功能是能将各种时域信号波形描绘在荧光屏上,以便观察、测量和分析。它的主要特点是:测量响应快、频率范围宽、灵敏度高、输入阻抗高和过载能力强。根据用途、结构和性能,示波器的种类大致可分为:通用示波器、多束示波器、取样示波器、记忆与存储示波器和特殊(专用)示波器等五类。本章讨论实验室常用的通用示波器,了解它的结构、工作原理和电路测量应用。

5.1　示波管显示原理

5.1.1　示波管的结构

示波管又称为阴极射线管(Cathode Ray Tube　CRT),它是示波器的重要器件。它主要由电子枪、偏转系统和荧光屏三部分组成。这三部分被密封在接近真空的玻璃壳内,结构的示意图如图5.1.1所示。

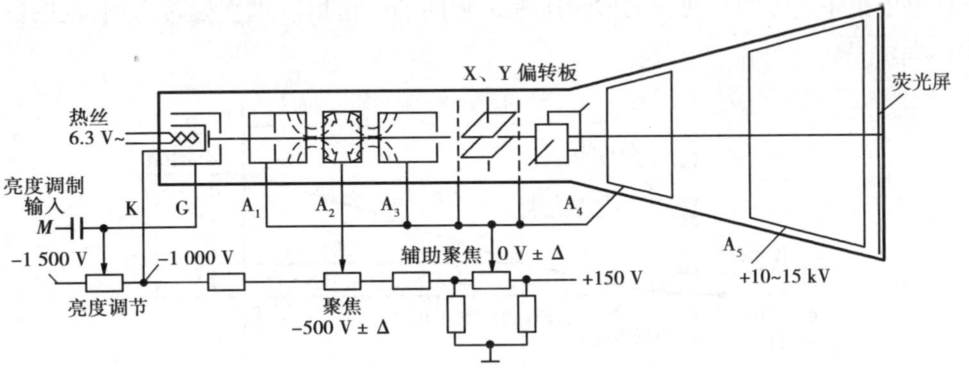

图5.1.1　示波管的结构和供电电路的示意图

电子枪的阴极筒K内有发热丝,加热阴极筒;K的顶端涂有氧化物质,能发射热电子。套在阴极外面的电极G称为栅极(控制极或调制极),也是圆筒形,顶端有小孔,小孔正对阴极端头的氧化物面。阴极发射的电子经过栅极小孔飞出。飞出电子的数量取决于栅极对阴极的负电压值。负压大电子少，大的负压可以完全截止电子飞出。这样就可以使扫描回程消隐。

图 5.1.1 的阳极 $A_1 \sim A_5$ 都是圆筒形电极。A_1 是电子的加速极，电压比阴极高约 1 kV。A_1、A_3、A_4 是连通的；A_3、A_4 的连通保证了 X、Y 偏转板区域没有电场存在。A_2 电位约等于 -500 V，调节它的电位就可调节聚焦。A_2 与 A_1、A_3 之间的特殊形状电场(如图中虚线所示)能使运动的电子束会聚。聚焦和辅助聚焦联合调节，可在荧光屏上得到细小的扫描光点。

示波管前端的内壁涂有一层荧光物质，形成荧光屏。荧光屏受到高速度电子束的轰击后，能将电子的动能变为光能，形成光点。电子束从荧光屏的某点偏移后，该点仍会继续发光，但亮度慢慢下降。光点亮度下降至最大值 10% 的持续时间称为余辉时间。由于荧光物质有余辉，同时人眼也有视觉暂留效应，当电子束受偏转板电场快速偏转扫描时，能看到完整连续的曲线。

关于荧光的颜色，普通示波器大都为绿色，绿色的发光效率高。高频示波器多为蓝紫色，低频示波器多为黄色，这与荧光物质的余辉特性有关。在使用示波器时，还应注意保护荧光屏。例如，不要把亮度调得过分亮；不要长时间固定显示一条线；不要把光点长时间停留在一点。因为这些都会缩短荧光屏寿命，甚至烧坏荧光物质，使荧光屏出现黑斑。

5.1.2 偏转板原理

示波管的聚焦和偏转系统都是电场型的。X 偏转板使电子束水平偏转，Y 偏转板使电子束垂直偏转。两者的偏转原理是相同的。这里以垂直偏转为例，说明其工作原理：

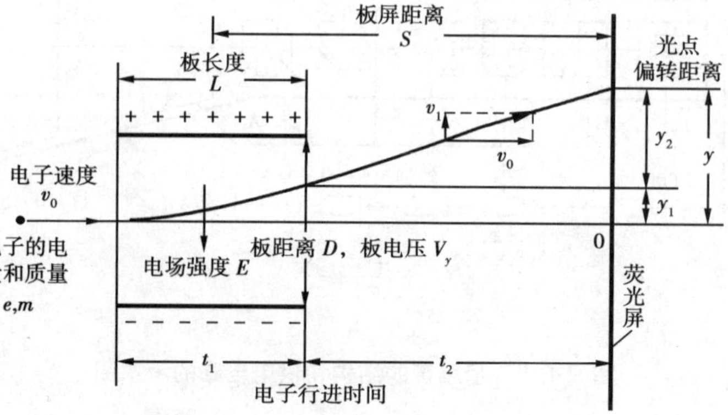

图 5.1.2　偏转板的作用

图5.1.2表示偏转板对电子的偏转作用。电子以速度 v_0 进入偏转板，即会受到电场力作用而向上偏转。电子出偏转板后，垂直速度从0增成 v_1。电子束打击到荧光屏形成的光点、偏离中心0的距离为 y。设偏转板的电压为 V_y，可以证明荧光屏上光点偏转的距离 y 与偏转板电压 V_y 成正比。这很重要，因为成正比是示波器显示电压波形的基础。

如图5.1.2所示，有：

$$t_1 = L/v_0 \text{ 和 } t_2 = (S - L/2)/v_0 \tag{5.1.1}$$

利用物理学加速运动公式，求出偏转距离 y：

$$y_1 = \frac{1}{2}at_1^2 = \frac{1}{2}\cdot\frac{F}{m}\left(\frac{L}{v_0}\right)^2 = \frac{1}{2}\cdot\frac{eE}{m}\left(\frac{L}{v_0}\right)^2 \tag{5.1.2}$$

$$y_2 = v_1t_2 = (at_1)t_2 = \frac{eE}{m}\cdot\frac{L}{v_0}\cdot\frac{S - L/2}{v_0} \tag{5.1.3}$$

$$y = y_1 + y_2 = \frac{eEL}{mv_0^2}\left(\frac{L}{2} + S - \frac{L}{2}\right) = \frac{eELS}{mv_0^2} \tag{5.1.4}$$

再利用电场强度公式和动能/势能转换公式：

$$E = \frac{V_y}{D} \text{ 和 } \frac{1}{2}mv_0^2 = eV_{A3} \tag{5.1.5}$$

式中，V_{A3} 是指 A_3 与阴极K之间的电压。

代入式(5.1.4)，得出：

$$y = \left(\frac{LS}{2D\cdot V_{A3}}\right)\cdot V_y = K_yV_y \tag{5.1.6}$$

上式说明 y 与 V_y 成正比，即为所证。式中，K_y 称为偏转灵敏度(cm/V)。

从式(5.1.6)可见，为了有大偏转灵敏度，A_3 加速电压不应太大，电子速度 v_0 不应太大。v_0 大 t_1 时间短，电子束的偏转不充分。所以，示波管在偏转区域的电子束速度并不很大，而是在出偏转区后再加高压电极 A_5 加速，使电子束有较大能量打击荧光屏，增大光点亮度。

那么，后加速是否会破坏光点偏移与偏转板电压的正比关系呢？问题的答案是：在 A_5 电极能保证后加速电场为轴向均匀电场的条件下，荧光屏光点偏移与偏转板电压仍成正比关系。现在证明如下：首先必须熟悉图5.1.3中设置的代表符号。电子进入后加速电场区的水平初速为 v_0，垂直初速为 v_1；经时间 t_3 走完加速电场 H，到达荧光屏时的水平速度增加成 v_2，垂直速度不变，仍为 v_1。在后加速区内电子上升的距离为 y_3。根据加速运动的公式，可得：

$$v_2 = v_0 + \alpha\cdot t_3 \quad \text{和} \quad y_3 = v_1t_3 = v_1(v_2 - v_0)/\alpha \tag{5.1.7}$$

式中，v_2 是由 A_5 对阴极电压决定的常数，v_0 是由 A_3 对阴极电压决定的常数，加速度 α 是由电场 H 决定的常数。即是说 t_3 是常数。容易证明 v_1 与偏转板电压 V_y 成正比。

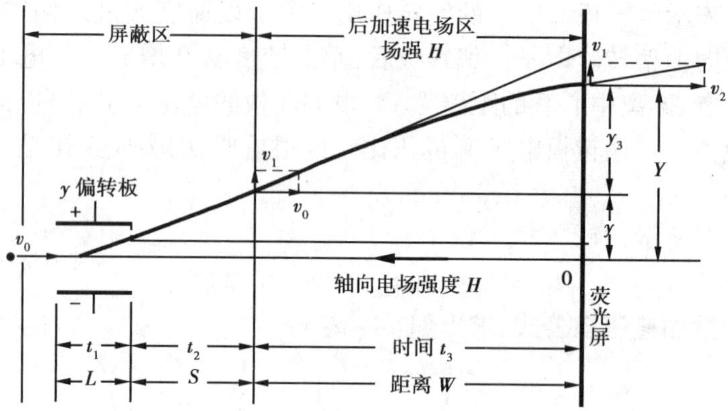

图 5.1.3　后加速电场的作用

所以,y_3与 V_y成正比。前面已证明距离 y 与 V_y成正比,于是,最终证明了距离 Y 和偏转板电压 V_y成正比,即

$$Y = y + y_3 = K_1 V_y + K_2 V_y = K \cdot V_y \tag{5.1.8}$$

5.1.3　波形显示的基本方法

X 偏转板上加锯齿波电压,Y 偏转板上加被观测的信号电压,这就是信号波形的基本显示方法。信号电压必须是时间的单值函数。

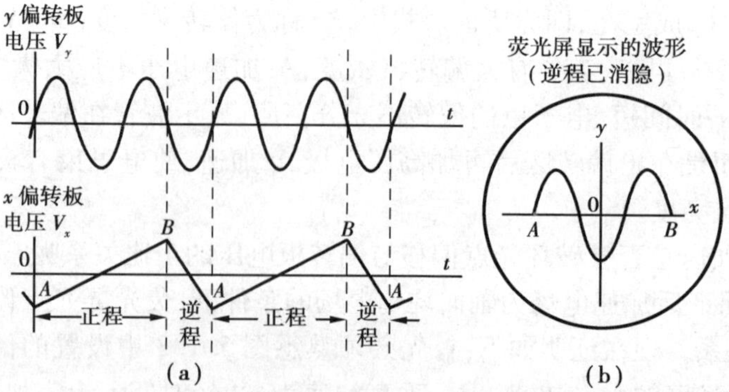

图 5.1.4　波形显示的基本方法

图 5.1.4 为显示正弦信号波形的例子。显然,若只在 X 偏转板加锯齿电压,Y 板电压为 0,则荧光屏幕显示出在 X 轴上的一条直线;若只在 Y 板加正弦电压,X 板电压为 0,则屏幕显示出在 Y 轴上的一条直线。容易理解,当 X、Y 偏转板同时加如图

5.1.4(a)的电压波形时，屏幕就会显示出如图5.1.4(b)所示的波形。这X板锯齿电压的AB段的直线特性很重要，因为它是在X方向线性扫描的基础，使时间跟扫描距离成比例。比例常数就是x单位长度所代表的时间t值。可见，X坐标实际也是被显示波形的时间坐标。

在图5.1.4特例中，每一个AB正程扫描的波形都是相同的，在屏幕上显示的波形是精确重叠的。所以，人们能看到清晰、稳定的正弦波形。容易证明，屏幕图像稳定的条件是扫描波的周期为被观测波周期的整数倍，即$T_X/T_Y=n$(n是正整数)。如果这条件不满足，则屏幕图像会左或右跑动不稳定，甚至一片模糊。

在示波器中，常用被测信号或与之相关的信号去控制扫描发生器的振荡周期，使扫描波周期$T_X=nT_Y$，使图形清晰、稳定，这称为同步触发扫描。此外，示波器还有一种所谓单次触发扫描方式。单次触发扫描是指扫描发生器只在来信号触发时，才开始做单次扫描，平时无扫描。单次触发扫描特别适用于观测占空率小的周期性脉冲或非周期性信号波。

5.2 示波器的结构和原理

5.2.1 示波器的结构框图

图5.2.1为实验室常用的普通示波器的简要框图。现对这框图做一概述：Y偏转电路有两相同的输入通道Y_1和Y_2。利用电子开关可以对Y_1、Y_2输入信号做选择显示或同时显示。通道中的时间延迟线能使被测信号延迟一段时间到达示波管。因为当采用内同步触发扫描时，扫描的触发信号就是被测信号本身，从信号触发到扫描发生器起始扫描，电路响应有一滞后时间，使扫描落后于信号。如果没有延迟线，在荧光屏上就看不到被测信号的初始部分。例如，一个脉冲信号输入Y通道，脉冲前沿同步触发扫描发生器，发生器必然在脉冲前沿触发之后起扫，结果显示屏不能显出脉冲的前沿部分。加上迟延线之后，就能显出完整的脉冲波形。示波器中的时间延迟线多是用对称螺旋电缆，具有分布参数的延迟线。一般延迟30~200 ns，特性阻抗为300 Ω。

X偏转电路的主要任务是产生锯齿形扫描波，作为Y波形的时间标尺。X通道也可以不做扫描，而让外信号经放大后加到X偏转板，实现多功能显示。当X作同步扫描时，可使用内部的Y信号同步，也可用外信号同步，由X输入开关决定。简单价廉的示波器一般只有一个扫描电路，图5.2.1中X通道有两个基本相同的扫描电路，A和B扫描发生器。A扫描发生器是主扫描器，B扫描发生器只在A起扫后某一时刻才起始扫描，即B的起扫延迟于A。B的延迟时间是可调变的，B扫描的速度比A快若干倍。这种双扫描方式可让人们在A扫描的显示波形中察看其中任一部分

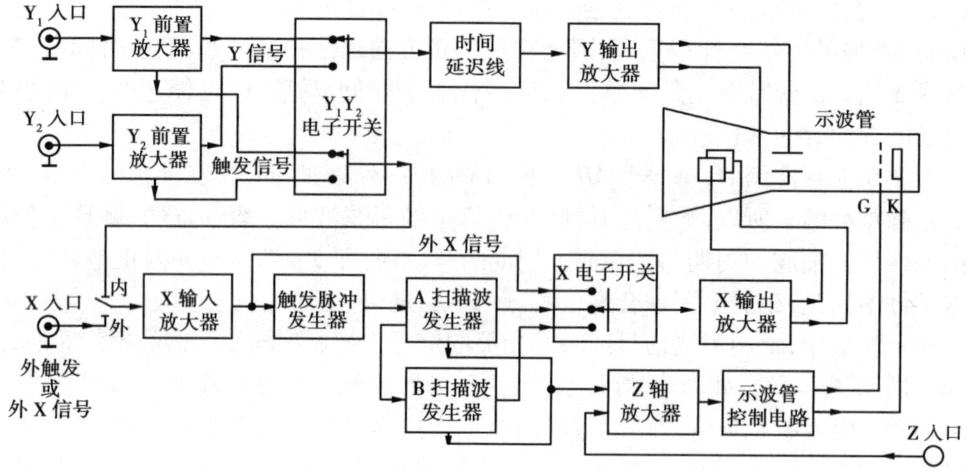

图 5.2.1　普通示波器的简要框图

波形细节。

Z 通道可供外信号和内扫描做亮度调制,亮度调制可有增辉和消隐两种方式。扫描发生器一般用增辉方式,即在正程扫描期间才加亮度。

5.2.2　Y 输入电路

图 5.2.1 在 Y 通道入口和前置放大器之间还有耦合方式、衰减器、阻抗变换等输入电路,实际测量时,在 Y 入口和被测电路之间还有探头连接。这些输入电路如图 5.2.2 所示。

探头的功用是增大 Y 入口的输入阻抗,即增大输入电阻,减小并联电容,因而减弱仪器和连接线对被测电路的影响。在实验桌上,示波器(或其他仪器)与被测电路点之间一般有 1 m 左右距离,需要用电缆连接。一般 1 m 长电缆就有 100 ~ 200 pF 分布电容量,直接连接必然会使被测电压失真。这是测量工作的一个难题。目前在电缆前端加一探头即可解决这个难题。探头可分有源和无源两种。有源探头一般装有发射极跟随器,它有高的输入阻抗和低的输出阻抗。低输出阻抗可忽略分布电容效应,而得良好高频特性。然而,示波器常用简单的无源探头,如图 5.2.2 中所示,只有一个电阻和一个电容。

无源探头实际是一个补偿分压器,工作原理如图 5.2.3 所示。R_1、C_1是图 5.2.2 探头中的电阻、电容;R_2是 Y 入口电阻 1 MΩ,C_2是电缆电容与 Y 入口电容 25 pF 的并联值。图 5.2.3 用电容补偿电阻分压器,使电阻分压器的分压比 V_2/V_1不随频率变化。

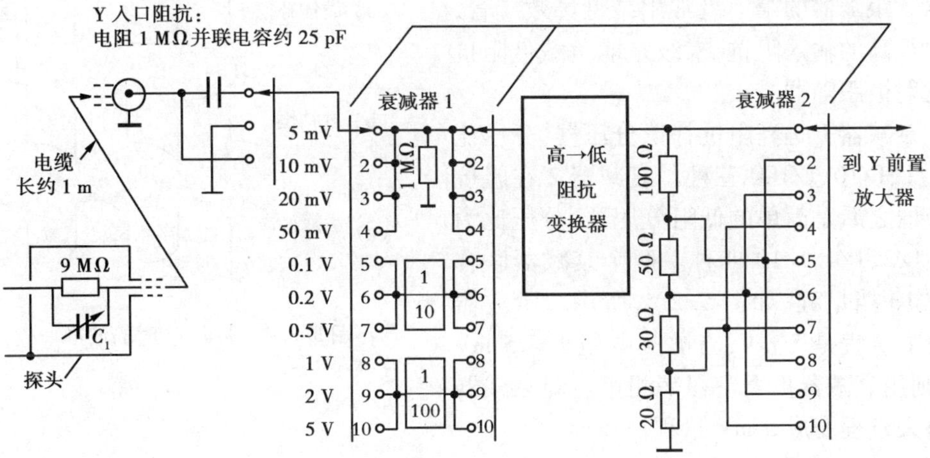

图 5.2.2　Y 通道的输入电路

在图 5.2.3 中,如果把"×"标记处开断,即可看成两个分压器:电阻的和电容的。电阻分压器和电容分压器的分压比 V_2/V_1 分别为:

$$R_2/(R_1+R_2) \quad 和 \quad C_1/(C_2+C_1) \tag{5.2.1}$$

当这两分压比相等时,补偿分压器就无频率失真。现在令它们相等,即得无失真的条件为:

$$R_1C_1 = R_2C_2 \tag{5.2.2}$$

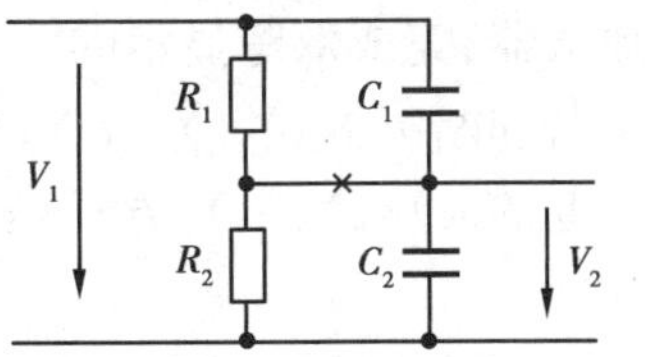

图 5.2.3　补偿分压器

微调 C_1 或 C_2 可满足上式条件,图 5.2.2 中的 C_1 是微调探头电容。示波器一般有标准方波供校正探头之用。连接探头到标准方波,一边察看屏幕显示波形,一边微调 C_1,使显示出图 5.2.4(a)波形。一个实际探头举例:$R_1=9\ \mathrm{M\Omega}$,$R_2=1\ \mathrm{M\Omega}$;$C_1\approx15\ \mathrm{pF}$,$C_2\approx135\ \mathrm{pF}$;探头的衰减系数为 1/10;输入电阻为 10 MΩ,输入电容约为 13.5 pF。可见,加上探头后,输入电阻增大 10 倍,电容减为 1/10,示波器的输入阻抗大大提高,但代价是信号被衰减,必须在后面放大器中作增益补偿。

如图 5.2.2 所示,输入耦合有交流、直流和短路到地三种方式。交流耦合是在 Y 入口串一电容,除去信号的直流成分。这时,Y 通道频带的低频约为 10 Hz。直流耦合是直接连接,频带的低频为 0 Hz。入口接地方式可用于查看屏幕上 0 电压的扫描基线。

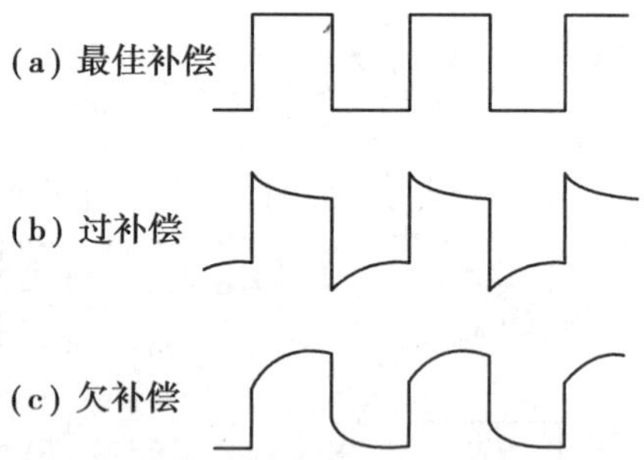

图 5.2.4 微调 C_1 时的波形

高/低阻抗变换器是一组发射极跟随器电路。跟随器的第一级常用结型场效应管,可得很高的输入阻抗,末级是能负载低阻抗的发射极跟随器。

衰减器 1 是高阻抗补偿分压器,分压比为 1/1、1/10、1/100 三种。衰减器 2 在阻抗变换器之后是简单的低阻分压器,分压比为 1/1、1/2、1/4、1/10 四种。两个衰减器联合组成 10 挡量程,如图 5.2.2 所示。示波器本身的量程是 5 mV,当被测电压大于5 mV 时,则用衰减器扩大量程来测量。即衰减器能将大量程变成 5 mV 量程。

5.2.3 多波形显示法

在荧光屏上如果能同时显示两个或多个信号波形,则进行信号波形之间的对比分析就十分方便。例如,屏幕同时显示电路的输入和输出的电压波形,就容易比较两个波形,了解电路对信号的失真情况。实现多波形同时显示的方法有多线法和多踪法。多线法是使示波管中有多个互相独立的电子枪和偏转系统,让多个电子束线在同一荧光屏上描绘出各自的信号波形。多踪法只有单一电子束线,利用电子开关,能在屏幕上显示出多个信号波形的踪迹。前者性能优良,但电路复杂,价格昂贵;后者由于电路简单、价廉,而得到普及应用。

图 5.2.1 示波器就是利用 Y_1、Y_2电子开关,让两信号轮流进入 Y 时延线和输出放大器,完成双踪显示的。双踪示波器一般有 5 种电子开关方式,即 Y_1、Y_2、$Y_1 \pm Y_2$、交替和断续方式。Y_1或 Y_2方式是只看一个信号波形;$Y_1 + Y_2$方式是显示两信号加在一起的波形;$Y_1 - Y_2$方式是 Y_2倒相后加在一起的波形,而交替和断续方式才是双踪显示。

交替方式如图 5.2.5(a)所示。如果第一次扫描时,电子开关接通 Y_1,显示 Y_1波形,则第二次扫描时,电子开关接通 Y_2,显示 Y_2波形。第三次又是接通 Y_1,如此重复、轮流显示 Y_1与 Y_2两信号波形。电子开关的频率(即扫描频率),应低于被测信号频率,但扫描频率一般应大于 25 Hz,否则,人眼有轮换的闪烁感。所以,此方式适用于高频信号的观测。

断续(斩波)方式如图 5.2.5(b)所示。在 X 轴的每一扫描过程中,电子开关以足够高的频率对两信号进行轮流取样,所以,显示曲线有断裂痕迹。示波器是正程扫描时增辉(加亮),逆程扫描线是消隐的。然而,断续方式的垂直转换线(图 5.2.5(b)中虚线)在正程扫描中,故必须另加与取样频率一致的消隐脉冲,使这些垂线消

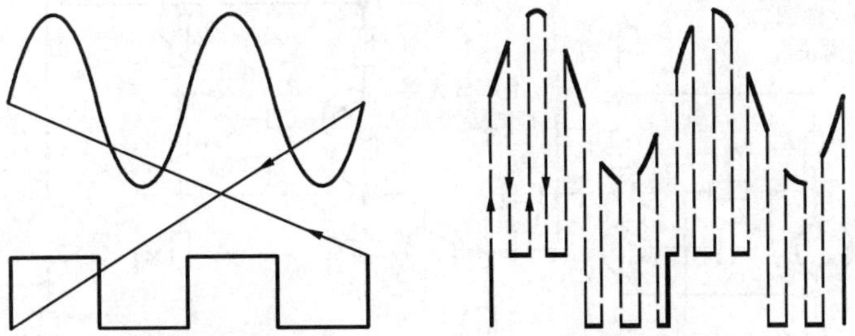

(a) 交替方式　　(b) 断续方式

图 5. 2. 5 双踪显示方式

隐。实际上，开关频率远远大于扫描频率，屏幕上的图形不是如图 5. 2. 5(b)所示的断裂曲线，而是看起来为连续曲线。如果设定开关取样频率为 250 kHz，则两信号的频率应是远低于 250 kHz 的低频。

屏幕上显示的双踪波形是共用一个 X 扫描时基的。为了获得稳定的显示，必须保证 Y_1、Y_2 两信号频率有整数倍关系。下表是某示波器的 Y 开关方式及同步触发方法：

Y 方式	Y_1	Y_2	$Y_1 \pm Y_2$	交替	断续
内触发	Y_1	Y_2	Y_1	Y_1 或 Y_2	Y_1

交替方式不可用 Y_1、Y_2 交替触发，因它会使双踪波形的时间对应不准确。

5. 2. 4 X 通道扫描发生器

简单的扫描发生器电路如图 5. 2. 6 所示。从它可了解扫描波的触发和形成、释抑及增辉等工作情况，建立一个扫描电路的基本概念，有利于示波器的测量应用。

如图 5. 2. 6 所示，V_1、V_2 及其连接元件 $R_1 \sim R_5$ 等组成所谓的施密特(schmitt)电路，控制扫描波的起始和停止。V_2 导电使 V_3 截止，扫描开始；V_2 截止使 V_3 饱和导通，扫描停止。这里的施密特双稳触发电路，当 V_1 基极电平高于 V_A(上触发电压)时，V_1 非饱和导电而 V_2 截止；低于 V_B(下触发电压)时，V_1 截止而 V_2 非饱和导电。V_A 和 V_B 之差称为触发电平的(滞后)回差。这个电路的回差约为 7 V。

V_4 构成恒流源电路，在 V_3 截止期间，给电容 C 恒流充电。所以，电容电压线性上升，形成正程扫描。电阻 R_9、W_2、R_{10} 定 V_4 基极电压。恒流值≈(基极电压 - 结压)/R。可见，RC 决定正程扫描电压上升的斜率，在屏幕上就是决定波形的时基 t/cm。示波器面板上有一多挡时基开关，确定 RC 的多个组合值，例如得 0. 2 μs/cm，…，

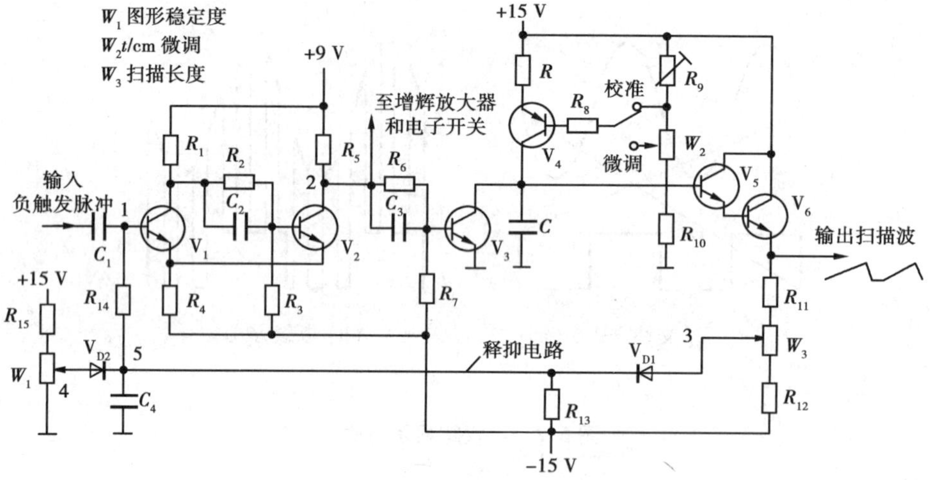

图 5.2.6　简单的扫描发生器

0.5 s/cm，共 20 挡扫描时基。V_4基极在校准位置时，恒流值已经被 R_9 校正，多挡开关上所标写的时基是准确的。在微调位置时，时基不准确，但可适当调变。

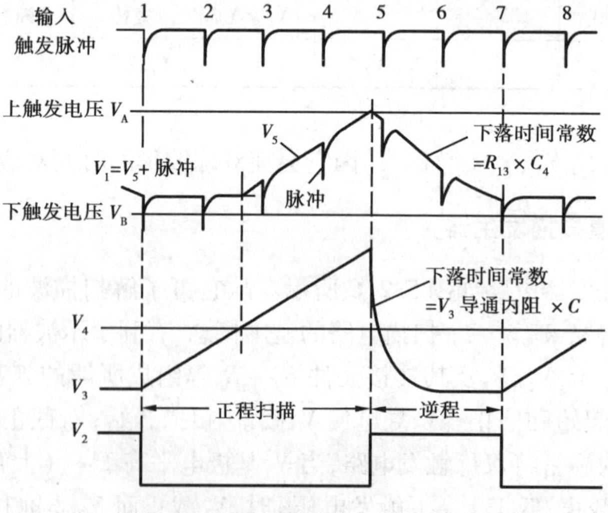

图 5.2.7　同步触发的波形图

V_5、V_6是组合管发射极跟随器，有比单管更高的输入阻抗。跟随器把扫描波输出至 X 放大器，最后至示波管 X 偏转板。同时，扫描电压经 R_{11}、W_3、R_{12}分压，进入 V_{D1}、R_{13}、C_4、V_{D2}、R_{15}、W_1元件组成的释抑电路，释放（结束）正程扫描，同时抑制施密特电路，使在一段时间内不能被输入负脉冲触发，让电容 C 经 V_3 充分放电，保证每次起扫电压稳定。

图 5.2.7 为图 5.2.6 中 1、2、3、4、5 各点的波形图，能很好说明释抑电路的工作。R_{15}、W_1、V_{D2} 钳位电路把 V_5 电压置于 V_A 和 V_B 之间。如图 5.2.6 和图 5.2.7 所示，当 1 号脉冲来，使 V_1 从 V_5 基础下降，超过 V_B 电压，触发翻转施密特电路，起始扫描。当 V_3 扫描波高于 V_4 钳位值，V_{D1} 导通 V_{D2} 截止，V_5 跟随 V_3 上升。直到 V_5 使 V_1 超越 V_A，施密特翻回 V_1 导通 V_2 截止。这时 V_3 饱和导电使扫描波快速下降。而 V_5 以时间常数 R_{13}、C_4 缓慢下降。所以 5、6 号负脉冲被抑制，7 号脉冲来才又触发，起始再次扫描。

V_2 电压经倒相放大后至示波管栅极，作正程增辉之用；V_2 也送至 Y 电子开关，用负沿触发开关双稳，作交替双踪显示之用。W_1 称为稳定度调节，因为调变它可避免错乱触发，造成图形不稳。例如在图 5.2.7 中，若 V_5 钳位电平不当，6 号脉冲也可能参与触发。读者可以证明：如果把 W_1 调至最低点，让钳位电平在 V_B 之下，则电路会自激连续扫描，不需输入触发脉冲。

5.2.5 AB 双扫描原理

图 5.2.8 所示为 A、B 双扫描的框图。双扫描系统有两套基本独立的触发扫描电路 A 和 B。A 扫描首先被触发，延迟一段时间后，B 扫描被触发。B 扫描的触发来自电压比较器。当 A 扫描波升高至参考电压 V_r 时，B 扫描才被触发，起始扫描。V_r 可用电位器调节，所以，这延迟时间是可调节（选择）的。B 扫描速度比 A 扫描速度高很多倍。这种双扫描示波器的主要功用是可在一个波形中察看选定部分的细节。

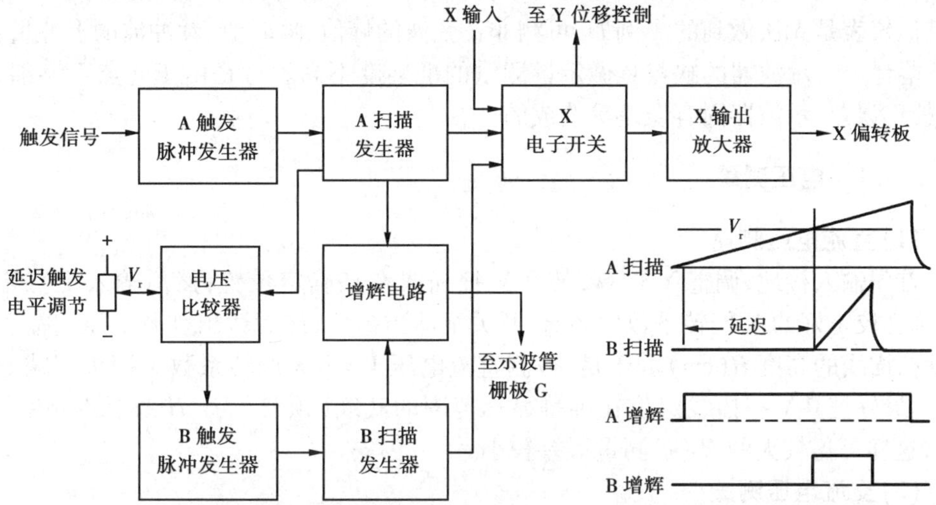

图 5.2.8 AB 双扫描原理框图

利用X电子开关,一般可有如下四种屏幕显示方式:

①A方式　只用A扫描发生器工作,与无双扫描的普通示波器相同。

②A扫描/B加亮　用A扫描送X偏转板作水平扫描,但要在波形的B扫描部分加亮,如图5.2.9(a)所示。调节V_r电位器可使加亮部分左右移动,选定想察看的部分。

③A延迟/B扫描　用B扫描器送X偏转板做水平扫描,把A扫描中的加亮部分在X方向扩展显示,如图5.2.9(b)所示。

④双扫/双显　此方式在屏幕上可同时看到图5.2.9的上下两个波形。这时图5.2.8的电子开关必须送出Y位移同步控制信号。即在交替显示图5.2.9上下波形的时候,也要交替变换Y位移,让两波形分离,一上一下。

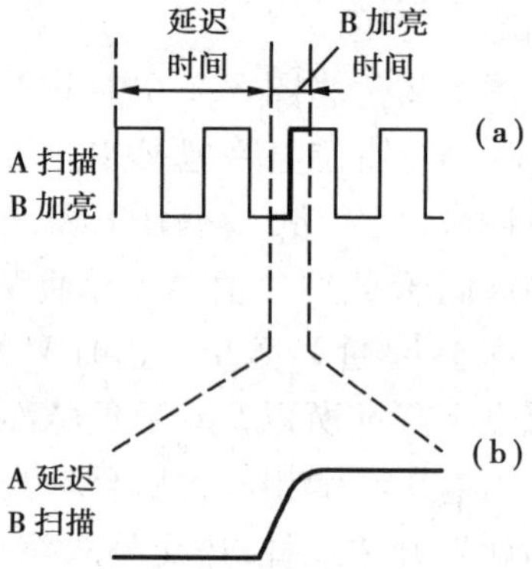

图5.2.9　双扫描的显示举例

5.3　示波器的一般应用

可以利用示波器做一般测量,例如,测电压、时间、相位差、频率等;也可做专业性测量,例如,测调制系数、频偏、电视视频特性等。示波器有独特的优点,对于一些测量其他仪表是无法做到的。例如,可测非正弦波的峰值、瞬时值、脉冲波的上冲量、顶部下落量等。示波器的缺点是做定量测量的准确度不高。这是由于光点不够细、视差、校正误差、示波器固有误差等造成的。

5.3.1　电压测量

(1)直流电压测量

首先输入接地,调整Y位移,使0 V扫描线在某确定位置;然后输入用直流耦合,调已校正好的Y偏转系数(V/cm)开关至适当挡位;最后读出被测电压扫描线相对0扫描线的高度H(cm)。于是,被测直流电压$V=H\times$偏转系数$\times$探头衰减。测量时,最好把0 V扫描线定位在屏幕显示范围的底线(顶线),让H线靠近顶线(底线),这样可得较大的H值,测量误差较小。

(2)交流电压测量

先测得电压峰峰值,$V_{pp}=H_{pp}\times$偏转系数$\times$探头衰减,再除波峰系数即可得电压有效值。

5.3.2　时间测量

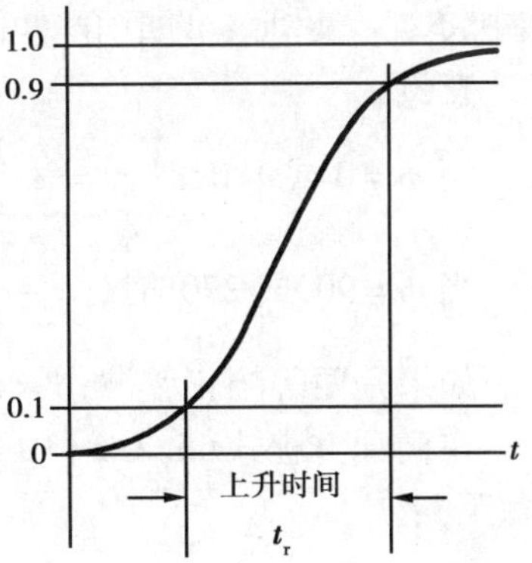

图5.3.1　定义上升时间

时间测量之前，必须先校准好扫描时基(t/cm)，然后读得波形上被测两点之间的水平距离D(cm)。于是，这两点之间的时间$t = D \times$(时基t/cm)。这种简单的直读法可用做波形的周期、脉冲间隔、脉冲边沿升降时间等的测量。

提高周期测量的准确度，可用n倍周期测量法。即先得出n个周期的时间t，于是被测周期$T = t/n$。测量脉冲升降时间，可用时基扩展×10读时间，以提高准确度。

脉冲的上升和下降时间一般是相等的，所以，通常只说脉冲上升时间。脉冲上升时间t_r的定义是电压在0.1～0.9高度之间的时间，如图5.3.1所示。从示波器读出的上升时间比真实的脉冲上升时间大，因为示波器Y通道本身也存在上升时间。只当脉冲上升时间远大于示波器响应的上升时间时，才可忽略示波器的影响。

设t_{r0}、t_{r1}、t_{r2}分别是被测脉冲的、示波器的屏幕读得的上升时间。下面的近似公式可用来计算脉冲的上升时间，修正屏幕读数，公式误差小于5%。

$$t_{r0} \approx 1.05\sqrt{t_{r2}^2 - t_{r1}^2} \tag{5.3.1}$$

5.3.3　相位差测量

(1)直接测读法

利用双踪示波器在屏幕上显示出有相位差的两同频正弦波，然后读出正弦波周期的水平距离D和两波形同相点之间的水平距离d。相位差为：

$$\Delta\phi = \frac{d}{D} \times 360° \tag{5.3.2}$$

(2)椭圆法

将要测量相位差的两正弦波分别加到示波器的X、Y输入口，屏幕显示出的图形一般是一个椭圆。现在证明如下：设X、Y输入口的同频正弦信号分别为：

$$v_x = V_{mx}\sin\omega t, v_y = V_{my}\sin(\omega t + \phi) \tag{5.3.3}$$

用偏转灵敏度(cm/V)乘以电压，将上式电压变成屏幕上的距离。于是有：

$$x = A\sin\omega t, y = B\sin(\omega t + \phi) \tag{5.3.4}$$

从上式中消去时间t，即得屏幕显示的函数曲线的表达式：

$$\begin{cases} y = B(\sin\omega t\cos\phi + \cos\omega t\sin\phi) \\ y = \dfrac{B}{A}(x\cos\phi + \sqrt{A^2 - x^2}\sin\phi) \end{cases} \tag{5.3.5}$$

式中，ϕ 是 y 超前 x 的相角。可以证明，这是一个椭圆方程，曲线如图 5.3.2 所示。

特例：

当 $\phi=0$ 或 $180°$ 时，$y=\pm\frac{B}{A}x$（过原点的直线方程） (5.3.6)

当 $\phi=90°$ 或 $270°$ 时，$\frac{x^2}{A^2}+\frac{y^2}{B^2}=1$（正椭圆方程） (5.3.7)

如果是两等幅正弦波，$A=B=R$，则式(5.3.7)椭圆变成 $x^2+y^2=R^2$ 圆的方程。

在椭圆方程式(5.3.5)中分别令 x 和 y 等于0，求出椭圆和轴线的交点 x_0 和 y_0（截距）：

$$\begin{aligned} x_0 &= \pm A\sin\phi \\ y_0 &= \pm B\sin\phi \end{aligned} \tag{5.3.8}$$

从而得出相角的计算公式：

$$\phi = \arcsin(\pm x_0/A) = \arcsin(\pm y_0/B) \tag{5.3.9}$$

在屏幕上测出距离 $2A$、$2x_0$ 或 $2B$、$2y_0$ 代入上式，计算得 y 超前 x 的相角 ϕ。

在式(5.3.5)中代入 $x=A$，可得曲线与垂线的切点坐标（A, $B\cos\phi$），如图 5.3.2所示。在屏幕上测出切点对 x 轴的高度 y_A，也可求得相角：

$$\phi = \arccos(y_A/B) \tag{5.3.10}$$

椭圆法的测量误差很大，一般大于15%，并且不适合高频测量，因为示波器X、Y 两通道的迟延时间不同，还会造成附加相位差误差。

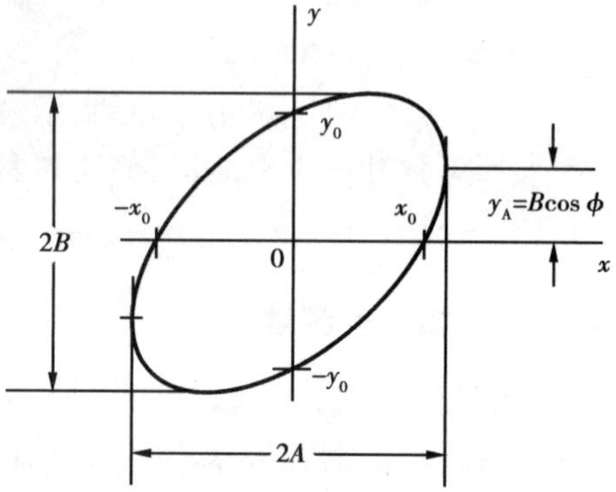

图 5.3.2　椭圆法测相位差

(3) 圆扫描法

如图 5.3.3 所示，V_1 和 V_2 是要测相位差的两同频正弦电压。V_1 经过隔离变压器和 RC 90°移相器，输入至示波器 X、Y 入口。RC 移相器的相量图如图 5.3.3(b)所示，V_Y 超前 V_X 90°。再调节电阻，使 $R=1/\omega C$，可得 $V_X=V_Y$。于是，在示波器屏幕上可形成一个圆扫描时基。圆扫描时基线上的光点是以等速度作圆周运动的，或者说连接光点的半径是以等角速度旋转的。因为等角速旋转的半径的 X, Y 轴投影是两个相差 90°的等幅正弦；反之，X、Y 分别输入两个相差 90°的等幅正弦，屏幕光点即形成圆扫描线性时基。光点走一周的时间是 V_1 的周期，对应半径角度 360°。

图 5.3.3 中的成方电路可以使输入正弦波变换成方波。将这个方波输入示波器的 Z 轴，调制光点的亮度。这时圆扫描只显示出一个半圆，如图 5.3.3 所示。现在分

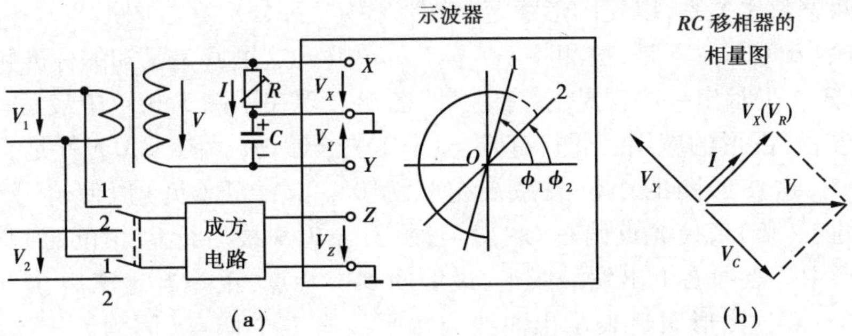

图 5.3.3　用圆扫描法观测相位差

别记录下 V_1、V_2 方波调制的半圆直径与水平线的夹角 ϕ_1、ϕ_2，从而得 V_1、V_2 的相位差 $\phi=\phi_1-\phi_2$。

这里的移相器使 V_Y 超前 V_X 90°，圆扫描光点是顺时针旋转的。$\phi=\phi_1-\phi_2$ 为正值，表示 V_1 超前 V_2；$\phi=\phi_1-\phi_2$ 为负值，表示 V_2 超前 V_1。

5.3.4　频率测量

示波器测量频率的基本方法是：先用时间测量法测出波形的周期 T，而后用周期和频率的倒数关系计算出频率 f，即 $f=1/T$。

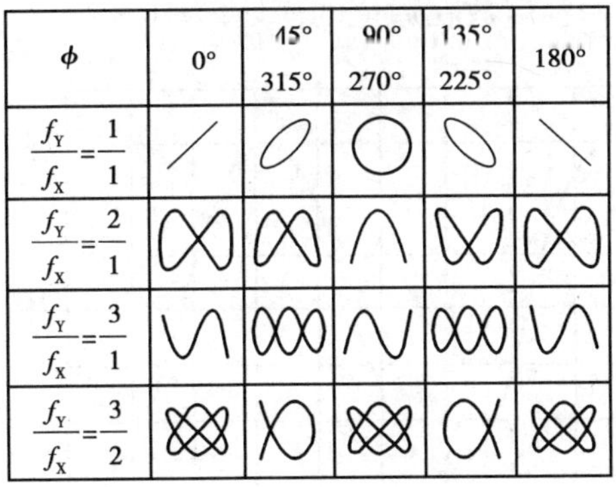

图 5.3.4　“李沙育”图形

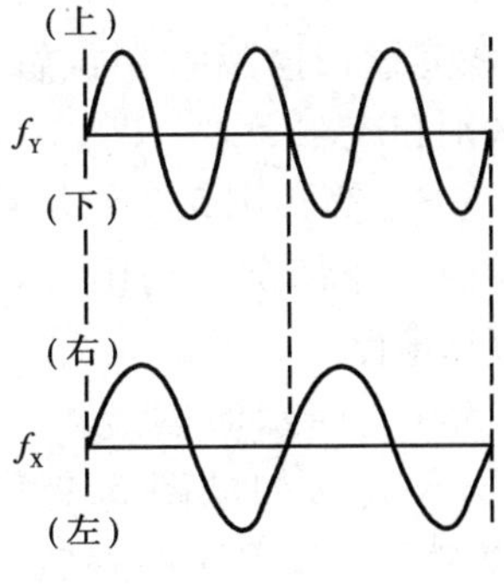

图 5.3.5　$f_Y/f_X=3/2$，0°的波形

如果在示波器 X 入口加上已知标准频率信号，在 Y 入口加上被测频率信号则可用屏幕出现的所谓“李沙育”图形来确定被测频率。由于 X、Y 两输入信号频率之比必须是两个整数之比，“李沙育”图形才能稳定可见，所以，要求标准频率可连续调

变,达到两整数比关系,以使图形稳定。图形稳定后,分别察看图形与水平线和垂直线的切点数 m 和 n。于是,被测频率 $f_Y=(m/n)f_X$。这里 f_X 是已知的标准频率。

图 5.3.4 表示出一些常见的"李沙育"图形。现在以图 5.3.4 中最后一行为例,说明"李沙育"图形的应用。此行有 $f_Y=(3/2)f_X=1.5f_Y$。图 5.3.5 就是 $f_Y=(3/2)f_X$ 的波形图,这波形图的相位关系被定义为 0°。f_Y 的正(负)值使屏幕光点偏上(下),f_X 的正(负)值使光点偏右(左)。对照图 5.3.4 最后行 0°相位的"李沙育"图形,从图形中心点向右上出发沿线走,最后回到中心点,正好 f_Y 走三周,f_X 走两周,得出 0°的图形。这图形明显表示出曲线与水平线有三个切点(因为 f_Y 三次到达最高(低)点),与垂直线有两个切点(f_X 两次到达最右(左)点)。所以,$f_Y/f_X=3/2$。

思考与练习题

5.1 示波器显示电压波形的基础是什么?

5.2 什么叫扫描?显示波形为什么要扫描?对扫描有些什么要求?

5.3 说明示波器探头的作用、结构和工作原理。

5.4 简述图 5.2.1 示波器框图各单元的功能。说明图 5.2.2Y 通道输入电路的结构原理。

5.5 简述双踪示波器的"交替"和"断续(斩波)"显示方式。它们各适合观测什么频率的信号?

5.6 示波器 Y 通道中的延迟线起什么作用?应放在通道的何处,为什么?

5.7 简述"同步触发扫描"、"自激连续扫描"和"单次触发扫描"的区别和应用。

5.8 简述图 5.2.6 简单扫描发生器的工作情况。利用图 5.2.7 说明释抑电路。

5.9 用示波器观测某正弦信号,屏幕波形如题图 5.9 所示。已知:Y 输入衰减开关(偏转灵敏度)在 20 mV/分格挡位;X 扫描时基在 0.1 ms/分格挡位;测量探头 10/1。

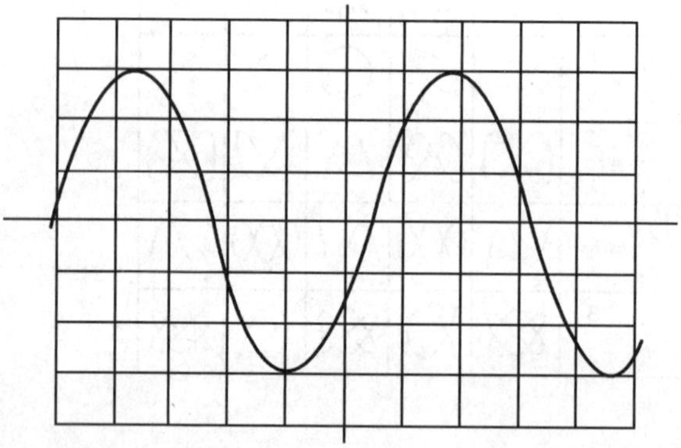

题图 5.9

求:①信号电压的周期 T 和频率 f;

②信号电压的峰峰值和有效值。

5.10 图 5.3.4"李沙育"图形最后一行是 $f_Y/f_X=3/2$。你用什么概念(不是死记)来判定它是 3/2 而不是 2/3 呢?

第6章　计数式测量法

前面用示波器测量频率、时间、相位差是很不精确的，也是不实用的。本章讨论用计数器方法测量这些参数。计数器数字式测量法操作简便，而且可以得到非常高的准确度，是实际常用的测量方法。

6.1　通用计数器的应用

通用计数器常由一些单元电路组成：它们是①晶体振荡器；②分频器；③十进计数器和数字显示器；④计数闸门；⑤放大和整形电路。将这些单元组合起来，可构成多种测量功能电路。一般通用计数器的功能有频率测量、周期测量、频率比测量、时间间隔测量、事件计数和振荡器频率自检。下面以 10 MHz 通用计数器为例，说明这些功能的测量原理。

6.1.1　频率测量和周期测量

(1) 频率测量

图 6.1.1 所示为频率测量的框图。计数闸门要求输入为脉冲信号，故常需附加放大整形电路，对一般输入信号做缓冲放大、电平偏移、触发整形、形成良好的脉冲波。计数闸门的开通时间由闸门时间选择开关控制。高稳定度晶体振荡器产生 10 MHz标准频率，经多级十分频，得出标准周期时间，控制计数闸门。

频率的定义是周期性信号在单位时间内重复出现的周波数。计数器正是严格按照频率的定义进行测量的。设闸门开启时间为 T_G，进入计数器的信号周波数为 N，则被测频率可表为 $f=N/T_G$。图示闸门时间为 1 s，计数器读数 N 的单位为 Hz。若闸门时间 10 倍扩大（缩小），N 也会 10 倍扩（缩），小数点必须左（右）移动，保持单位正确。

因为 $f=N/T_G$，由 2.3.2 节中的误差合成公式可知，频率的测量误差为：

$$\gamma_f = \gamma_N + \gamma_{TG} = \gamma_N + \gamma_{T0} \tag{6.1.1}$$

式中，γ_{TG} 是闸门时间误差，它等于晶振时基误差 γ_{T0}；$\gamma_N=\Delta N/N$ 是计数式测量仪表特有的误差，称为量化误差。因为闸门可能使计数器多计数一个脉冲，或者少计数一个脉冲，不可能计得分数个脉冲，所以，$\Delta N = \pm 1$。由此可见，要减小量化相对误差，必须增大 N 值。这里 10 倍率增大闸门时间是增大 N 值的惟一方法。

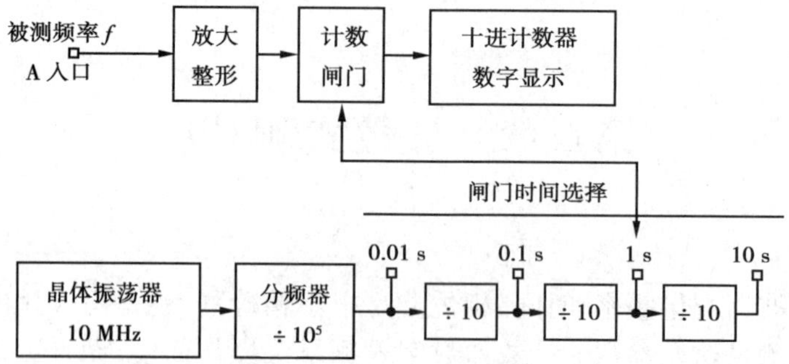

图6.1.1 频率测量的框图

(2)周期测量

图6.1.2所示为周期测量的框图。10 MHz晶振的标准时基T_0等于0.1 μs,所以,计数器的计数N的单位应是0.1 μs。闸门时间由被测周期数选定。图示的闸门时间等于被测信号的一个周期,这时计数器的读数N就是被测信号的周期,单位为0.1 μs。将小数点左移一位,显示单位可改变成1 μs。为了减小由±1量化引入的读数误差,应当使用10、100、1 K等多倍周期测量法,尽量增大N值。然后将小数点左移,得出正确的时间单位。多倍周期测量法除了能减小γ_N外,也能减小放大整形电路中触发点漂移引入的误差。容易证明,周期T测量误差γ_T也等于$\gamma_N+\gamma_{T0}$,与频率的同。

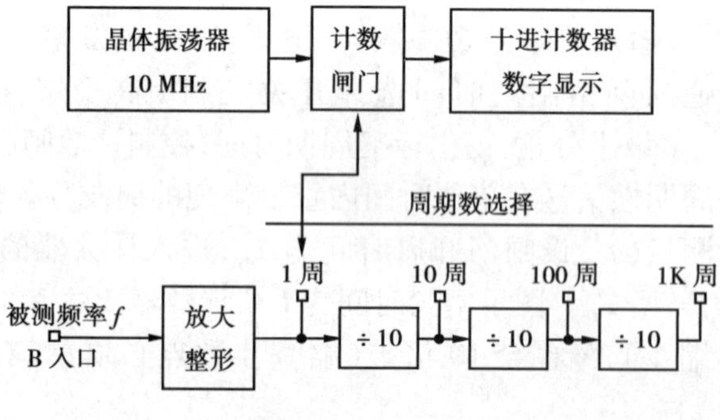

图6.1.2 周期测量的框图

频率和周期互为倒数,任意测得一个,也就知道了另一个。实际上,常需测量一个信号的频率。当被测频率较大时,用通用计数器的频率测量法测频率。选合适的闸门时间,得大N值,量化误差就可小到忽略不计,测量误差仅由晶振时基误差确定。当被测频率较小,用频率测量法不能得大 N 值的时候,改用周期测量法就可得大 N 值,减小量化误差。测出周期之后,用倒数关系即计算出频率。可见,通用计数器的频率测量法和周期测量法其实是一种(频率或周期)测量的两个互补方法而已。

6.1.2　频率比测量和时间间隔测量

图 6.1.3 和 6.1.4 分别为频率比测量和时间间隔测量的框图。时间测量框图简单明了,现在只对图 6.1.3 做简要说明:频率比测量的时候,较高频率 f_A 输入 A 入口,较低频率 f_B 输入 B 入口。在图示情况,计数器计数 f_A 的周波数 N,f_B 的周期 T_B 作

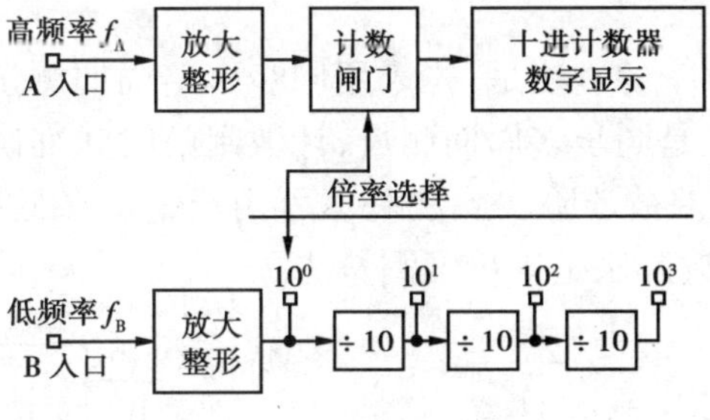

图 6.1.3　频率比测量的框图

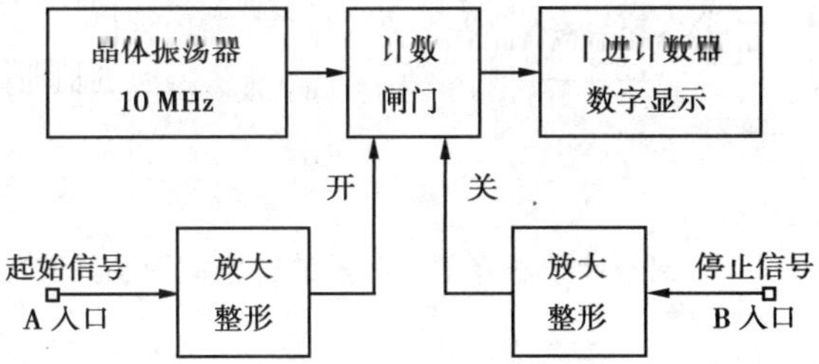

图 6.1.4　时间间隔测量的框图

为闸门开启时间。一般情况,门开启时间等于 $10^K T_B$($K=0,1,2,3$)。于是,显然有等式:

$$NT_A = 10^K T_B \tag{6.1.2}$$

从而得:

$$f_A/f_B = N \cdot 10^{-K} \tag{6.1.3}$$

可见,必须让读数 N 的小数点左移 K 位,才能得出正确的频率比值。

6.2 提高计数器精度的方法

通用计数器主要有三种误差源:时基误差、量化误差和触发误差。时基晶振的精度很高,一般为 $10^{-6} \sim 10^{-8}$,引入误差很小。量化误差和触发误差是较大的误差项,必须设法加以减小,应达到时基误差的量级。量化误差在频率和周期测量中是重要误差项;触发误差在时间间隔测量中是重要误差项。增大 N 值是降低量化误差的最简单方法。本节将讨论一些减少这些误差的较为复杂的方法,提高计数器测量精度。

6.2.1 倒数计数法

倒数计数法测量频率的方法是:先采用同步多倍周期测量,而后进行倒数运算,得出被测频率值。由于是同步多周期测量,计数闸门时间准确等于被测周期的整倍数,所以,周期的 ±1 误差被消除。此法基本可用于整个高低频率范围的测量,范围内有同等高的准确度,故此法是等精度测量法。

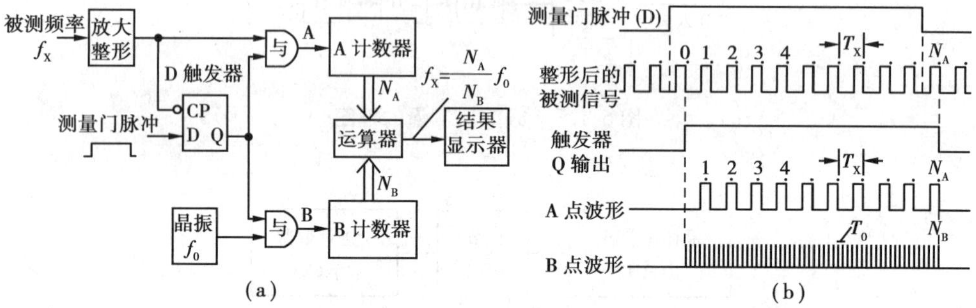

图 6.2.1 倒数计数法等精度测量的原理框图及其波形图

图 6.2.1 为倒数计数法的原理框图及其波形图。图中的 D 触发器和与门 A 组成同步计数门电路。当需要测量时,输入测量门脉冲,使 D 置 1。此后第一个整形信号脉冲(即波形图的 0 号脉冲)的后沿触发 D 触发器,使 Q 从 0 变 1,开启计数门 A 和 B。当测量门脉冲结束时,D 回 0。后来的信号脉冲(波形图的 N_A)后沿,使 Q 从 1 变 0,关闭计数门。这时已进入 A 计数器的脉冲数为 N_A。从波形图明显可见,Q 为 1 的开门时间准确等于 $N_A \times T_X$。

显然,有等式:

$$N_A T_X = N_B T_0,$$

从而

$$f_X = (N_A / N_B) f_0 \tag{6.2.1}$$

所以,图中的运算器必须完成上式的计算,让显示器显示测量结果。

函数式(6.2.1)的合成误差是：

$$\gamma_f = \gamma_{NA} + \gamma_{NB} + \gamma_{f0} \tag{6.2.2}$$

式中，γ_{NA}由于同步计数，无量化误差；γ_{NB}由于测量门脉冲很宽，保证了 N_B是一个7～8位的十进数，±1 造成的量化误差非常小；γ_{f0}是晶振时基的误差，也是非常小的。所以，频率的测量误差 γ_f很小，对高低频率测量都有同等精度。应当说明，运算器常是 10 位有效数的计算，不会影响测量误差。

6.2.2　游标法

频率和周期是倒数关系，而且有 $|\Delta f/f| = |\Delta T/T|$。所以，若能提高测量时间的分辨力，则频率和周期的测量精度也都会提高。游标法就是用数字技术削弱量化误差，提高测时分辨力的方法。它的测量原理与游标卡尺测量长度相同，故称为游标法。

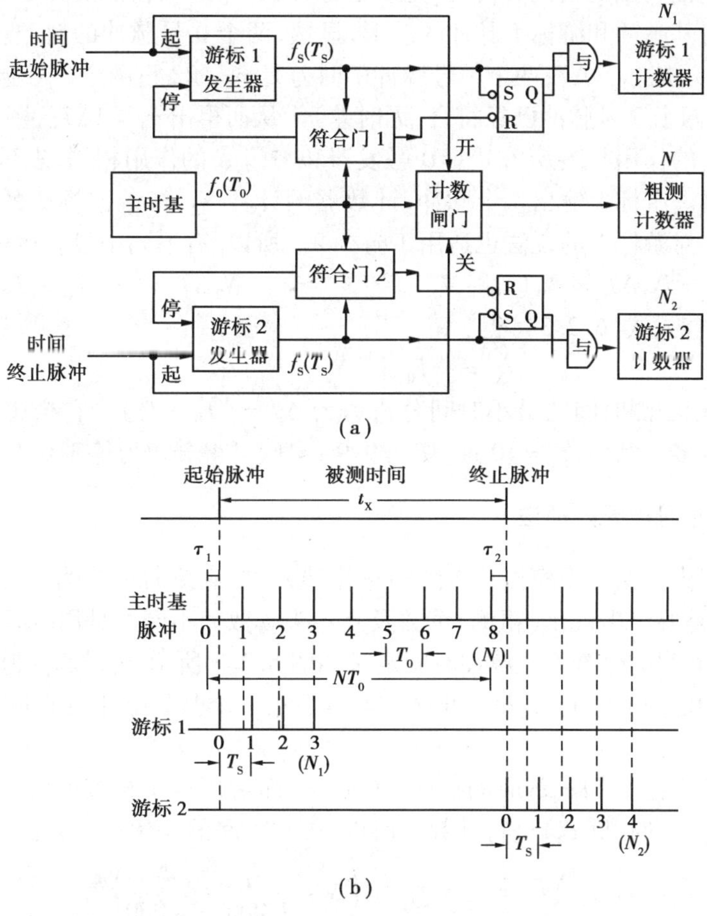

图 6.2.2　游标法的原理框图及其波形图

图 6.2.2 所示为游标法的原理框图及其波形图。游标法采用两种时基频率：主频率 f_0 和游标频率 f_S，周期分别为 T_0 和 T_S。设游标频率稍大于主频，即游标周期稍小于主周期。两时基的周期差为 $\Delta T = T_0 - T_S$。

时间起始脉冲到来时，游标 1 发生器即同步输出第一个游标脉冲（图中 0 号脉冲），同时计数闸门开启，粗测计数器开始计数主频脉冲。当主脉冲与游标 1 脉冲同时出现时，符合门 1 就使游标 1 发生器停止振荡，也使 RS 触发器和与门组成的游标 1 计数器门关闭，游标 1 计数为 N_1。时间终止脉冲到来时，游标 2 发生器输出游标脉冲，同时主频闸门关闭，粗测计数器的计数为 N。当主脉冲与游标 2 脉冲符合时，游标 2 停止振荡，关闭游标 2 计数门，计数为 N_2。

从波形图可见，被测时间准确为：

$$t_X = NT_0 - \tau_1 + \tau_2 \tag{6.2.3}$$

式中，NT_0 为粗测得出的时间，τ_1 和 τ_2 是从游标计数 N_1 和 N_2 得出的补零头时间。

对照主时基脉冲和游标 1 脉冲的波形，显然，两个 0 号脉冲的时差就是 τ_1；两个 1 号脉冲的时差是 $\tau_1 - \Delta T$；两个 2 号脉冲的时差是 $\tau_1 - 2\Delta T$；两个 3 号脉冲的时差是 $\tau_1 - 3\Delta T = 0$（两个 3 号脉冲已经符合，无时差）。从而得出 $\tau_1 = 3\Delta T$。图 6.2.2 中 RS 触发器和与门的作用与图 6.2.1 中 D 触发器和与门 A 的作用相同，表示不让 0 号脉冲进入计数器。游标 1 输出 4 个脉冲，计数器的计数 $N_1 = 3$。游标 2 的工作情况和游标 1 相同。对游标 1 的说法也适用于游标 2。所以，有下列一般表达式：

$$\tau_1 = N_1\Delta T = N_1(T_0 - T_S) \quad 和 \quad \tau_2 = N_2\Delta T = N_2(T_0 - T_S) \tag{6.2.4}$$

将式(6.2.4)代入式(6.2.3)，得：

$$t_X = NT_0 + (N_2 - N_1)\Delta T \tag{6.2.5}$$

可见，游标法测时间的最小时间分辨力为 $\Delta T = (T_0 - T_S)$。它会比单纯的 T_0 或 T_S 分辨力好得多。例如，$T_0 = 10$ ns，$T_S = 9.9$ ns，则可得分辨力等于 0.1 ns。

6.2.3 时间扩展内插法

时间扩展内插法是用模拟技术削弱量化误差，提高测时分辨力的方法。它与游标法相同，也是要测出量化（粗测）读数及其零头读数。不同处是用时间扩展（内插）法，提高零头时间的分辨力。脉冲时间定义如图 6.2.3 所示，τ_1 是起始脉冲与其后第一个时基脉冲之间的时间，τ_2 是终止脉冲与其后第一个时基脉冲间的时间；粗测时间等于 NT_0。

内插法首先把 τ_1 和 τ_2 的时间扩展 1 000 倍，而后用这个扩展的时间间隔开启计数闸门，对同一个时基（T_0）进行计数。所以，被测时间的表达式应为：

$$t_X = NT_0 + \tau_1 - \tau_2 = \left(N + \frac{N_1}{1\,000} - \frac{N_2}{1\,000}\right)T_0 \tag{6.2.6}$$

式中，N 是粗测计数器的计数；N_1 和 N_2 分别是 1 000 τ_1 和 1 000 τ_2 时间内的计数；

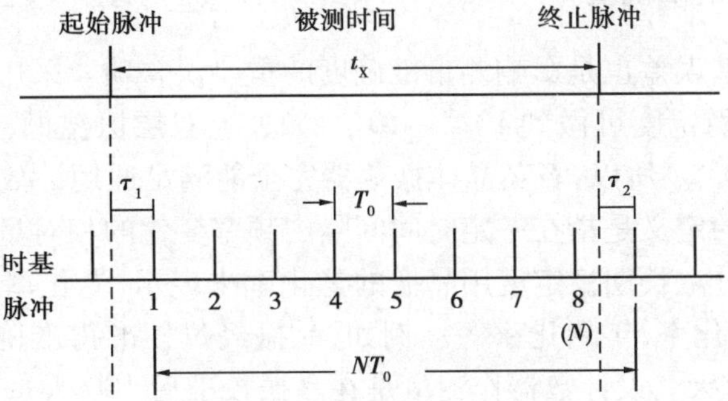

图 6.2.3 内插法的时间关系

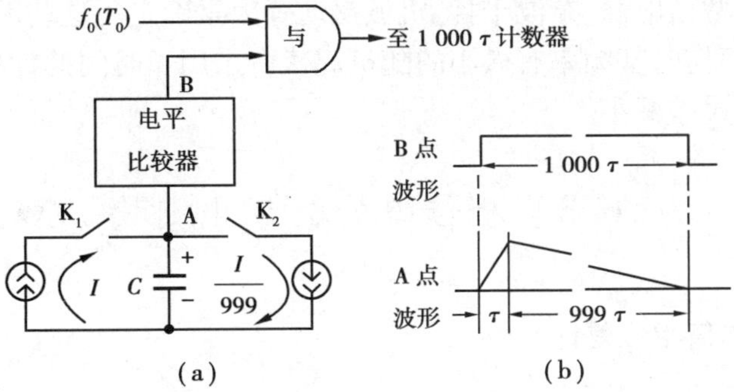

图 6.2.4 时间扩展器原理

T_0是时基脉冲的周期。从式(6.2.6)可见,此法的时间分辨力等于 $T_0/1\ 000$。如图 6.2.3 所示,$N=8$,设 $\tau_1=0.711T_0$,于是,$1\ 000\ \tau_1=711T_0$。所以,$N_1=711$,$N_1/1\ 000=0.711$。这样就把不能直接计数的零头变成了可读之数。

内插法的 τ_1 或 τ_2 的时间扩展原理如图 6.2.4 所示。以 τ_1 为例说明扩展器:起始脉冲到来,K_1 接通,恒流源 I 对 C 充电。经 τ_1 时间、时基脉冲到来,使 K_1 断开,充电停止,又使 K_2 接通,于是,恒流源 $I/999$ 对 C 放电。当 A 点由于充电高于初始电平时,电平比较器 B 点即输出高电平;当 A 点由于放电回到充电前的初始电平时,B 点即回低电平,同时 K_2 断开,停止放电。A 点和 B 点的工作波形如图 6.2.4(b)所示。因为放电电流小,是充电电流的 1/999,所以放电时间长,等于 999 倍(τ_1)充电时间。扩展器输出高电平的总时间为 $\tau_1+999\tau_1=1\ 000\tau_1$,完成了 1 000 倍时间扩展。

6.2.4 时基的准确度

计数器的时基误差也是影响测量准确度的重要误差项。采用石英晶体振荡器产生的时基频率的稳定度可做到 $10^{-6} \sim 10^{-8}$,如加上双层恒温槽,振荡频率稳定度可提高至 $10^{-9} \sim 10^{-11}$。所以,石英晶体振荡器完全能满足通用计数器的时基要求。

频率稳定度的定义是指在一定时间间隔内频率变化的相对量。故稳定度有长期和短期稳定度之分。长期稳定度用晶振的老化率来表示,老化率随观测时间的长短分日老化率、月老化率、年老化率等。例如,晶振经过校准得准确度 10^{-8},又知晶振的稳定度为 10^{-7}/天。设计数器作测量是在晶振校准后 100 天进行的,于是,可知这次测量的时基误差为 $10^{-8} + 100 \times 10^{-7} \approx 10^{-5}$。可见,高精度的晶振也必须作定期的校准,保证其准确度。只有在校准后的短时间内晶振才有高准确度。校准方法这里不讨论。

短期稳定度常由电源、杂波干扰、机械振动等因素确定。这些因素对晶振频率产生寄生调制,从而使时基频率有微小的随机起伏。采用长时间的计数测量,可使短期不稳定性造成的误差减小。

6.3 相位差的数字化测量

6.3.1 平均值相位差计

可以利用通用计数器的时间间隔测量功能来测量相位差。测量框图如图 6.1.4 所示,将被测的两同频正弦分别输入 A、B 入口,两放大整形器调节成正向过零检测器。于是,A 整形输出脉冲开启计数闸门,B 整形输出脉冲关闭闸门,计数器计了 N 个时基脉冲,测得 A、B 信号的相位时差为 t_ϕ,再将时差变成相角差,得:

$$\phi = \frac{NT_0}{T}360° = fNT_0 \cdot 360° \qquad (6.3.1)$$

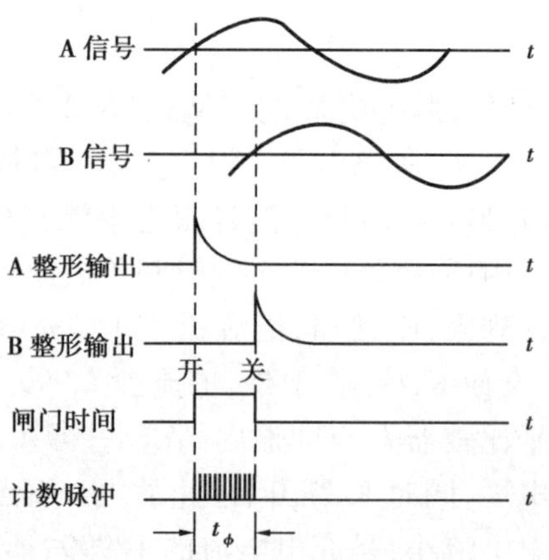

图 6.3.1 用计数器测相位差

这种计数器相位差测量法有两大缺点:①由于只计数一次闸门即封闭,显示测量读数,故计数结果会受到杂波和触发点漂移等随机因素以及量化误差的严重影响;②测出时差后,还要用式(6.3.1)计算相角差,不能直读;而且用式(6.3.1)时,必须知道被测信号的频率 f 或周期 T。下面讨论一个实用的平均值相位差计,它可消除这些缺点。

平均值相位差计的原理是测出很多个相位差量值,而后取其平均值作为测量结果。特别是它能消除信号的频率参数,对于任何被测信号频率,都可直读其相角差值。

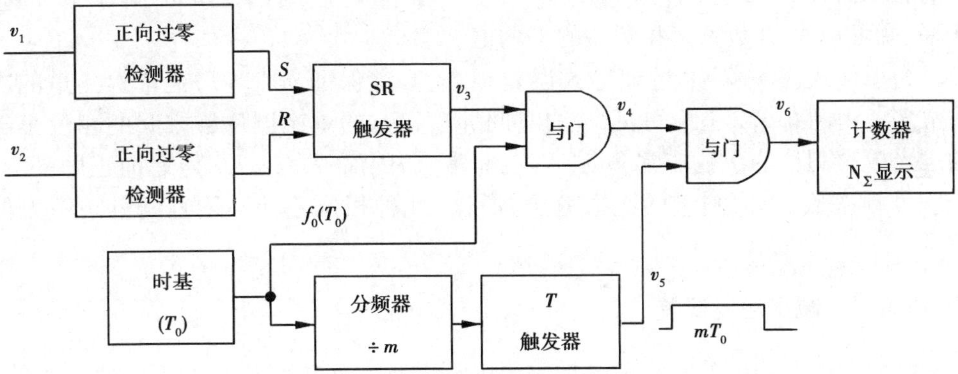

(a)

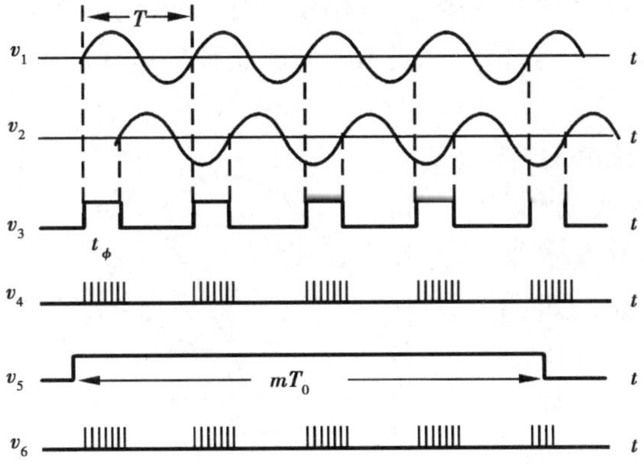

(b)

图 6.3.2　平均值相位差计的原理框图及其波形

图 6.3.2 所示为平均值相位差计的原理图及其工作波形图。v_1、v_2为被测信号;v_4为各个单次相位差测量的输出。时基经分频后,周期 T_0扩大成 mT_0。从而得出高、低电平各占 mT_0的门控波 v_5;高电平开启与门、计数器计数,低电平关闭与门、计数器读数。由于 v_5开门时间很长,计数器计数了很多次单次相位差的脉冲。每个信号周期 T 中有一次单次测量,在 mT_0时间中就有(mT_0/T)次单次测量。

根据单次测量的相角差公式(6.3.1),可得出多次测量的平均值相角差的公式:

$$\overline{\phi} = \overline{N} \cdot \frac{T_0}{T} \cdot 360° \approx \frac{N_\Sigma}{(mT_0//T)} \cdot \frac{T_0}{T} \cdot 360° = N_\Sigma \frac{360°}{m} \tag{6.3.2}$$

式中,N_Σ是计数器在mT_0时间中的总计脉冲数,m是分频系数。可见,最后的公式不但消除了信号的T,也消除了时基T_0。还可见,若设定系数(360/m)等于10的整数次幂,就可从N_Σ计数直读相角差的平均值。

为了使式(6.3.2)的近似等式误差很小,必须保证$mT_0 \gg T$,让单次测量的次数非常多。由图6.3.2波形可见,v_5的时间mT_0和v_4的单次测量群之间的相位是随机的。当单次测量的次数非常多时,N_Σ也非常大,因而$N_\Sigma/(mT_0/T)$趋向正确平均值。若信号频率低,单次测量的次数就少,所以,此种相位差计不适宜测量频率太低的信号。

6.3.2 减小触发误差

触发误差在相位差的测量中是重要的误差项。两被测信号的振幅值不相等,输入电路触发水平不稳定等都会造成触发误差。它们造成的触发误差的情况如图6.3.3所示。ϕ_1是过零点触发的相角差,为准确值;ϕ_2是v_2信号的触发水平偏移ΔV时出现的相角差;ϕ_3是既有水平偏移又有幅值减小时出现的相角差。可见,ϕ_2和ϕ_3都有触发误差。如果设两正弦信号幅值相等,触发水平对0的偏移量也相等,则可证明这时无触发误差。

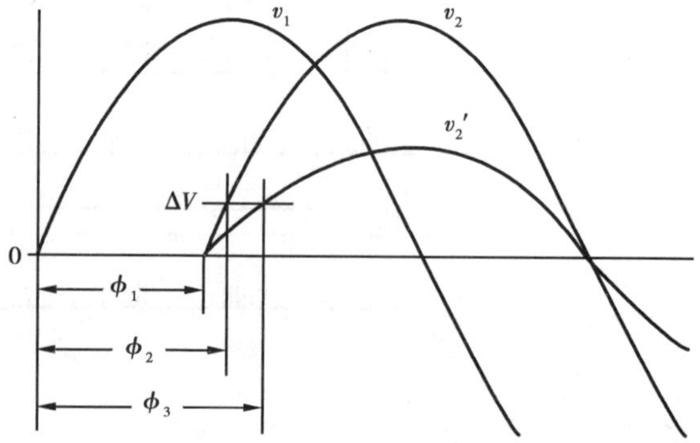

图6.3.3 相位差的触发误差

将前面平均值相位差计中的SR触发器改换成异或门(摸2加单元),就能减小触发水平漂移造成的触发误差。如图6.3.2所示,并记住图中SR触发器已经改换成异或门。异或门相位差计的正常波形如图6.3.4所示;v_2有触发水平偏移ΔV的波形如图6.3.5所示。波形图中的v_3是以S、R为输入的异或门的输出。采用异或门之后,两被测信号的正向(上升)触发有一个相位差测量时隙1;两信号的负向(下降)也有触发,产生一个附加的测量时隙2。

从图6.3.4(零点触发)可见,时隙1与时隙2相等。在一个信号周期内测量了两次相位差,计数器计数时间增大1倍,计数结果也加倍。所以,平均值相位差的公式现在应为：

$$\overline{\phi} \approx N_{\Sigma} \frac{360°}{2m} \tag{6.3.3}$$

在图 6.3.5 中，由于 v_2 触发水平有 ΔV 偏移，波形的两个测量时隙 1 和 2 变得不相等。从波形图容易看出，这时的时隙 1 增宽而时隙 2 减窄，并且增宽量等于减窄量。总的计数时间没有因 v_2 有触发水平偏移而改变，总计数值 N_{Σ} 不变。ΔV 偏移没有造成触发误差，异或门确实克服了触发水平偏移引入的触发误差。

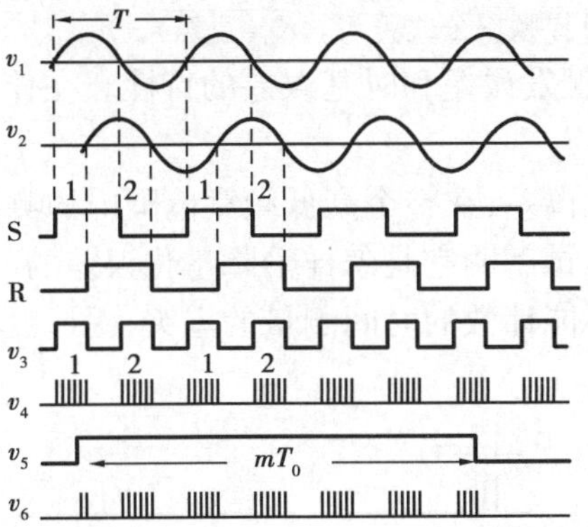

图 6.3.4　异或门相位差计的正常波形

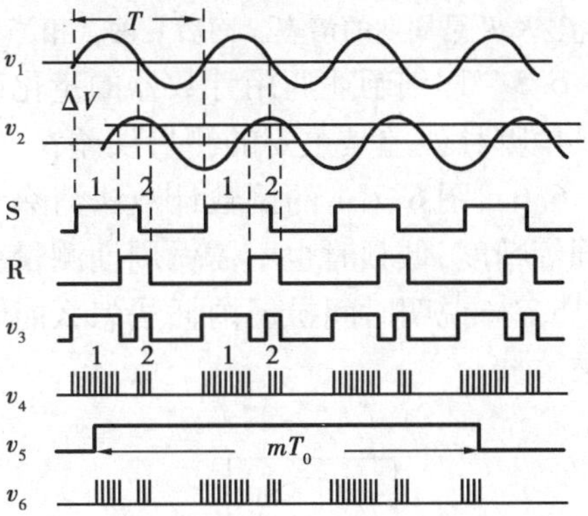

图 6.3.5　v_2 有 ΔV 偏移的波形

异或门平均值相位差计只能测量小于 180°的相角差，并且一般不能确定 v_1、v_2 哪个超前、哪个滞后。图 6.3.2 的（无异或门）平均值相位差计能测量 0 ~ 360°的相角差；计数器的读数总是 v_1 超前 v_2 的相角差值。例如，读数为 340°，说明 v_1 超前 v_2 340°，也就是 v_1 滞后 v_2 20°。这时，若交换 v_1、v_2 信号的输入口，就可得读数 20°。

思考与练习题

6.1　画出通用计数器测频率、测周期和测频率比的框图，并说明其测量原理。

6.2　为了测量某信号的频率，由于信号频率较低，先用通用计数器的测周期法测出信号周期，而后利用 10 位计算器做倒数运算得出频率值，忽略计算器的运算误差。试证明频率值的误差等于周期测量的误差。

6.3　用通用计数器来测量一个 200 Hz 的信号。①用测频率法，闸门时间为 1 s；②用测周期法，时标为 0.1 μs。试求出两次测量因 ±1 量化误差造成的测量误差。

6.4　我们知道：计数器在测频率时，量化误差随被测频率 f_X 的增大而减小；在测周期时，量化误差随频率 f_X 的减小而减小。当频率较高时，宜直接测频率；当频率较低时,宜先测周期,再取倒数,算出频率值。可见,测频率和测周期之间有一个分界频率。高于分界频率用测频法,低于分界频率用测周法。在分界频率上,测频的量化误差等于测周的量化误差;分界频率的误差是测量的最坏误差。

某通用计数器测频率的闸门时间 T_G 有 0.01、0.1、1、10(s)四挡;测周期的倍率有1、10、100、1 K(周)四挡,时标 T_0 为 0.1 μs。试求出此通用计数器频率测量的分界频率以及分界频率的测量误差。

(提示:先证明测频率的量化误差 $=1/N=1/(T_G f_X)$ 和测周期的量化误差 $=1/N'=T_0/(KT_X)=T_0 f_X/K$,$K$ 是周期的倍率。而后令两者相等,得出分界频率公式 $f_x=\sqrt{K/(T_G T_0)}$。)

6.5 详细阐述通用计数器的量化误差、触发误差和时基误差的特性。在什么时候其中哪种误差是主要的测量误差?

6.6 图 6.2.1 的倒数计数法消除了量化误差,在整个高低频率范围内的测量都有同等精度;低频时也不需做周期测量变换。试阐明它是怎样消除量化误差的。

6.7 说明时间扩展内插法怎么能够将不能计数的时间测量的零头、用计数器读出来。

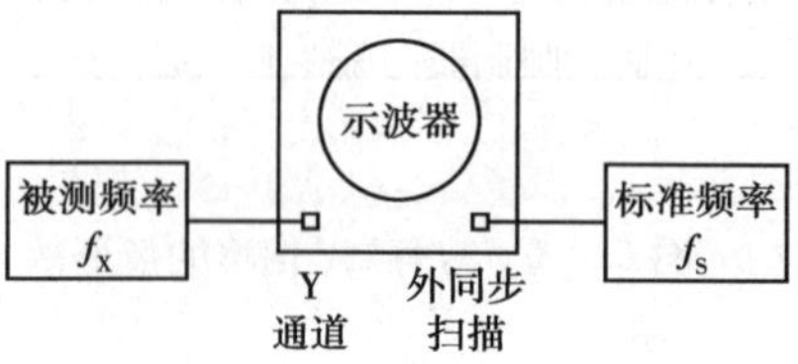

题图 6.8

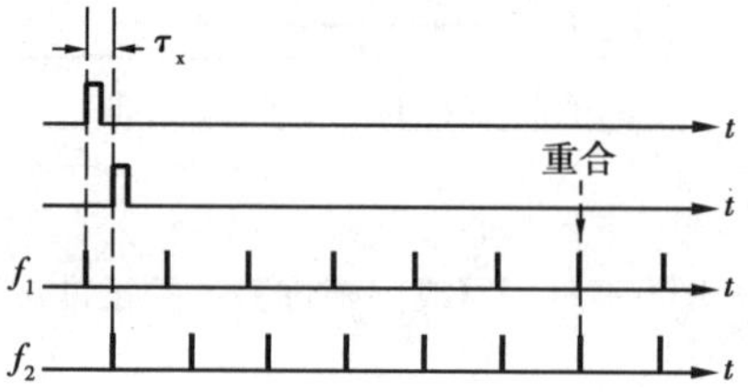

题图 6.9

6.8 题图 6.8 是利用示波器来校正通用计数器的时基频率,并观测其稳定度的一种方法,或称外同步法。试说明其测量原理。

6.9 用游标法测量时间 τ_x,参看题图 6.9,其中 $f_1=5$ MHz,$f_2=5.1$ MHz。

第 7 章　频率特性和波形参数测量

7.1　电路的频率特性

7.1.1　频率特性的概念

一个线性的无源的两口(4 端)网络,如图 7.1.1 所示。入口 1、1′输入激励信号电压 V_1,出 2、2′处的开路电压为 V_2。V_2称为网络对 V_1 的响应。V_2/V_1称为网络的传递函数。设输入电压为正弦 $V_1\cos(\omega t+\theta_1)$,稳态输出电压为 $V_2\cos(\omega t+\theta_2)$。将它们表示为相量形式为:

$$\dot{V}_1 = V_1 e^{j\theta_1} \quad 和 \quad \dot{V}_2 = V_2 e^{j\theta_2} \tag{7.1.1}$$

则传递函数为:

$$\dot{H} = \dot{V}_2/\dot{V}_1 = \frac{V_2}{V_1}e^{j(\theta_2-\theta_1)} = \frac{V_2}{V_1}e^{j\phi} \tag{7.1.2}$$

传递函数的模等于 V_2/V_1,幅角为 $\phi=\theta_2-\theta_1$,它们都是信号频率的函数。即①电路(网络)对输入正弦信号可能造成振幅值改变和相角(时延)改变;②这些改变与信号频率有关,频率不同改变也可能不同。幅值比与频率的函数关系称为电路的幅频特性;相角差与频率的函数关系称为相频特性。传递函数能完全表达出这两种特性。所谓频率特性应是幅频特性和相频特性的总称。

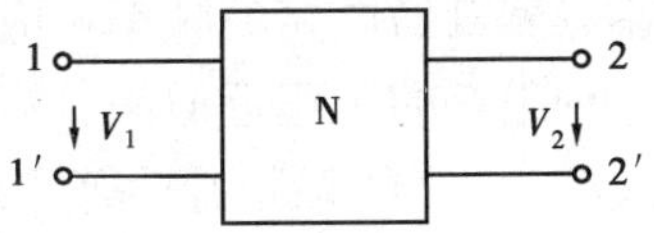

图 7.1.1　两口(4 端)网络

7.1.2　电路频率特性举例

(1)RC 低通电路

图 7.1.2 所示为简单的 RC 低通电路。它的传递函数为:

$$\dot{H} = \frac{\dot{V}_2}{\dot{V}_1} = \frac{1/j\omega C}{R+1/j\omega C} = \frac{1}{1+j\omega RC} = \frac{1}{1+j\omega\tau} \tag{7.1.3}$$

式中,$\tau=RC$。这低通电路的幅频特性和相频特性分别为:

$$H=\frac{V_2}{V_1}=\frac{1}{\sqrt{1+(\omega\tau)^2}} \quad 和 \quad \Phi=\theta_2-\theta_1=-\arctan\omega\tau \qquad (7.1.4)$$

以频率 ω 为横坐标,可画出式(7.1.4)的函数曲线,如图7.1.3所示。

频率特性曲线可用实验方法得出:在入口输入一个正弦测试信号,保持幅值不变而只改变其频率,测量出各个频率的 V_2/V_1 比值和两电压的相角差,就可画出幅频和相频曲线。最后根据曲线形状、评价电路的性能。

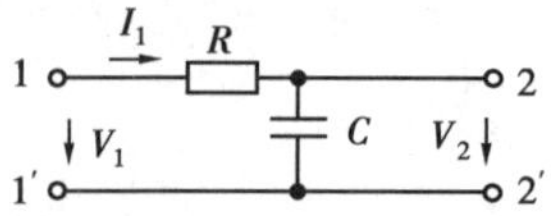

图7.1.2 RC低通电路

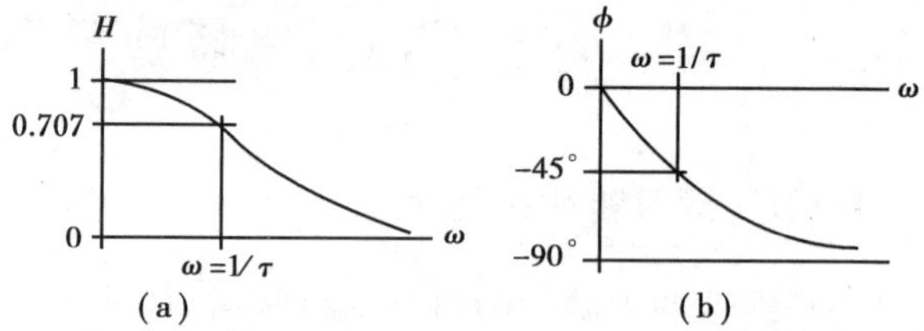

图7.1.3 低通电路的幅频特性和相频特性曲线

图7.1.3用的频率坐标是线性的。线性坐标实际只可作狭窄频带的曲线绘图。对于宽频带的线性频率坐标,会有不方便和不均匀的感觉。例如,对于20 Hz~20 kHz宽音频,线性坐标尺每单位长度表20 Hz,就会觉得在低频段20 Hz的频率增量太大,长度小;而在高频段频率增量太小,长度大。正确的方法是采用对数频率坐标,让坐标尺用频率的相对增量作为单位长度。对数频率坐标适合人们的相对增量感觉,使用起来方便合理,而且对数频率坐标能更好地表现特性曲线的性质。

一种简便实用的频率特性图解分析方法是折线近似法,也称为Bode法。它不用逐点测量做电路的频率响应,从传递函数等式即可确定电路频率特性的基本性质,是一种很好的工程近似法。为了熟悉和掌握这个方法,首先把它用于RC低通电路:在式(7.1.4)的幅频特性等式两端取对数。为了得电压比的分贝(dB)单位,在对数前乘常数20,即

$$20\lg H=20\lg V_2/V_1=-20\lg\sqrt{1+(\omega\tau)^2} \quad (\mathrm{dB}) \qquad (7.1.5)$$

在低频区设 $\omega\tau\ll1$,忽略 $\omega\tau$,则有:

$$20\lg H=0 \qquad (7.1.6)$$

在高频区设 $\omega\tau\gg1$,忽略1, 则有:

$$20\lg H=-20\lg\omega\tau=-20\lg\omega+20\lg 1/\tau \qquad (7.1.7)$$

令 $x=20\lg\omega$,$y=20\lg H$,在 x,y 坐标中画出式(7.1.6)和式(7.1.7)的高、低频区直线线段,如图7.1.4所示。低频直线和高频直线连接,形成一条折断线 AJC。这条折断线就是幅频特性的粗略近似曲线。断点 J 的坐标是 $y=0$,$x=20\lg 1/\tau$。

断点 J 是低频区和高频区的分界点。断点附近明显不满足式(7.1.6)和式

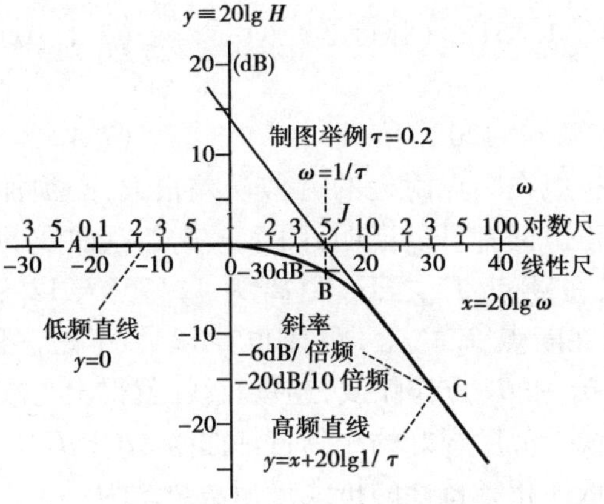

图7.1.4 用折线法画幅频特性

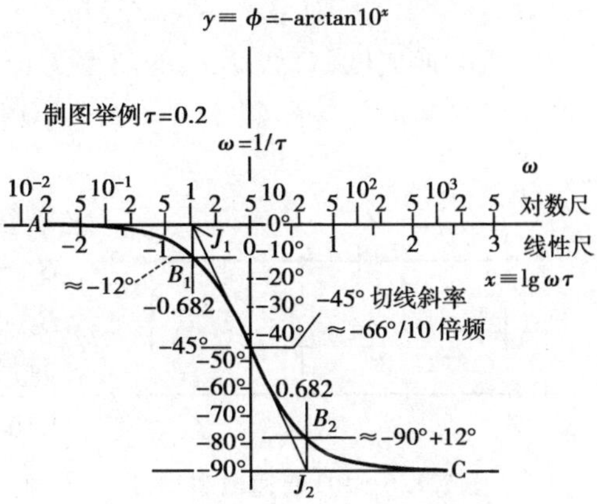

图7.1.5 用折线法画相频特性

(7.1.7)的近似条件,必须在断点附近做一些修正。为了确定准确曲线上的 B 点,在式(7.1.5)中代入断点的 $\omega\tau=1$,即可得 B 点的纵坐标 $y=-3$ dB。B 点定出后,用手描绘一条弧线,弧线通过 B 点,与低、高频直线连接。最终得出近似度很好的幅频特性曲线 ABC。

注意,图7.1.4有一条与 x 线性坐标对应的频率 ω 坐标尺,ω 值已不是线性坐标,而是对数坐标。在实际制图中,幅频特性的横坐标一般都用这种频率对数尺,而特性的纵坐标用线性 dB 单位尺。x 对数、y 线性的画图坐标纸常称为半对数坐标纸。

低通幅频特性的折线近似法总结为:①在半对数坐标纸上,线性纵坐标标明 dB 数,对数横坐标标明 ω 值。②作一条 $H(\mathrm{dB})=0$ 水平直线和一条斜线。斜线过断点 $J(\omega=1/\tau)$、斜率为 -20 dB/10 倍频或 -6 dB/倍频,完成粗略近似的折线;③通过断点下的 -3 dB 点 B 画弧线修正折线,完成特性曲线。

折线近似法又怎样画相频特性曲线呢? 令 $x=\lg\omega\tau$,则有 $\omega\tau=10^x$;代入式(7.1.4)的相频特性等式中,得:

$$\phi=-\arctan 10^x \tag{7.1.8}$$

实际计算并画出此函数式的曲线,如图7.1.5所示。

可见,准确的相频曲线可用三条直线(AJ_1, J_1J_2, J_2C)连接的折线来粗略近似。折线的断点在 J_1 和 J_2 处。直线 AJ_1 $y=0°$,直线 J_2C $y=-90°$,而直线 J_1J_2 是 $x=0$, $y=-45°$处曲线的切线。为了确定直线 J_1J_2 的斜率,微分式(7.1.8)(查微积分表),得斜率:

$$\frac{\mathrm{d}\phi}{\mathrm{d}x}=-\frac{10^x}{1+10^{2x}}\ln 10=-\frac{1}{10^x+10^{-x}}\ln 10 \tag{7.1.9}$$

当 $x=0$ 时，斜率（负最大）为：

$$斜率 = -(1/2)\ln 10 = -1.1513\ (弧度/1) \tag{7.1.10}$$

将弧度换成度，直线 J_1J_2 的斜率为：

$$斜率 \approx -66°/10\ 倍频 \approx -20°/倍频 \tag{7.1.11}$$

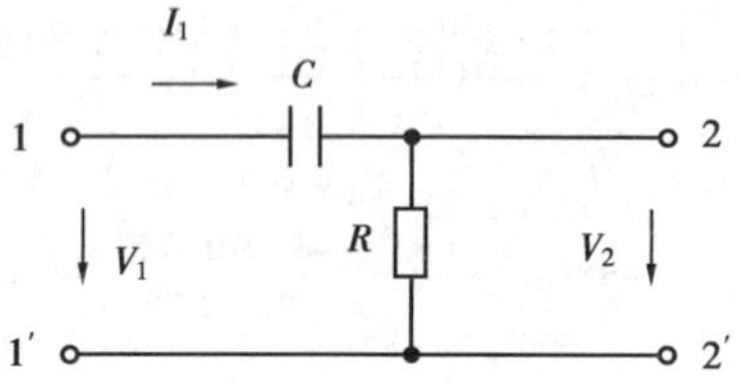

图 7.1.6　RC 高通电路

折线在断点附近的近似误差很大，必须加以修正。读者可以证明，图 7.1.5 相频曲线的 B_1 点在断点 J_1 之下，距离为 11.75° ≈ 12°；B_2 点在断点 J_2 之上，距离也 ≈ 12°。于是，可通过 B_1 和 B_2 点作弧线，连接直线，就得出与准确曲线近似度很好的相频特性曲线 AB_1B_2C。

低通相频特性的折线近似法总结为：

①在半对数坐标纸上线性纵坐标标明度数，对数横坐标标明频率；②作 $\phi=0$ 和 $\phi=-90°$ 的两条直线和一条斜线。斜线通过 $\omega=1/\tau$，$\phi=-45°$ 点，斜率为 $-66°/10$ 倍频。完成粗略近似的折线；③通过断点对应的 B_1、B_2 点画弧线修正折线。B_1 和 J_1、B_2 和 J_2 的距离都是 ≈ 12°。

(2) RC 高通电路

图 7.1.6 所示为简单的 RC 高通电路。它的传递函数为：

$$\dot{H} = \frac{\dot{V}_2}{\dot{V}_1} = \frac{R}{R+1/\mathrm{j}\omega C} = \frac{\mathrm{j}\omega RC}{1+\mathrm{j}\omega RC} = \frac{\mathrm{j}\omega\tau}{1+\mathrm{j}\omega\tau} \tag{7.1.12}$$

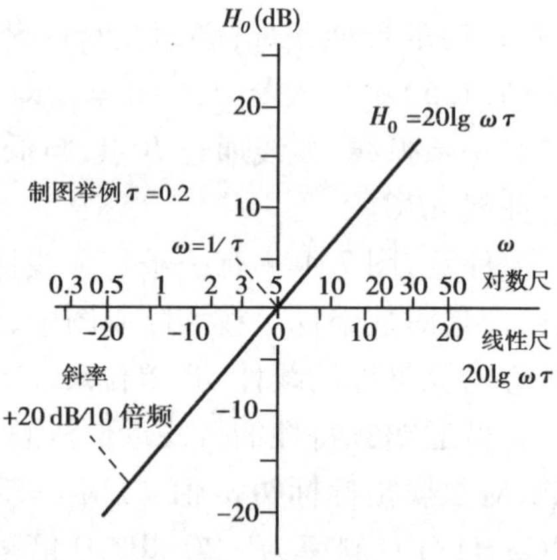

图 7.1.7　H_0 分量的直线图

式中，$\tau=RC$。它的幅频特性和相频特性分别为：

$$H = \frac{V_2}{V_1} = \frac{\omega\tau}{\sqrt{1+(\omega\tau)^2}} \quad 和 \quad \phi = 90° - \arctan \omega\tau \tag{7.1.13}$$

幅频等式取对数，得：

$$20\lg H = 20\lg \omega\tau - 20\lg\sqrt{1+(\omega\tau)^2} \tag{7.1.14}$$

将此式写成形式：

$$H(\mathrm{dB}) = H_0(\mathrm{dB}) + H_1(\mathrm{dB}) \tag{7.1.15}$$

其中，H_0 是通过坐标原点，斜率为 20 dB/10 倍频的直线，如图 7.1.7 所示。H_1 的曲线与图 4 曲线相同。这两 H(dB) 分量加起来，即是 RC 高通电路的幅频特性曲线，如图 7.1.8(a) 所示。至于式(7.1.13)的相频曲线，显然只需在图 7.1.5 曲线的

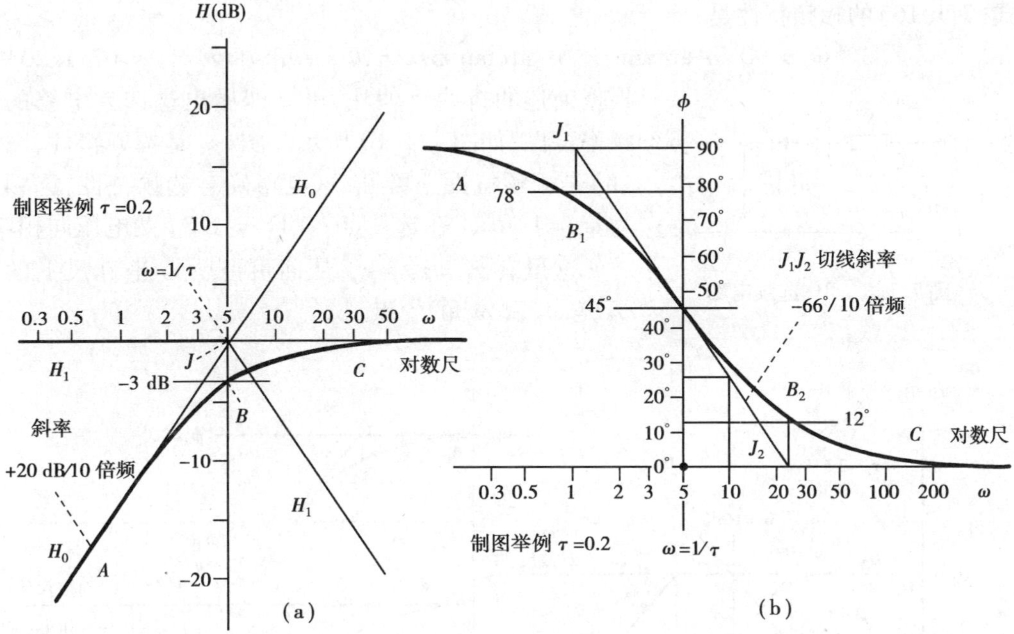

图 7.1.8　RC 高通电路的幅频和相频特性曲线

纵坐标加上 90°就可得出,如图 7.1.8(b)所示。

(3)RC 选频电路

图 7.1.9 所示为 RC 选频电路。其中两电阻值相等,两电容值相等。电路的传递函数为:

$$\dot{H}=\frac{\dot{V}_2}{\dot{V}_1}=\frac{\dfrac{R/j\omega C}{R+1/j\omega C}}{(R+1/j\omega C)+\dfrac{R/j\omega C}{R+1/j\omega C}}=\frac{j\omega\tau_0}{(j\omega\tau_0)^2+3(j\omega\tau_0)+1}$$

$$=\frac{j\omega\tau_0}{(1+j\omega\tau_1)(1+j\omega\tau_2)} \tag{7.1.16}$$

式中，　$\tau_0=RC$；　$\tau_1=(3+\sqrt{5})\tau_0/2$；　$\tau_2=(3-\sqrt{5})\tau_0/2$　　(7.1.17)

式(7.1.16)的幅频特性有三项对数式,可写成:

$$H(\mathrm{dB})=H_0+H_1+H_2 \tag{7.1.18}$$

$$H_0=20\lg\omega\tau_0;\quad H_1=-20\lg\sqrt{1+(\omega\tau_1)^2};\quad H_2=-20\lg\sqrt{1+(\omega\tau_2)^2} \tag{7.1.19}$$

式(7.1.16)的相频特性是:

$$\Phi = 90^{\circ} - \arctan \omega\tau_1 - \arctan \omega\tau_2 = \Phi_0 + \Phi_1 + \Phi_2 \qquad (7.1.20)$$

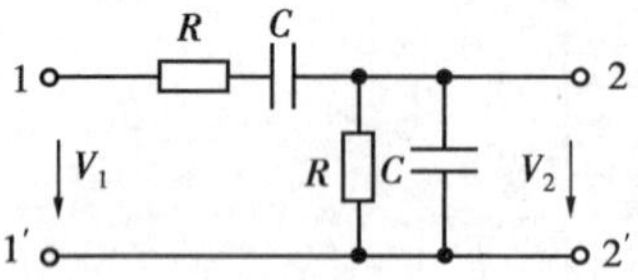

图 7.1.9　RC 选频电路

根据前述的折线近似法,可立即做出这选频电路的频率特性,如图 7.1.10 所示。图(a)是幅频特性,图(b)是相频特性。可见,这电路确有选频特性,选频为 $\omega_0 = 1/RC$。在选频点 $V_2/V_1 = 1/3$,两电压同相。

这里有 $\tau_1 \times \tau_2 = \tau_0^2$,从而可证明 ω 坐标尺上的 ω_0 是 ω_1 和 ω_2 的中点。

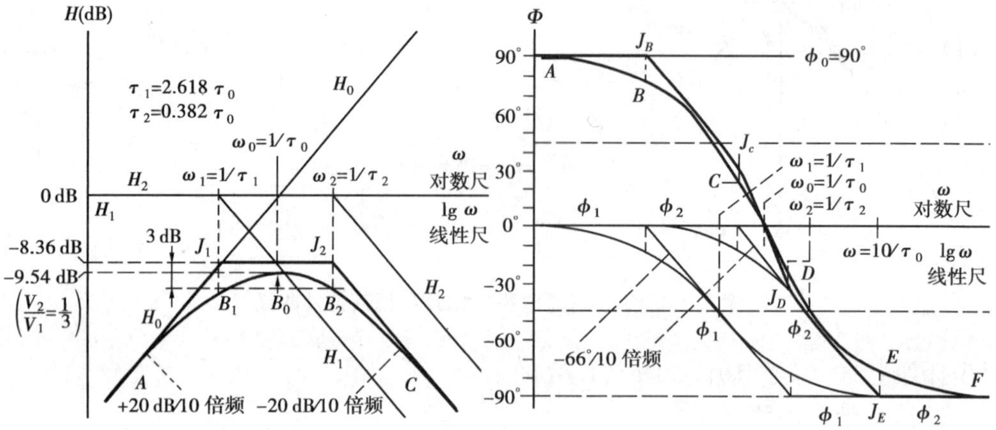

(a) 幅频特性　　(b) 相频特性

图 7.1.10　RC 选频电路的幅频特性和相频特性

从这些例子可知,要利用折线近似法,首先应将复数传递函数作成有$(1 + j\,\omega\tau)$因子的标准形式。虽然理论证明一般电路的传递函数都可分解成这种因子形式,但是对于复杂的传递函数、实际做因子分解却是解题的最困难部分。然而这个折线近似(Bode)法能给人们一个频率特性的良好概念和制图基础。

7.1.3　用点频法测频率特性

点频法测量频率特性的原理框图如图 7.1.11 所示。正弦信号源提供一个频率可变、振幅不变的正弦波,输入被测电路。毫伏表 1 监视信号源输出电压 V_1,使其稳定(例如为 1 V);频率计读取信号频率值。双踪示波器同时显示 V_1、V_2 波形于屏幕,以便做相角差测量。毫伏表 2

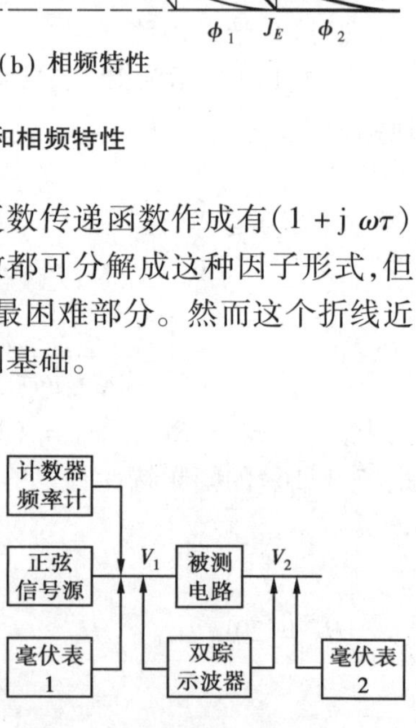

图 7.1.11　点频法的框图

读取被测电路的响应;如果 $V_2=1\text{ V}$,则 V_2 值就等于 V_2/V_1 值。毫伏表2 最好用有 dB 标尺的电平表。

每改变一次频率就可测得一个频率点的电压增益和相角差。这样一点一点地测量,即可得出很多频率点的数据;然后用这些数据画出幅频、相频曲线。

点频法的缺点是:数据不连续常会漏掉一些重要的曲线点;测量时间很长,劳动量大;而且这是一种静态测量,得出的静态曲线与实际工作的动态特性曲线有误差。为了克服缺点,人们常用扫频法来测量电路的幅频特性。

7.1.4　扫频仪的原理

(1) 扫频仪的基本结构

测试网络的幅频特性的简便方法是使用扫频仪,其示波管屏幕能直接显示一定频段中的幅频特性曲线。这种扫频仪的基本结构如图 7. 1. 12 所示。

扫频电压发生器产生锯齿波 v_1 电压,同时输入至 X 放大器和扫频信号发生器。v_1 电压经 X 放大器至偏转板,使示波管的电子束从左至右水平扫描;v_1 电压输入扫频信号发生器,使其振荡器频率随 v_1 增大而比例增大。因而其输出是幅值恒定的扫频信号,如图 7. 1. 12 所示的 v_2 波形。这时,示波管屏幕光点的水平扫描距离是与扫频信号的频率成比例的。所以,示波器的水平时基线现在变成了频率基线。

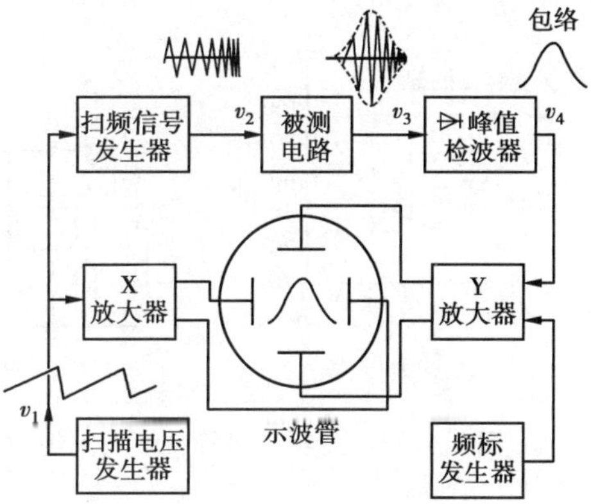

图 7. 1. 12　扫描仪的基本结构

等幅扫频信号 v_2 输入被测电路,其输出 v_3 的幅值变化就是被测电路的幅频响应。电压 v_3 经峰值(包络)检波器得出 v_3 幅值的包络 v_4,送入 Y 放大器至示波管显示。这里的被测电路可能是谐振或选频电路,使包络曲线出现山峰状。为了确定幅频曲线的频率值,例如,确定这山峰包络的峰点频率,在显示的幅频曲线上必须加频率标志。图中的频标发生器产生频率标志信号,输入 Y 放大器与 v_4 相加,使曲线上出现频率标志。频标可以是曲线上的亮暗光点或小尖头标志。

(2) 扫频信号发生器

扫频信号是一幅值恒定、波形失真小、频率随时间增大的正弦波。产生这种扫频信号的方法很多。这里举例说明获得扫频信号的方法:

1) 变容二极管电路　变容二极管是基于二极管 PN 结在反向偏置时结电容会随反向电压变化这一情况而制成的。图 7. 1. 13 示出变容二极管的特性和利用它做成的扫频电路的例子。变容二极管处于反偏时,结电容随反压增大而减小。设结电容

为 C_J，反偏电压为 V_F，则从《电子器件与电路》教材可知，变容二极管的结电容与反偏电压的关系为：

$$C_J = \frac{C_0}{(1 + V_F/V_D)^n} \tag{7.1.21}$$

式中，C_0 是反偏电压 $V_F = 0$ 时的结电容值；V_D 是 PN 结的接触电位差（硅管约 0.7 V，锗管约 0.2 ~ 0.3 V）；n 是结电容变化指数，与 PN 结的结构和杂质分布情况相关。例如，变容二极管 2CC1F 的 $n = 2, C_0 = 150$ pF，$V_D = 0.7$ V；代入式（7.1.21），可得：

$$C_J = \frac{150}{(1 + V_F/0.7)^2} = \frac{150}{(1 + 2.86V_F + 2.04V_F^2)} \approx \frac{150}{2V_F^2} = \frac{75}{V_F^2} \tag{7.1.22}$$

在电路中 V_F 常大于 5 V，上式分母中的平方项是大数值项，所以，可粗略得后面的近似等式。由此可见，C_J 与 V_F^2 近似成反比。图 7.1.13 电路的振荡频率基本与 C_J 的平方根成反比；结果振荡频率近似与 V_F 成正比。这正是人们需要的近似线性扫频效果。

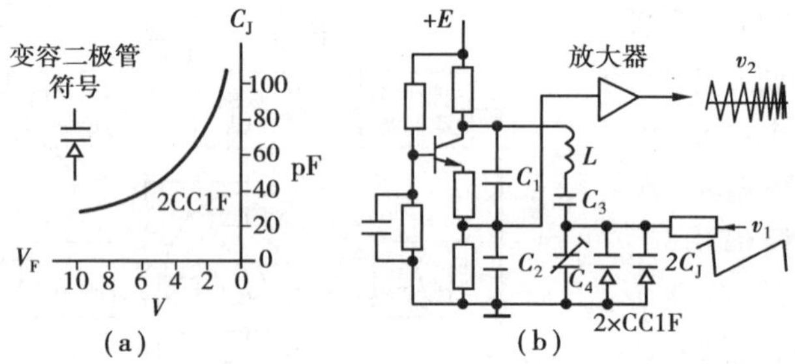

图 7.1.13　变容二极管特性及其组成的扫频电路

图 7.1.13 变容二极管扫频电路是 BT—4 扫频仪采用的电路。它是一个串联改进型电容三点式 LC 振荡电路。C_1/C_2 确定反馈系数，C_3 较大是隔直流电容，振荡频率主要由 L 和 $2C_J$ 决定。C_4 是小辅助电容，避免谐振回路的电容过小而停振。锯齿波调频电压变化斜率可变扫频速度，变化振幅可变扫频宽度。

2）磁调制扫频电路　图 7.1.14（a）所示为 BT—3 型扫频仪的磁调制扫频发生器电

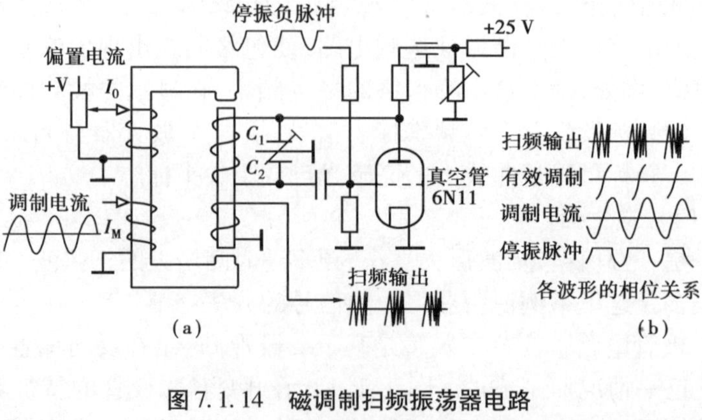

图 7.1.14　磁调制扫频振荡器电路

路。振荡器是用电子管做成的电容三点式电路。高频磁芯线圈和电容 C_1、C_2 组成振荡回路，调节 C_1、C_2 可改变扫频的中心频率。在此高频磁芯上加有低频励磁铁心和励磁电流线圈。这些励磁电流可以控制高频磁芯的磁饱和程度，从而调控高频振荡回路的动态电感量，改变振荡频率。高频磁芯越饱和，动态电感越小，振荡频率越高。

图中 I_0 是较大的直流偏置电流，用于建立高频磁芯饱和曲线上的静工作点；I_M 较小，它才是改变磁芯动态电感的调制电流。由于调制功率较大和为了简化电路，停振负脉冲、磁调电流和示波管水平扫描电压都来源于正弦 50 Hz 的市电。但是，磁调电流、水平扫描电压的相位和停振脉冲的相位必须相差约 90°，如图 7.1.14(b)所示，扫频电路才能正确工作。电路的工作情况大致如下：

从这波形相位图可知：虽然调制电流连续调变高频磁芯的动态电感，使其周期性大小变化，但是振荡器在停振负脉冲期间并不工作，只在调制电流的正斜率近似直线段才振荡，输出扫频信号。水平扫描正弦电压和调制电流同相，其正斜率部分作正程扫描，显示被测电路的扫频特性；负斜率部分是回程扫描。所以，在振荡器停振时间，包含扫描回程时间，屏幕上有零电平的水平参考线。

3)增大扫频宽度

扫频宽度常指扫频的相对宽度，即 $(f_2-f_1)/f_0=2(\Delta f)/f_0$。这里 (f_2-f_1) 是扫频的最高频与最低频之差称为绝对带宽；f_0 称为中心频率，是 f_1f_2 的算术平均值；Δf 是频率从 f_0 向左右的偏移量(频偏)，2 倍频偏等于绝对带宽。所以，$(f_0\pm\Delta f)$ 表示扫频(调频)的范围。

前面变容二极管和磁调制的扫频宽度都不大，一般为 10%。虽然加大调制电压电流可增大扫频宽度，但这会使扫频线性变得太坏。为了解决宽度与线性的矛盾，可用差频法来增大扫频相对带宽，其方法如图 7.1.15所示。两频率在混频器中互相调制，产生相加和相差频率以及多倍频等；在低通滤波器后面得出低频差频。可见，调频(扫频)振荡器的带宽是 $2(\Delta f)/f_0$，而输出差频的带宽是 $2(\Delta f)/(f_0-f_A)$，后者的带宽大于前者。这说明可以用带宽较窄的高频扫频源得出宽带较宽的低频扫频源。

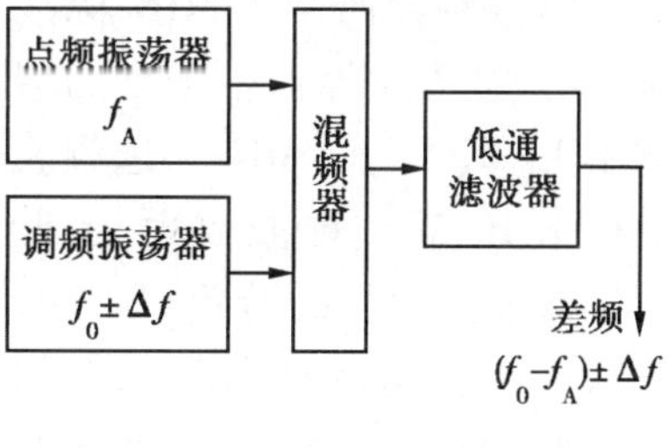

图 7.1.15　差频法增大扫频带宽

图 7.1.16 所示为 BT—3 型扫频仪扫频信号发生器的基本组成框图。调频频偏 Δf 可调，能大于 ±7.5 MHz；小于 ±0.5 MHz。中心频率所在的工作频带为 1～300 MHz。它分成 3 个波段：第Ⅰ波段 1～75 MHz；第Ⅱ波段 75～150 MHz；第Ⅲ波段 150～300 MHz。

第Ⅰ波段 1～75 MHz、中心频率很低，相对带宽很大；以 $f_0=1$ MHz为例，扫频带宽 $=2\times7.5/1=1\ 500\%$。所以，这个波段的扫频信号是通过差频法而获得的。图

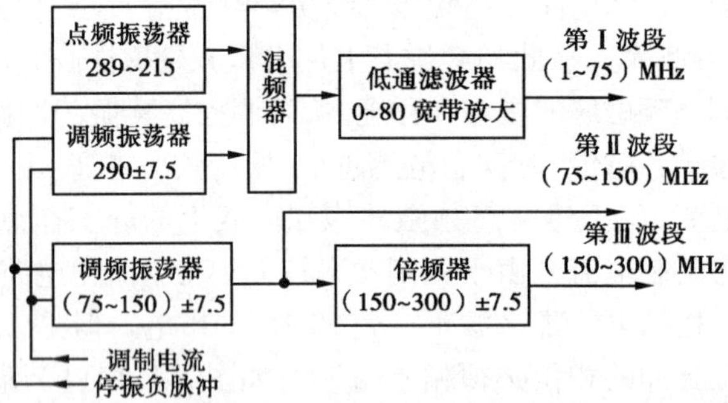

图 7.1.16　扫频仪扫频信号发生器

7.1.16的点频振荡器产生(在289～215 MHz范围)频率可调节的等幅正弦波,它与固定中心频率290 MHz的磁调扫频振荡波混合,即得出中心频率为1～75 MHz,频偏±7.5 MHz的宽带扫频信号。

第Ⅱ波段(75～150)±7.5 MHz,由于相对带宽不大,采用一个中心频率在75～150 MHz范围可调的磁调扫频发生器即可。第Ⅲ波段(150～300)±7.5 MHz是第Ⅱ波段的二次谐波,通过倍频器而获得。

(3)频标发生器

扫频仪测量电路的幅频特性时,除显示特性曲线之外,还必须指出这特性曲线上任何一点所对应的频率值。这一工作就由频率标记电路来完成。为了便于观测,屏幕上常要求有多种频标,以十进制分度显示1,2,3,…,10,20,30,…,MHz标记,像普通标尺一样。

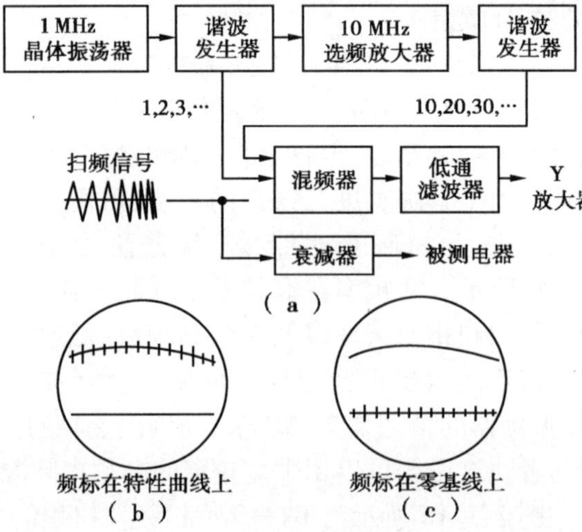

图 7.1.17　频标发生器

图7.1.17所示为一个频标系统。晶体振荡器产生1 MHz标准频率,经谐波发生器产生丰富的谐波频率1,2,3,…,MHz。选频放大器选出10 MHz谐波放大,经谐波发生器输出较强的谐频10,20,30,…,MHz。这两种谐频和扫频信号在混频器中互调,经低通滤波器,输出频率标记。因为当扫频f从任何一个谐频f_S经过时,混频器就会输出很低的差频$|f-f_S|$;当f逐渐靠近f_S时,差频由大变小;$f=f_S$时,差频为零;f逐渐离开f_S时,差频又由小变大。低通滤波器消除大的差频成分和全部其他高频成分。所以,输出的频标是以f_S为中心包络成菱形的调频波。

低通滤波器输出的频标信号送入Y放大器,有两种显示方法:一种是频标信号和图形信号线性相加，使频标叠加在特性曲线上，如图 7.1.17(b)所示；另一种是频标信号与图形信号通过电子开关做成双踪显示，使频标在幅值为零的基线上，如图 7.1.17(c)所示。

7.2　信号频谱分析

7.2.1　时域和频域的关系

对于非正弦信号，可以用它对时间的函数变化特性来表征，也可以用它包含有的频率分量成分的特性来表征。用示波器来观测信号的波形，波形曲线的水平轴是时间，这就是所谓的时域分析；若用频谱分析仪来显示信号的频谱图形，其水平轴是频率，这就是所谓的频域分析。时域和频域分析是从不同角度对同一信号的观测分析。

在时域情况，示波器显示出信号的 v-t 平面图形的情景；在频域情况，频谱仪显

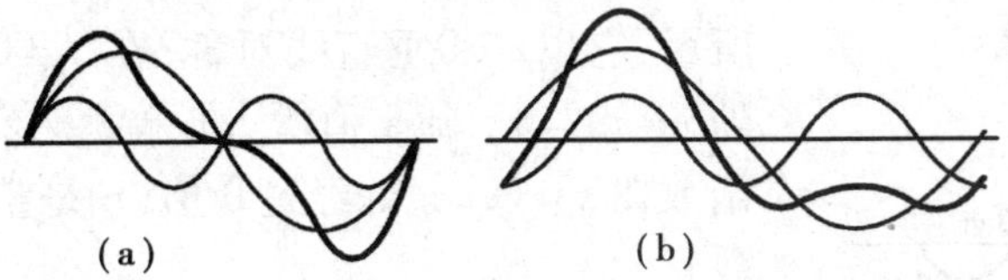

图 7.2.1　频谱相同但谱成分的相位关系不同

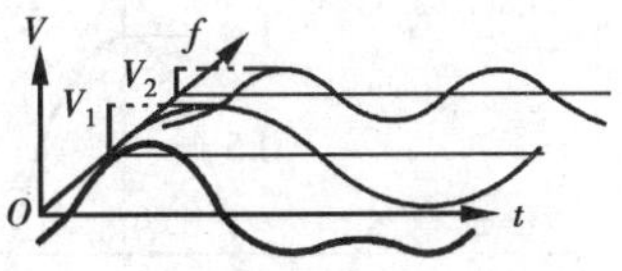

图 7.2.2　时域和频域的示意图

示信号的 v-f 平面图形的情景。现在看一个由基波和二次谐波组成信号波的例子，如图 7.2.1 所示。可见，由于相同的基波和二次谐波相位关系不同，合成的时间波形(图中粗黑线)会有很大差异。图 7.2.2 所示为时域和频域的示意图；频域 V-f 平面显示谱成分 V_1 和 V_2 的幅值。时域分析和频域分析各有特点，各适用于不同场合，两者互补。实际的频谱仪一般只给出信号的幅值谱或功率谱，不给出谱成分的相位信息。所以，用频谱仪来测量图 7.2.1 的两个非正弦波(粗黑线)，会得出完全相同的频谱图。

当要研究信号波形失真时，用示波器看波形很直观。但是，对于一个失真度较小的正弦信号、示波器就很难看出它的失真情况；对于复杂波形，示波器更难以确定各谱成分的量值。然而，用频谱分析仪可以定量测出即使是很小的频谱分量。

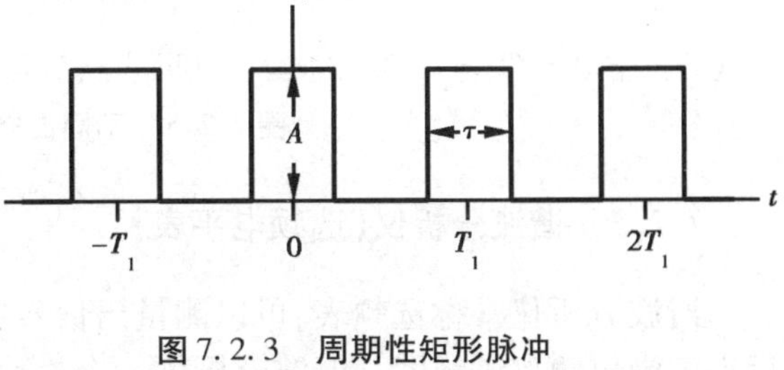

图 7.2.3　周期性矩形脉冲

7.2.2 周期性矩形脉冲的频谱

矩形脉冲列是实际电路常用的一种信号。熟悉它的频谱结构具有重要意义。所以,在信号分析和通信原理等基础教科书中,都要分析和求出这种矩形脉冲列的频谱。图 7.2.3 表示这种矩形脉冲。T_1 是脉冲重复周期,也是频谱的基波的周期;A 和 τ 分别是脉冲的幅值和宽度。

周期脉冲波的傅立叶(Fourier)级数为:

$$v(t)=\frac{A\tau}{T_1}+\sum_{n=1}^{\infty}\frac{2A\tau}{T_1}\left(\frac{\sin(n\omega_1\tau/2)}{n\omega_1\tau/2}\right)\cos n\omega_1 t \tag{7.2.1}$$

上式括号中的分式是频谱分析常遇到的一种函数,称为取样函数 $Sa(x)$,它的定义为:

$$Sa(x)\equiv\frac{\sin x}{x} \tag{7.2.2}$$

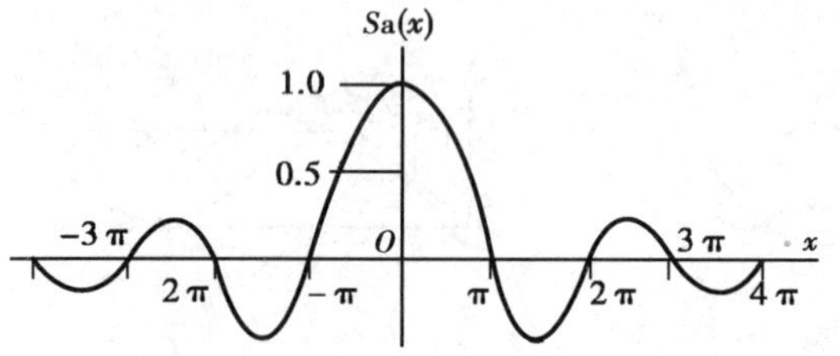

图 7.2.4 取样函数的曲线形状

取样函数的曲线形状如图7.2.4所示,它以$x=0$垂直线对称;在 $x=0$ 处$Sa(x)=1$,随 x 值增大振幅减小。函数在 $x=\pm n\pi$ 处经过0值(n 是整数)。

显然,式 7.2.1 的所有频谱分量的包络与取样函数成正比。现在看几个不同占空率的频谱例子。用谱分量的绝对值幅谱,取样函数就全变成正叶瓣了。这些不同占空率的绝对值幅谱(频谱)如图 7.2.5 所示。

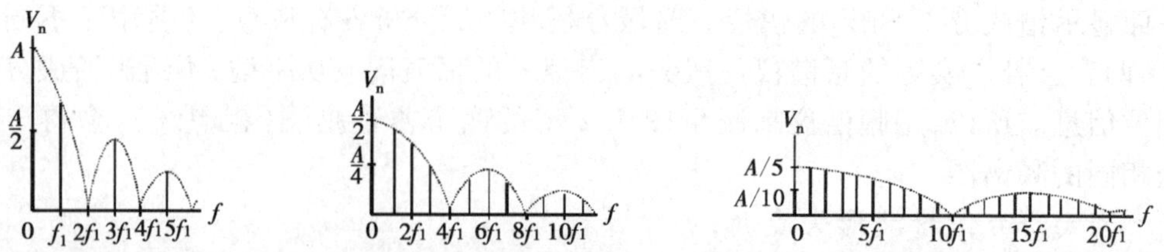

(a)占空率 $\tau/T_1=1/2$(方波)　(b)占空率 $\tau/T_1=1/4$　(c)占空率 $\tau/T_1=1/10$

图 7.2.5 不同占空率的频谱

7.2.3 谐波分析仪(选频电平表)

谐波分析仪常称选频表,可以测量出信号中各个频率分量的幅值大小,记录数据后人工画出频率谱线图。谐波分析仪一个一个地测量谐波的频率和幅值,与前面测量频率特性的点频法很相似。图 7.2.6 是外差式谐波分析仪的原理框图，它与外差式接收机的原理类同。图中选频放大器只对固定频率 f_0（常称中频）以固定增益放大，本机振荡器是一个频率（f_B）可变、幅值恒定的正弦信号发生器，有频率度盘。

设被测信号中某一谐波频率为 f_X，它与本振频率 f_B 在混频器中互调之后，会产生所谓上下边频 f_B+f_X 和 $|f_B-f_X|$。选频放大器选取中频 $f_0=|f_B-f_X|$。容易证明边频 f_0 的幅值和谐频 f_X 的幅值成正比（因 f_B 的幅值为常数）。所以，幅值检波电压表能直读谐波 f_X 的幅值。

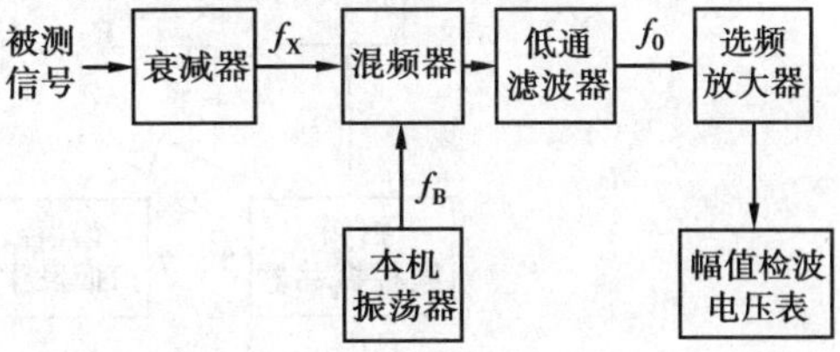

图 7.2.6　外差式谐波分析原理框图

本振频率度盘所标记的频率值并不是本振频率 f_B，而是用被测谐波频率 f_X，等于 f_B-f_0（设 $f_B>f_X$）；与外差接收机的度盘示电台频率而非本振频率相同。当慢慢调节频率度盘时，电压表上出现读数，这个读数就是被测谐波的幅频值，谐波频率值则从频率度盘直读。

7.2.4　频谱分析仪

频谱仪的类别繁多，大体可分为模拟与数字两大类。例如，模拟类有多通道滤波器式、扫频外差式等；数字类有时基压缩、快速傅立叶变换（FFT）和数字滤波器等方式。本小节介绍两个模拟类频谱仪的原理框图，并做简要说明。

(1) 多通道滤波器式频谱仪

图 7.2.7 所示为多通道滤波器式频谱仪，主要由多个频带相邻的带通滤波器和一个公用的检波器组成。滤波器的中心频率 $f_1<f_2\cdots<f_n$。一个由阶梯波控制的电子开关 K 使各个滤波器轮换接入检波器。在阶梯波的每一梯级时间，检波器接通一个滤波器，阶梯数等于滤波器数。阶梯波电压同时也是示波管的水平扫描信号。

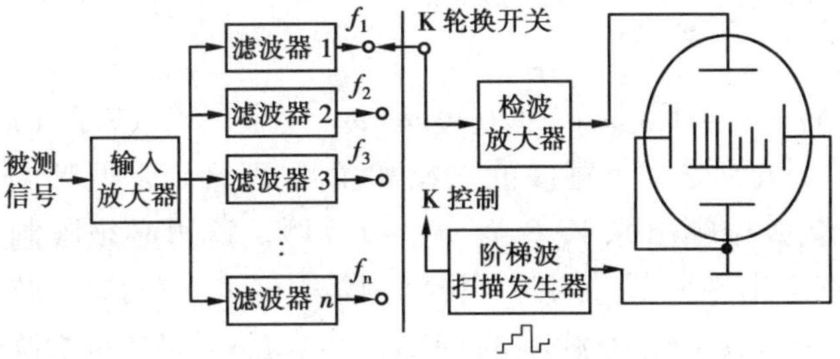

图 7.2.7　多通道滤波器式频谱仪

这种频谱仪需要大量的窄带滤波器。因滤波器的个数不能做得太多，其带宽也不能做得太窄，所以分辨力和灵敏度都较低，常用于低频频谱分析中。例如，在整个音频段（20 Hz ~ 20 kHz）每倍频程配置 3 个滤波器，即 10 倍频程配置 10 个滤波器，则整个音频段需要配置 30 个滤波器。因每倍频程中滤波器个数相等，所以频率是对数标尺。

(2)扫频外差式频谱仪

它用外差法频率扫描，抽取信号的频谱分量，工作原理如图 7.2.8 所示。被测信

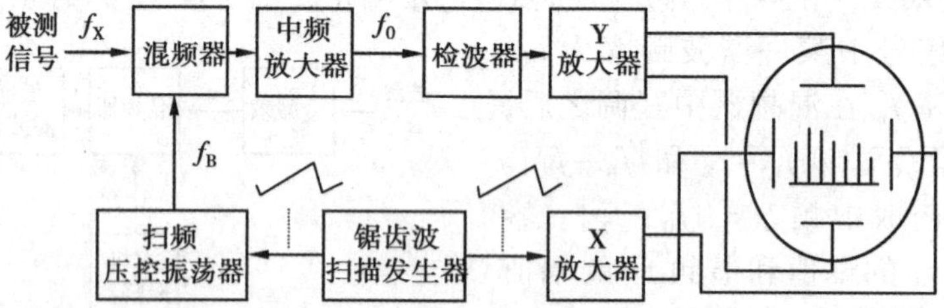

图 7.2.8　扫频外差式频谱仪框图

号中的频率分量 f_X 与扫频 f_B（幅值为固定值）在混频器中互调，由中频放大器选出下边频 f_0（差频）放大，放大倍数为固定值。容易证明，送入检波器的下边频 f_0 幅值与 f_X 幅值成正比。

这种频谱仪与前面 7.2.3 小节的谐波分析仪类似。前面是点频法，这里是扫频法。现在本机振荡器由扫频压控振荡器担任，其频率受锯齿波电压控制。锯齿波电压同时又是示波管的水平扫描电压。所以，当压控振荡器受锯齿波电压控制进行扫频时，信号的各频率分量顺序依次被测量，示波管电子束同时向右扫描，于是，屏幕显示出被测信号的频谱图形。

7.3　已调波参数的测量

7.3.1　调幅波调幅系数的测量

调幅（AM）波的表达式如下：

$$(V_m + f(t))\cos \omega t = V_m\cos \omega t + f(t)\cos \omega t \tag{7.3.1}$$

式中，$V_m\cos \omega t$ 是高频载波，V_m 和 ω 分别是高频载波的振幅和角频率；$f(t)$ 是低频调制信号。可见，载波经调幅之后，载波振幅由原 V_m 变为 $(V_m + f(t))$。这里必须限制低频调制信号 $|f(t)|$ 小于 V_m，否则会出现所谓过调制。设调制信号是 $U_m\cos \Omega t$ 正弦波，则调幅限制是 $U_m < V_m$。定义 $M = U_m/V_m$ 为载波的调幅系数；$M = 1$ 是 100% 调幅。

测量调幅系数的方法有很多，这里讨论一、两个测量方法。显然可用示波器直接观测调幅波：将已调载波送入示波器的 Y 通道，再使水平扫描与低频调制信号同步，即能在屏幕上看到调幅载波的稳定包络，如图 7.3.1 所示。图中正弦包络是稳定可见的，但高频载波是模糊的，因它与水平扫描不同步。从屏幕波形可得调制系数为：

$$M = \frac{U_m}{V_m} = \frac{B - A}{B + A} \times 100\% \tag{7.3.2}$$

(1) 双重检波法测调幅系数

双重检波法的原理电路如图 7.3.2 所示。被测调幅波经电位器 P 分压(设分压

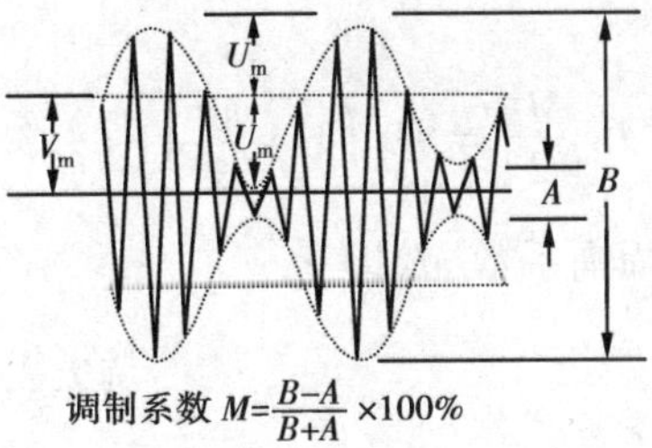

图 7.3.1　用示波器观测调制系数

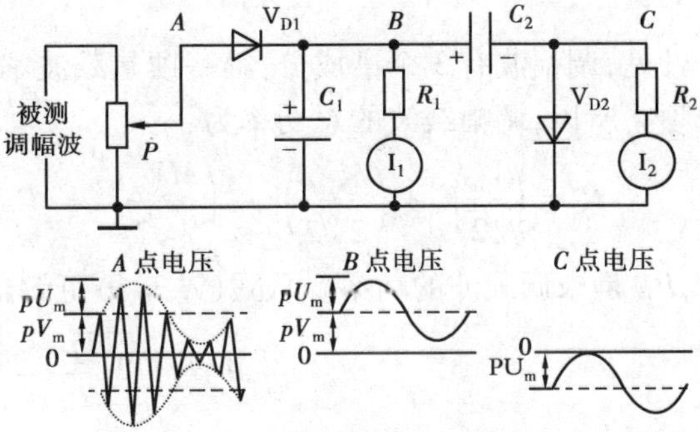

图 7.3.2　双重检波法的电路原理图

系数为 p)至 V_{D1}、C_1、R_1 包络检波器,得出包络电压,有如图所示的 B 点电压波形。B 电压再经 C_2、V_{D2}、R_2 电路检波(钳位),将电压的正峰点钳位至 0 水平,如图 C 点电压波形。包络检波的时间常数 R_1C_1 应满足不等式 $T_C \ll R_1C_1 \ll T_M$;T_C 是载波周期,T_M 是低频调制波的周期,时间常数 $R_2C_2 \gg T_M$。

图中 I_1、I_2 是两个直流电流表,只响应电流的平均值。于是,从波形图可写出等式:

$$pV_m = I_1P_1 \quad 和 \quad pU_m = I_2P_2 \tag{7.3.3}$$

从而得出调幅系数:

$$M = \frac{U_m}{V_m} = \frac{I_2R_2}{I_1R_2} = \left(\frac{R_2}{I_1R_1}\right)I_2 \tag{7.3.4}$$

式中,R_1、R_2 是常数;I_1 也可给定为一特殊常数。此常数使括号内的数值为 10 的整数次幂,因而 I_2 电表能直读调幅系数 M 值。实际测量时,调节电位器 P 改变信号的大小,让 I_1 电表指到给定的常数刻线;这时,即可从 I_2 电表直读调幅系数 M 值。

如果调制波不很对称,或为了提高准确度,可以在 V_{D2}(R_2I_2)并联电路两端加装倒向开关,正反测量 M 两次而后取其平均值。

(2) 功率法测量调幅系数

首先应当了解标准功率的定义和调幅波功率的计算:当电压 $v(t)$ 或电流 $i(t)$ 作用在 1 Ω 电阻上时,电阻消耗的功率的平均值就等于这电压电流的平方的平均值,即 $\overline{v^2(t)}$ 或 $\overline{i^2(t)}$,称它为(1 Ω)标准功率或规范功率,也常简称为功率。实际上它们是

有效值的平方。

调幅波的总功率等于其各项频谱成分的功率之和。设载波为 $V_m\cos\omega t$，低频调制波为 $U_m\cos\Omega t$，则调幅波为：

$$v(t)=(V_m+U_m\cos\Omega t)\cos\omega t=V_m\cos\omega t+MV_m\cos\Omega t\cos\omega t$$

$$=V_m\cos\omega t\pm+\frac{1}{2}MV_m\cos(\omega+\Omega)t+\frac{1}{2}MV_m\cos(\omega-\Omega)t \quad (7.3.5)$$

可见，调幅波有 3 个谱成分：第一项是载波本身；第二项称为上边频；第三项称为下边频。所以，调幅载波的总功率为：

$$P=\left(\frac{V_m}{\sqrt{2}}\right)^2+\left(\frac{MV_m}{2\sqrt{2}}\right)^2+\left(\frac{MV_m}{2\sqrt{2}}\right)^2=P_C+P_C\frac{M^2}{2}=P_C\left(1+\frac{M^2}{2}\right) \quad (7.3.6)$$

式中，P_C 是未调载波的功率。从式(7.3.6)可解出调幅系数 M，即

$$M=\sqrt{2\left(\frac{P}{P_C}-1\right)} \quad (7.3.7)$$

因此，可用功率计来测出调幅波的总功率 P 和未调载波的功率 P_C，代入上式得 M 值。

7.3.2 调频波调频系数和频偏的测量

正弦波的数学表达式是 $V_m\cos(\omega t+\phi)$，振幅 V_m、频率 ω 和相角 ϕ 是它的三个基本参量。一般常用高频载波的三参量之一来载送低频信息；用有线或无线方式传送到接收端，在接收端下载这个信息。所以，载波的运载方式可以是前小节的调幅(AM)，也可以是调频(FM)或调相(PM)。调幅方式是让载波振幅值与低频信号成线性关系，使载波幅值含有低频信息。如果让载波的频率或相角与低频信号成线性关系，这就是调频或调相了。

设低频调制信号为一个单纯的正弦波，根据调频和调相之间的相关性，并定义出一些调制的参量：首先写出载波被调相的表达式，即

$$v(t)=V_m\cos(\omega_C t+\phi)=V_m\cos(\omega_C t+m\sin\omega_m t) \quad (7.3.8)$$

式中，V_m 和 ω_C 是载波的幅值和角频；m 和 ω_m 是低频调相信号的幅值和角频。显然，m 是载波调相的最大相角偏差。已调相载波的随时间增大的总角是$(\omega_C t+m\sin\omega_m t)$由于有调相总角与时间的关系已不是线性(非等角速)。设它的瞬时角速为 ω，则有：

$$\omega=\frac{d}{dt}(\omega_C t+m\sin\omega_m t)=\omega_C+m\omega_m\cos\omega_m t \quad (7.3.9)$$

等式两端除 2π，则可得频率等式：

$$f=f_C+mf_m\cos2\pi f_m t \quad 和 \quad (f-f_C)=mf_m\cos2\pi f_m t \quad (7.3.10)$$

此式是调频表达式。可见，这个已调载波既是调相波也是调频波。对于调频波，它的

最大频偏为：

$$\Delta f = (f - f_C)_{max} = mf_m; \qquad m = \Delta f / f_m \tag{7.3.11}$$

式中，f_m 是低频调制波的频率；m 称为调频系数；Δf 称（最大）频偏。

从上面数学式可知：低频调相信号经微分之后就变成调频信号；低频调频信号经积分之后就变成调相信号。设计调制器可能有两种情况：一是令式（7.3.8）的 ϕ 直接与调制信号成正比，这就是相位调制；二是令式（7.3.10）的 $(f - f_C)$ 直接与调制信号成正比，也就是与导数 $d\phi(t)/dt$ 成正比，这就是频率调制。不可能简单地看数学式或用眼睛鉴定波形，确定它是哪一类的调制。一般习惯上，不太注意这些严格的调制方式、角调、相调、频调这些名词常混为一谈，都叫调频。

下面介绍两个测量调频波（最大）频偏和调频系数的方法：

(1)鉴频器法

鉴频器法测量频偏的原理框图，如图7.3.3所示。被测调频信号输入混频器和本机振荡频率互调，产生差频（中频）。中频经中频放大后输入限幅器、鉴频器。这与一般外差式调频接收机的原理相同。

中频 f_0 是本机振荡频率与外调频波的差频。它也是一个调频信号，频偏 Δf 与原调频波相同，但中心频率变成了中频 f_0。这中频经限幅，消除寄生调幅，进入鉴频器。鉴频器的工作区有直线特性，如图7.3.3(b)所示。从图可见，调频波频率在 $f_0 \pm \Delta f$ 范围变化，经鉴频特性变换之后，鉴频器就输出与频率变化成比例的电压波形。先消除这个电压波的直流分量，再送入峰值检波器，最后至直流电压表。电压表的标尺读数与鉴频直线的斜率相关，经校准之后，电压表标尺可直读调频波的最大频偏值 Δf。

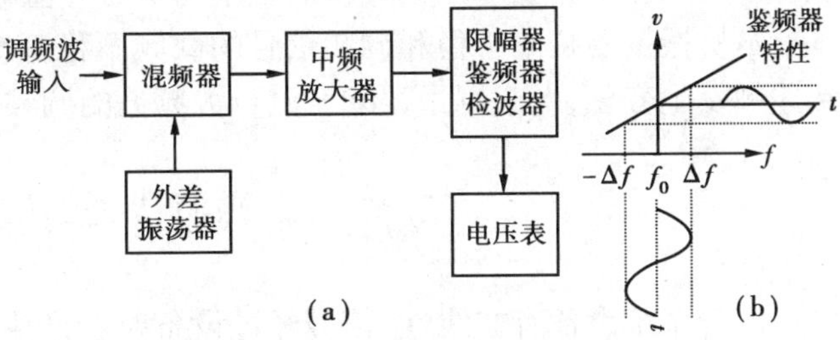

图7.3.3　鉴频法的原理框图

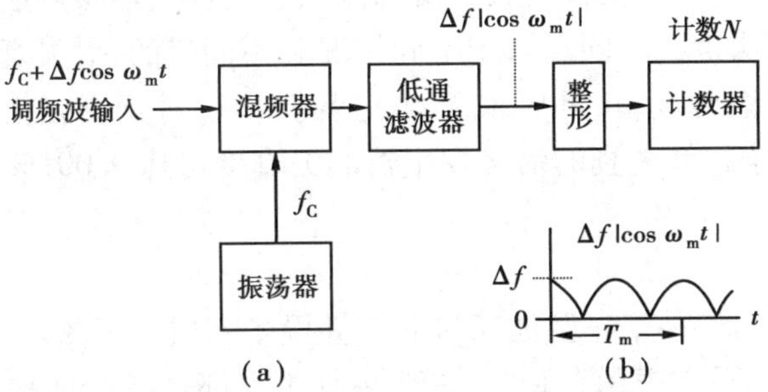

图7.3.4　计数器法测量最大频偏

此法的准确度主要受鉴频特性的非线性和电压表误差的限制，精度不高，

误差一般为 ±(5～10)%。

(2)计数器法

计数器法的原理框图如图 7.3.4 所示。在混频器中,被测调频波和频率等于其载频(中心频率)的本机正弦振荡波互调,使低通滤波器输出差频。当 cos 为正时,差频为 $\Delta f\cos\omega_m t$;当 cos 为负时,差频为 $f_C-(f_C-\Delta|\cos\omega_m t|)=\Delta f|\cos\omega_m t|$。所以,低通滤波器的输出频率是 $\Delta f|\cos\omega_m t|$,频率对时间的变化如图 7.3.4(b)下曲线所示。曲线的波峰值是最大频偏 Δf。某时间段内曲线下的面积是计数器在此时间内计数的脉冲数。

如果计数器在调制信号的一个周期 T_m 内显示计数为 N,则有:

$$N=\int_0^{T_m}\Delta f|\cos\omega_m t|\mathrm{d}t=4\Delta f\int_0^{T_m/4}\cos\omega_m t\mathrm{d}t=\frac{2}{\pi}\Delta fT_m=\frac{2}{\pi}\frac{\Delta f}{f_m} \quad (7.3.12)$$

从而得出调频系数:

$$m=\Delta f/f_m=N\pi/2,\text{频偏 }\Delta=f_mN\pi/2 \quad (7.3.13)$$

注意:式(7.3.12)有 $N/T_m=(2/\pi)\Delta f$,左端是频率曲线的平均值,右端 Δf 是峰值,从表 3.1 的全波整流波形项也可得出此平均值与峰值的关系式(不必积分)。

本机振荡器频率不稳和调频信号的载频不稳都会使差频中的载频不能抵消,导致差频发生变化,引起测量误差。测量大频偏的调频信号时这种误差才较小。

7.4 非线性失真的测量

由于系统设备有非线性,信号经过设备时会产生非线性失真。非线性失真系数(或称失真度)就是衡量这种失真程度的参数。一个单纯正弦波通过非线性设备,会变成非正弦波,产生出很多谐波成分;而一个非正弦波通过非线性设备,除它的谱成分产生谐波之外,谱成分之间还会发生交互调制,产生相加和相减的频率成分。

可以有多种失真度的定义和测量方法,例如,基波抑制法、互调法、白噪声法等失真度的定义。定义不同、测量方法也会不同。对于不同情况和不同目的,对失真度的要求是不同的。例如,对于一般语音设备,常要求失真度小于 1%;对于正弦信号发生器,常要求小于 0.05%;而对于超低失真的信号发生器的失真度可达 0.001%。

7.4.1 基波抑制法

此法的非线性失真度的定义是:一个正弦波通过非线性设备变成非正弦之后,其谐波总功率与其基波功率之比的平方根值(注意,一般性说功率都是指标准功率)。所以,非线性失真系数(失真度)为:

$$\gamma=\sqrt{\frac{P-P_1}{P_1}}=\sqrt{\sum_{n=2}^{\infty}P_n\Big/P_1}=\sqrt{\sum_{n=2}^{\infty}V_n^2}\Big/V_1 \quad (7.4.1)$$

式中，P 为信号总功率；P_1 为基波功率；P_n 为第 n 次谐波的功率；V_n 为第 n 次谐波电压有效值；V_1 为基波电压有效值。

当失真度不大时，基波功率与信号总功率差异不大，可用下式计算失真度值，即

$$\gamma' = \sqrt{\frac{P - P_1}{P_1}} = \sqrt{\sum_{n=2}^{\infty} V_n^2} \Big/ \sqrt{\sum_{n=1}^{\infty} V_n^2} \qquad (7.4.2)$$

合并式(7.4.1)和式(7.4.2)，容易证明，γ 和 γ' 之间的关系为：

$$\gamma = \gamma' \Big/ \sqrt{1 - (\gamma')^2} \qquad (7.4.3)$$

例如：令 $\gamma' = 10\% = 0.1$，从式(7.4.3)得出 $\gamma = 0.100\,5$，两者相差 0.000 5。一般失真度都小于10%，所以，用式(7.4.2)代替式(7.4.1)具有足够的准确度。

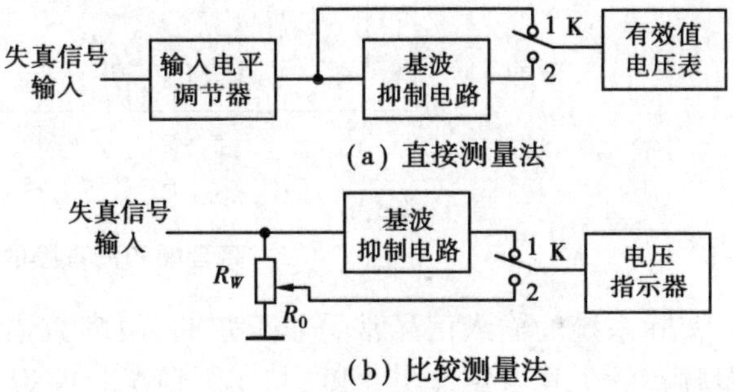

图7.4.1　基波抑制法测量失真度的原理框图

图7.4.1所示为基波抑制法测量失真度的原理框图。举例两种测量方案：直接法和比较法。直接测量法是先将开关放置1位，调节输入电平调节器，让有效值电压表等于1 V。于是，将开关转换到2位，调节基波抑制电路，使电压表读数最小（表示基波已被抑制），这个最小的有效值读数值就等于失真度。如果第1次电压 V_1 不是1 V，则失真度等于 V_2/V_1。

比较测量法是先将开关放置1位，调节基波抑制电路，使电压读数最小。再调节电压指示器灵敏度，使这最小电压指示于靠近满偏度的特定位置。于是，保持指示器灵敏度不变，将开关转换到2位，调节电位器 R_W，使电压指示器准确指到开关1时的特定位置。这时，电位器下段电阻为 R_0；电位器的分压系数为 $\alpha = R_0/R_W$。读者可以证明，现在的失真度等于分压系数 $\alpha = R_0/R_W$。这分压器有一个度盘，其上的标尺可直接刻写出失真度的百分数值。

上述两法的读数方式有所不同。直接法从有效值电压表读出失真度值，而比较法从电位器度盘读出失真度值。

基波抑制电路可以采用具有选频特性的电路。例如，文氏电桥、双T网路等，也可采用能截止基波，通过谐波的高通滤波器。然而，对于文氏电桥和运放组合成的抑频性电路，由于电路简单、调节频率方便、频率选择好，得到广泛应用。

7.4.2 交互调制法

系统或设备的非线性会使正弦信号波形失真，产生出很多基波的谐波。所以，基波抑制法用总谐波有效值电压（功率的方根）与基波有效值电压之比来定义非线性失真度。但是，当信号本身为非正弦波时，系统的非线性除了使信号的各谱成分产生谐频之外，还会使其谱成分之间发生交互调制（简称互调），产生相加和相减的频率成分。

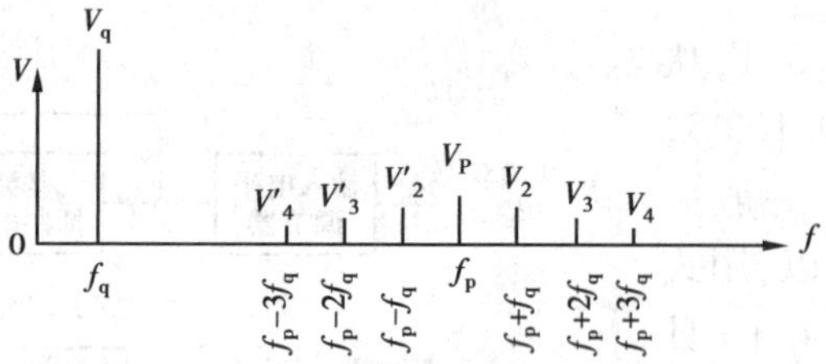

图 7.4.2 高音频和低音频的互调频谱

实际系统的输入信号常是非正弦的，由多数谱成分组成。故上述的基波抑制法用单频率的失真来定义失真度，与实际情况相差很大。所以，为了让对非线性失真度的评估较接近实际情况，人们想出用双频互调法，即用两个不同频率的正弦信号输入系统，从而定义其失真度。

信号为双频时，系统的失真输出除有双频的基波及其谐波之外，还有互调的组合频率和频与差频。在采用双频互调法的情况下，由于各专业、行规的差异，可能有多种失真度的定义方法。这里举两个互调法的例子：

（1）SMPTE（Society of Motion Picture and Television Engineers）法

用两个音频（低音频f_q和高音频f_p）输入被测设备，$f_q=60$ Hz，$f_p=7$ kHz；幅值$V_q=4V_p$。这双音频的互调频谱如图 7.4.2 所示。在设备的输出可用谐波分析仪或频谱仪测得谱成分幅值，再用下列定义式计算失真度：（InterModulation IM）

$$(IM)_A=\frac{\sqrt{V_2^{\,2}+(V_2')^2+V_3^{\,2}+(V_3')^2+\cdots}}{V_P} \tag{7.4.4}$$

或者

$$(IM)_B=\frac{\sqrt{V_2^{\,2}+(V_2')^2+V_3^{\,2}+(V_3')^2+\cdots}}{V_q} \tag{7.4.5}$$

（2）差频法

将幅值相等的双音频f_p和f_q输入被测设备，而且令其差频$F=f_p-f_q$为一常数，f_q可选定为 1、5、9 kHz，差频可选定为 50～500 Hz。于是，定义失真度为：

$$(TM)_C=\frac{V_F}{V_q} \tag{7.4.6}$$

7.4.3　白噪声法

非正弦信号常是由非常多的谐频波的叠加。双频法显然还不能满意地反映实际情况。因此,人们又想出了白噪声法。白噪声具有均匀分布的频谱密度。采用白噪声作为测量源,可以测出被测电路通频带内任何频率所产生的谐波及其互调产物。

一种测量法是从白噪声中滤除某频率 f_0 分量输入被测电路。如果电路无失真,则其输出就没有 f_0 分量;当被测电路有非线性失真时,则总会有谐波和互调成分等于 f_0,而使电路输出频率 f_0,幅值为 V_0 的信号波。于是,可以采用被测电路输出的 V_0 电压与输出的噪声电压 V_N 之比值作为非线性失真度的定义。

思考与练习题

7.1　用折线近似法在半对数坐标纸上画出题图 7.1 所示 RL 低通电路的幅频特性和相频特性曲线。(令 $L/R=\tau$,横坐标为 ω,纵坐标为 dB 或角度。)

7.2　用题图 7.2 所示 RL 高通电路,重新画 7.1 题所要求的频率特性曲线。

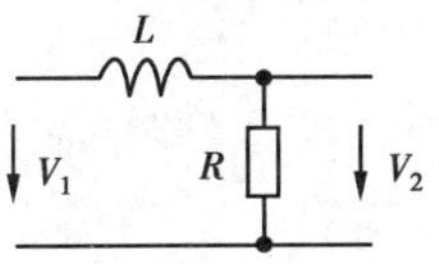

题图 7.1　低通

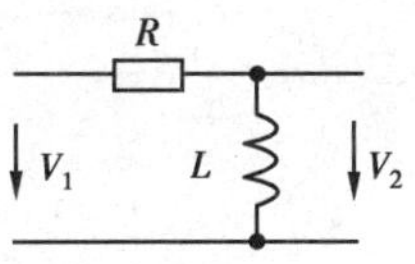

题图 7.2　高通

7.3　点频和扫频仪是一类测量分析仪,谐波分析仪和频谱仪是又一类测量分析仪。试从它们的用途和测量对象说明两类测量仪的区别。

7.4　在图 7.1.15 中,设点频 $f_A=215$ MHz,$f_0\pm\Delta f=290\pm7.5$ (MHz)。试求出调频振荡器的(相对)带宽以及低通滤波器输出的差频的(相对)带宽。

7.5　简述图 7.1.12 扫描仪各方框的功能和方框之间的组合关系。特别要说明示波管屏幕的水平坐标为什么能表示频率。

7.6　设用并行滤波器式(图 7.2.7)频谱分析法,分析 30 Hz ~30 MHz 频带的信号;又设每倍频程置一个滤波器,问需要用多少个滤波器?

7.7　使用频谱仪来测量某调幅波,已知它的载波为 $V_m\cos\omega t$,低频调制信号为 $U_m\cos\Omega t$。频谱仪测量得调幅波谱的上(或下)边频幅值比载波幅值低 A(dB)。试证明调幅系数为　$M=U_m/V_m=10^{(6-A)/20}$。

7.8　用频谱仪测量某正弦信号经放大器后的失真度,测出有二次和三次谐波,二次谐波和三次谐波的电压幅值分别比基波幅值小 10 dB 和 20 dB。试用基波抑制法的失真度的定义,计算出信号的非线性失真系数 γ。

第 8 章　观测动态电路的响应

所谓动态电路,是指包含有电感和电容元件的电路,即有电磁场能量变化的电路。这种电路系统在某一信号的激励下,电路的响应与激励的关系是由微分方程描述的。如果微分方程是一阶的,则这电路称为一阶系统;如果微分方程是二阶的,则称为二阶系统。解微分方程并利用电路的初始条件,即可得出电路的响应。

使用长余辉示波管示波器,或用现代的存储(记忆)示波器可能观测到电路对各种激励信号的暂态响应过程。然而,电路对于阶跃激励信号的响应常可用普通示波器来完成观测。方法极其简单:利用适当长周期的方波输入被测电路,方波的上升沿和下降沿就是阶跃激励信号。由于方波的周期重复性,在示波器屏幕上能看到稳定清晰的阶跃响应曲线。

8.1　全响应的概念

8.1.1　暂态分量和稳态分量

前面讨论的测量都是电路在稳定状态下的电路特性和参数的测量。但是,电路从一种稳定态改变到另一种稳定态时,会有过渡过程(暂态过程)发生。例如,电路在接通或切断电源以及电路中的参数发生改变时,就有过渡过程出现。电路从一个稳态变到另一稳态时,电路中电磁场能量的增减变化需要一定时间(如果能量增减变化可立即完成,则需要无穷大功率),这段时间就是状态的过渡时间。过渡(暂态)过程一般在若干分之一秒内就可结束。在此期间的电流和电压值有可能高出正常稳态值很多倍,因而可能损伤甚至破坏电路的某些元件。

从数学上可知,描述电路响应与激励之间关系的非齐次线性微分方程的通解是,这方程的特解与这方程无右端激励项的齐次方程的通解之和。从物理上讲,无右端激励项的齐次方程的通解就是电路响应的暂态分量,而非齐次方程的特解就是电路响应的稳态分量。动态电路的全响应就是暂态分量与稳态分量之和。

稳态是指电路最终到达的稳定状态。暂态是指电路内电磁场能量重新配置的过程。激励信号一般是一个常数或时间的周期函数,这时微分方程的特解也往往是一个常数或同频率的时间周期函数。

除了经典的解微分方程的方法之外,还可用变换运算术求解电路全响应。例如,应用拉普拉斯变换式就可把时间函数的微分和积分运算变成变换式的简单代数运算。例如对数变换将乘除运算变成简单的加减运算。激励与响应的波形是时间的函数,而拉普拉斯变换式或傅立叶变换式是频率的函数。将全响应的时域分析变换成频域分析,有可能使分析解题变得相当简单容易。

8.1.2　一阶电路的全响应

图 8.1.1 是一个 RL 串联电路。在串联电路两端加上(阶跃)激励电压 U,电路的微分方程为:$L\frac{\mathrm{d}i}{\mathrm{d}t}+Ri=U$

齐次方程为:

$$L\frac{\mathrm{d}i}{\mathrm{d}t}+Ri=0 \tag{8.1.1}$$

齐次式的惟一特征根 $s=-R/L=-1/\tau,\tau=L/R$;齐次式的解(暂态分量)为:

$$i'=K\mathrm{e}^{st}=K\mathrm{e}^{-t/\tau} \tag{8.1.2}$$

非齐次方程的特解(稳态分量)就是这电路的稳定电流 $i''=U/R$。所以,电流的全响应为:

$$i=i'+i''=K\mathrm{e}^{-t/\tau}+U/R \tag{8.1.3}$$

代入初始条件($t=0,i=0$),定出常数 $K=-U/R$,最后得电流全响应公式,即

$$i=\frac{U}{R}(1-e^{-t/\tau})\qquad(\tau=L/R) \tag{8.1.4}$$

它的响应曲线如图 8.1.2 所示。

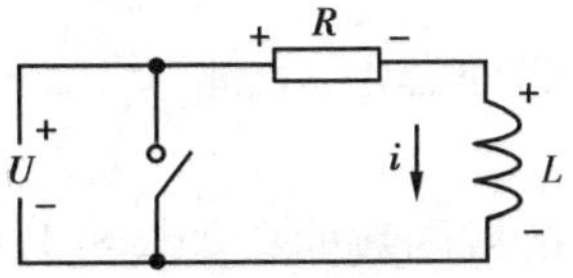

图 8.1.1　电路举例

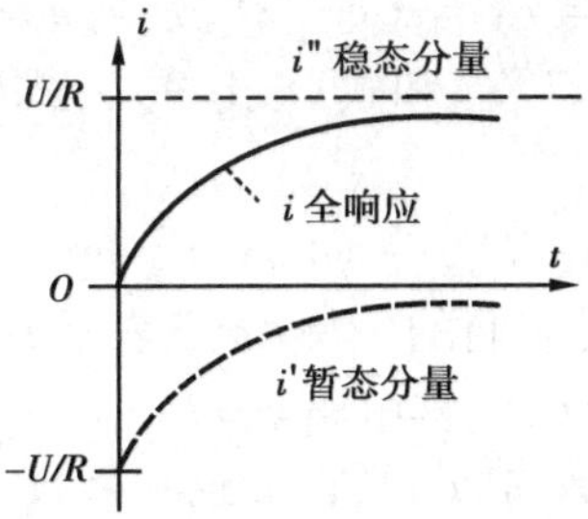

图 8.1.2　电感充磁的响应

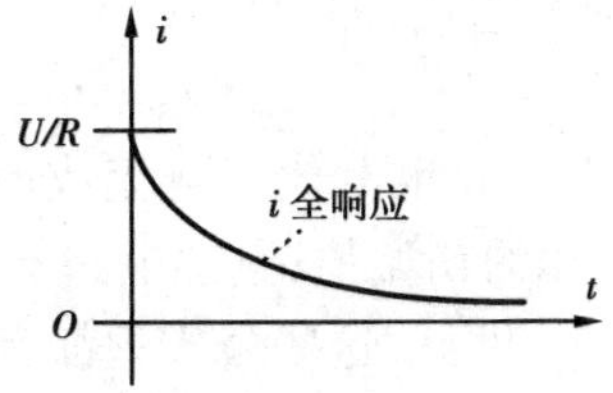

图 8.1.3　电感放磁的响应

电路稳定之后,设电压端被开关短路,使外电压 $U=0$。(注意:实际电压源是绝对不允许短路的;短路会使电源电流极大而烧毁设备,甚至危及人身安全。这里可以认为此电压源有过流保护。)电路被短路之后,暂态电流 i'与式(8.1.2)相同;又因稳定电流 $i''=0$,初始条件是($t=0,i=U/R$),所以,短路后电流的全响应为:

$$i = \frac{U}{R} e^{-t/\tau} \tag{8.1.5}$$

其响应曲线如图 8.1.3 所示。

知道图 8.1.1 的电流响应后,即可得出充磁和放磁时的电压,即

充磁时:

$$u_R = iR = U(1 - e^{-t/\tau});u_L = L\frac{di}{dt} = Ue^{-t/\tau} \tag{8.1.6}$$

放磁时:

$$u_R = iR = Ue^{-t/\tau};u_L = L\frac{di}{dt} = -Ue^{-t/\tau} \tag{8.1.7}$$

在图 8.1.1 中,将电感 L 改换成电容 C,那就是电容器的充电和放电。对于电容器 C 的充、放电过程,有:

微分方程:$RC\frac{du_c}{dt} + u_c = U$

齐次式:$RC\frac{du_c}{dt} + u_c = 0$ (8.1.8)

读者自己可以证明,电容器充电和放电的电压全响应分别为:

$$(充)\quad u_c = U(1 - e^{-t/\tau});(放)\quad u_c = Ue^{-t/\tau}\quad(式中,\tau = RC) \tag{8.1.9}$$

由此可得电流响应:

$$(充)\quad i = C\frac{du_c}{dt} = \frac{U}{R}e^{-t/\tau};(放)\quad i = -\frac{U}{R}e^{-t/\tau} \tag{8.1.10}$$

电阻电压 :

$$(充)\quad u_R = iR = Ue^{-t/\tau};(放)\quad u_R = -Ue^{-t/\tau} \tag{8.1.11}$$

实际上式(8.1.4)~式(8.1.7)和式(8.1.9)~式(8.1.11)可以统一成一个响应表达式,即

$$y = Y_\infty + (Y_0 - Y_\infty)e^{-t/\tau} \tag{8.1.12}$$

式中,y 和 Y 代表电流或电压;它们的下标"∞"表示 $t\to\infty$ 的稳态值,下标"0"表示 $t=0$的初始值;电感电路 $\tau = L/R$,电容电路 $\tau = RC$。

可见,这些公式中都有指数函数 $e^{-x}(x = t/\tau)$。这个负指数函数曲线如图8.1.4所示。

指数函数的一些优异特性:

① e 指数函数的微分和积分不变。这里因是负指数、微分或积分后变成 $-e^{-x}$。

②通过这曲线上任意点作切线,切线与 x 轴相交的次切距等于 1。特例是曲线起点的切距等于 1。

③在 $t>3\tau$ 之后,曲线下降超过 95%;在 $t>5\tau$ 之后,曲线下降超过 99%。虽然在理论上需要无限长时间才能达到稳态值 0,但在工程上可以认为时间经过 5τ,电路

已是稳态。

④函数 $y=1-e^{-x}$ 是一条上升指数曲线，其基本特性与图 8.1.4 曲线相同。

⑤一般定义指数曲线幅值改变从 0.1 ~ 0.9 的时间是波形的上升（或下降）时间 t_r。容易证明，$t_r=2.2\tau$。

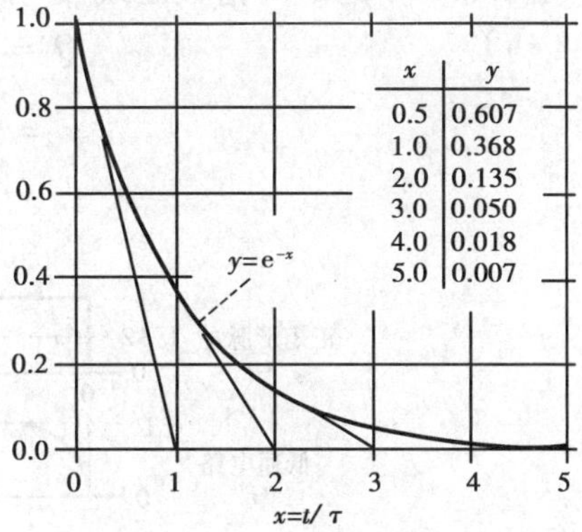

图 8.1.4　指数函数 $y=e^{-x}$ 的曲线

8.2　观测一阶电路的响应

8.2.1　一阶电路的阶跃响应

对图 8.2.1 所示电路，使用占空率为 1/2 的周期性正矩形脉冲波，作为激励信号 u_1，然后用示波器来观测输出电压 u_2 的响应。现在设这个正脉冲的重复周期 $T>10\tau$，即是正脉冲宽度 $T/2>5\tau$。这时可以认为输入正脉冲是阶跃激励信号；正脉冲前沿为上升阶跃，后沿为下降阶跃；认为电路对阶跃的暂态响应过程在 5τ 时间已经完成。由于正脉冲的重复性，示波器能够明亮清晰地显示全部暂态过程。

正脉冲激励信号和低通、高通电路的输出响应波形如图 8.2.2 所示。

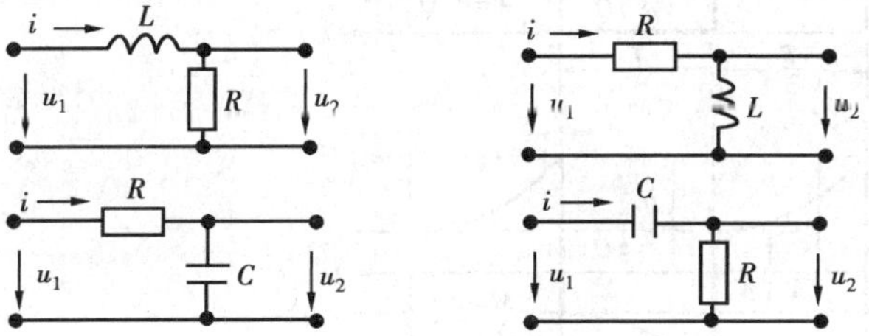

图 8.2.1　简单的一阶电路

读者可将图 8.2.1 电路与式(8.1.4) ~ 式(8.1.7)和式(8.1.9) ~ 式(8.1.11)对照，证实图 8.2.2 中示波器显示的波形。可从示波器显示的波形近似求出电路的时间常数。一是作曲线起点的切线，测出切距的时间值；另一是找出曲线下降到 0.368 幅值，或者上升到 (1 - 0.368) = 0.632 幅值所经历的时间。

8.2.2　一阶电路的方波响应

当上面的正脉冲周期 T 和电路时间常数 τ 差不多时，电路的响应就不能说是阶跃响应了。这时的响应一般说是（有直流成分的）方波响应。这种响应的稳态波形如图 8.2.3 所示。

普通示波器能很好观测方波的响应，从而可得出响应的峰值、平均值、周期等参数；此外，还可从波形参数计算出电路时间常数 τ。

图 8.2.3 中的下降指数曲线段可以写出等式：

$$Q = Pe^{-T/2\tau}，从而$$

$$\tau = \frac{T/2}{\ln(P/Q)} \tag{8.2.1}$$

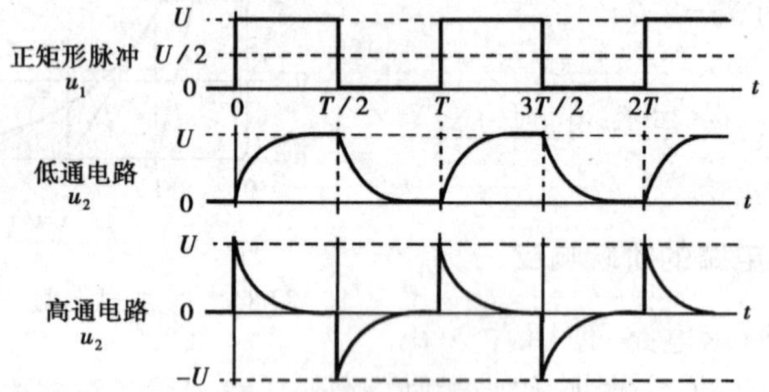

图 8.2.2　示波器显示的波形（$T = 10\tau$）

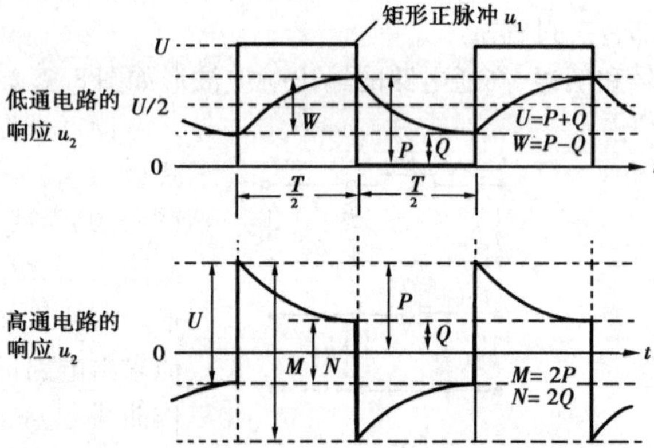

图 8.2.3　方波响应的稳态波形

为了计算时间常数 τ，在示波器屏幕上读取 P、Q 数值是不方便的；然而，U、W、M、N、T 这些参数是较容易准确读出的。所以，实际的计算公式不是式（8.1.1），而是利用关系式 $U = P + Q$，$W = P - Q$ 和 $M = 2P$，$N = 2Q$，将式（8.1.1）改写为：

$$低通电路：\tau = \frac{T}{2}/\ln\frac{U + W}{U - W}$$

$$高通电路：\tau = \frac{T}{2}/\ln\frac{M}{N} \tag{8.2.2}$$

8.3　观测二阶电路的阶跃响应

与观测一阶电路相同，仍可用周期很长的占空率为1/2的正脉冲周期波来观测二阶电路的阶跃响应。只要脉冲周期足够长，正脉冲的上升（前）沿就可作为上升阶跃激励信号；下降（后）沿就是下降阶跃激励信号。由于脉冲的重复性，示波器屏幕重复显示阶跃响应，使响应曲线明亮、清晰可见。本节将求出RLC电路的阶跃响应的数学表达式，它们有利于分析和理解观测到的阶跃响应。

8.3.1　上升阶跃响应

图8.3.1表示一个RLC串联电路连接到激励信号，长周期、1/2占空率的正脉冲周期波。当正脉冲到来时，脉冲前沿就是一个上升阶跃；这相当于图8.3.1电路连接直流电压源U。所以，有微分方程：

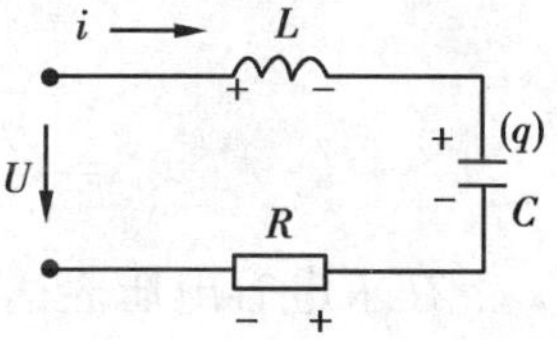

图8.3.1　RLC串联电路

$$L\frac{\mathrm{d}i}{\mathrm{d}t}+Ri+\frac{q}{C}=U \tag{8.3.1}$$

微分之，得出二阶微分方程：

$$L\frac{\mathrm{d}^2 i}{\mathrm{d}t^2}+R\frac{\mathrm{d}i}{\mathrm{d}t}+\frac{1}{C}i=0 \tag{8.3.2}$$

现在求其电流的全响应。显然电容串联电路的稳态电流$i''=0$，所以，电流的全响应就等于暂态电流i'，是齐次式(8.3.2)的解。此式的两个特征根为：

$$s_{1,2}=-\frac{R}{2L}\pm\sqrt{\left(\frac{R}{2L}\right)^2-\frac{1}{LC}}=-\alpha\pm\sqrt{\alpha^2-\omega_0^{\ 2}} \tag{8.3.3}$$

其中

$$\alpha=R/2L,\omega_0=1/\sqrt{LC} \tag{8.3.4}$$

可见，电路的响应与R、L、C的参数值相关；改变这些数值可以使特征根成为两个不等的负实数、相等的负实数或具有负实部的共轭复数。

(1)过阻尼

设$\alpha>\omega_0$，即$R>2\sqrt{L/C}$，于是，特征根是两个不相等的负实数，微分方程的解为：

$$i=K_1\mathrm{e}^{s_1 t}+K_2\mathrm{e}^{s_2 t} \tag{8.3.5}$$

二阶微分方程有两个积分常数K_1、K_2，而求出它们需要两个初始条件。这两初始条件为：

$$i(0)=0\quad 和\quad \left(\frac{\mathrm{d}i}{\mathrm{d}t}\right)_{t=0}=\frac{U}{L}(因为\ u_C(0)=0,u_L(0)=U) \tag{8.3.6}$$

将条件代入式(8.3.5),得:

$$K_1 = -K_2 = \frac{U}{L(s_1 - s_2)} \tag{8.3.7}$$

所以,电流的响应为:

$$i = \frac{U}{L(s_1 - s_2)}(e^{s_1 t} - e^{s_2 t}) \tag{8.3.8}$$

知道电流响应的表达式后,即可求出电感线圈的电压和电容器的电压,即

$$u_L = L\frac{di}{dt} = \frac{U}{(s_1 - s_2)}(s_1 e^{s_1 t} - s_2 e^{s_2 t}) \tag{8.3.9}$$

$$u_C = U - \left(L\frac{di}{dt} + Ri\right) = U - \frac{U}{(s_1 - s_2)}(s_1 e^{s_2 t} - s_2 e^{s_1 t}) \tag{8.3.10}$$

在求电容电压表达式的简化过程中,利用了等式 $R = 2\alpha L$ 和 $s_1 + s_2 = -2\alpha$。

这里的 s_1、s_2 是两个不等的负实数,而且有 $|s_2| > |s_1|$。由此可知,$(e^{s_1 t} - e^{s_2 t})$ 电流因子有如图 8.3.2 所示的形状;从而知道电流响应曲线的形状。过阻尼情况的电流、电压响应曲线如图 8.3.3 所示 。

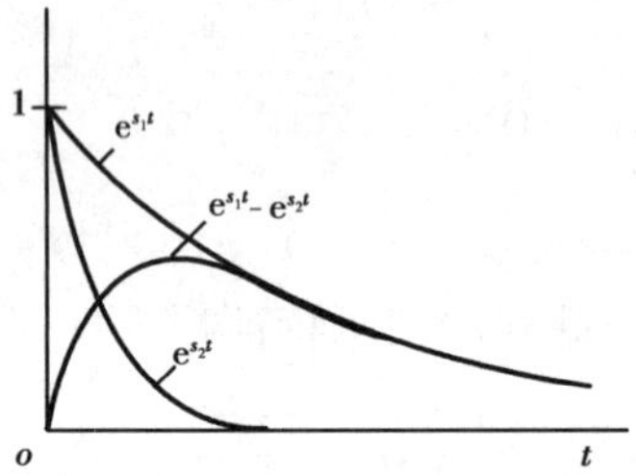

图 8.3.2　求电流因子的曲线

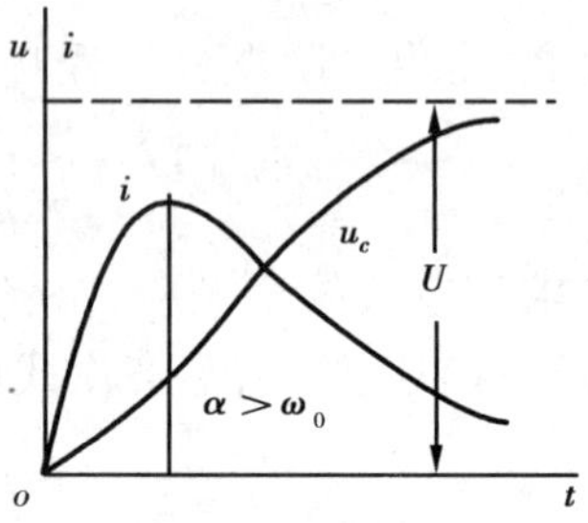

图 8.3.3　电流、电压的响应

(2)临界阻尼

这时 $\alpha = \omega_0$,即 $R = 2\sqrt{L/C}$,于是,特征根是两相等的负实数。因为 $e^{-\alpha t}$ 和 $te^{-\alpha t}$ 是微分方程式(8.3.2)的两个线性无关的解,所以,式(8.3.2)的解为:

$$i = (K_1 + K_2 t)e^{-\alpha t} \tag{8.3.11}$$

代入初始条件,$i(0) = 0$ 和 $\left(\frac{di}{dt}\right)_{t=0} = \frac{U}{L}$,定出常数 K_1、K_2,得:

电流的响应:

$$i = \frac{U}{L}te^{-\alpha t} \tag{8.3.12}$$

电容电压的响应：

$$u_C = U - \left(L\frac{\mathrm{d}i}{\mathrm{d}t} + Ri\right) = U - U(1 + \alpha t)\mathrm{e}^{-\alpha t} \tag{8.3.13}$$

这时的电流、电压响应曲线的形状基本与图 8.3.3 相同。电流有惟一的最大值，电容电压仍是非振荡性的。

(3) 欠阻尼

这时 $\alpha < \omega_0$，即 $R < 2\sqrt{L/C}$，特征根是一对有负实部的共轭复数，它们是：

$$s_{1,2} = -\alpha \pm \sqrt{\alpha^2 - \omega_0{}^2} = -\alpha \pm \mathrm{j}\sqrt{\omega_0{}^2 - \alpha^2} \tag{8.3.14}$$

令 $\sqrt{\omega_0{}^2 - \alpha^2} = \omega'$，则有：

$$s_{1,2} = -\alpha \pm j\omega' \tag{8.3.15}$$

式(8.3.2)的一般解为：

$$i = k_1\mathrm{e}^{(-\alpha+\mathrm{j}\omega')t} + k_2\mathrm{e}^{(-\alpha-\mathrm{j}\omega')t} \tag{8.3.16}$$

应用欧拉公式，有：

$$\mathrm{e}^{(-\alpha\pm\mathrm{j}\omega')t} = \mathrm{e}^{-\alpha t}\mathrm{e}^{\pm\mathrm{j}\omega' t} = e^{-\alpha t}(\cos\omega' t \pm \mathrm{j}\sin\omega' t) \tag{8.3.17}$$

容易证明：若某复函数是式(8.3.2)的解，则这复函数的实部和虚部也各是式(8.3.2)的解。所以，式(8.3.2)的解可实数化，写成：

$$i = (K_1\cos\omega' t + K_2\sin\omega' t)\mathrm{e}^{-\alpha t} \tag{8.3.18}$$

利用初始条件 $i(0) = 0$ 和 $\left(\frac{\mathrm{d}i}{\mathrm{d}t}\right)_{t=0} = \frac{U}{L}$，确定常数 K_1、K_2，最后得出响应表达式，即

$$i = \frac{U}{\omega' L}\mathrm{e}^{-\alpha t}\sin\omega' t \tag{8.3.19}$$

$$u_C = U - \frac{U}{\omega'}\mathrm{e}^{-\alpha t}(\omega'\cos\omega' t + \alpha\sin\omega' t) = U - U\frac{\omega_0}{\omega'}\mathrm{e}^{-\alpha t}\cos(\omega' - \phi) \tag{8.3.20}$$

式中

$$\omega_0 = \sqrt{\omega'^2 + \alpha^2};\ \phi = \arccos\frac{\omega'}{\omega_0} = \arcsin\frac{\alpha}{\omega_0} = \arctan\frac{\alpha}{\omega'} \tag{8.3.21}$$

图 8.3.4 是式(8.3.19)、式(8.3.20)的响应曲线。可见，这时的电流和电压是衰减振荡性的，振荡角频率为 ω'，衰减速度由因子 $\mathrm{e}^{-\alpha t}$ 控制。当电路电阻非常小，即 $\alpha \ll \omega_0$，$\omega' \approx \omega_0$ 时，电流的最大值将接近 $U/\omega_0 L(=U/\sqrt{L/C})$，而电容器电压的最大值可能接近 $2U$，振荡波衰减极慢。

8.3.2　下降阶跃响应

正矩形脉冲的后沿（下降阶跃）到来后，图 8.3.1 的输入电压从 U 变成 0，这相当

于输入端子短路。这时有微分方程如下：

$$L\frac{\mathrm{d}i}{\mathrm{d}t}+Ri+\frac{q}{C}=0,\quad L\frac{\mathrm{d}^2 i}{\mathrm{d}t^2}+R\frac{\mathrm{d}i}{\mathrm{d}t}+\frac{1}{C}i=0 \tag{8.3.22}$$

可见，这个二阶方程和前小节上升阶跃响应的式(8.3.2)完全相同，因此，可以利用前面的解和现在的新的初始条件，很快得出图8.3.1电路对下降阶跃的响应。

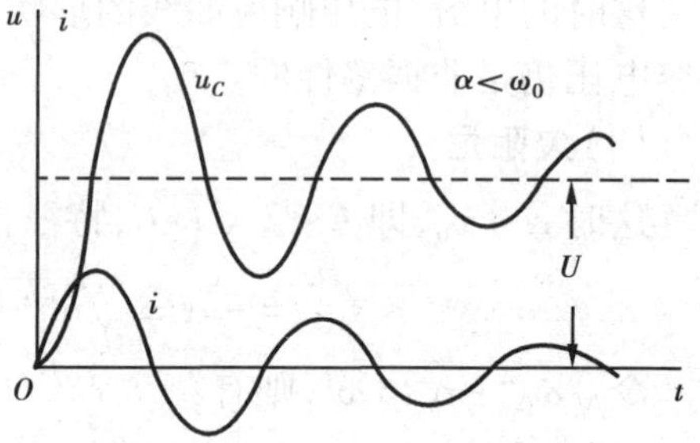

图8.3.4　欠阻尼时的响应曲线

(1) 过阻尼

这时 $\alpha>\omega_0$，微分方程的解为：

$$i=K_1\mathrm{e}^{s_1 t}+K_2\mathrm{e}^{s_2 t} \tag{8.3.23}$$

利用条件：

$$i(0)=i(\infty)=0, u_C(0)=U, u_L(0)=-U, \left(\frac{\mathrm{d}i}{\mathrm{d}t}\right)_{t=0}=-\frac{U}{L} \tag{8.3.24}$$

确定常数 K_1、K_2，得电流响应：

$$i=-\frac{U}{L(s_1-s_2)}(\mathrm{e}^{s_1 t}-\mathrm{e}^{s_2 t}) \tag{8.3.25}$$

从而得电容电压的响应：

$$u_C=\frac{U}{(s_1-s_2)}(s_1\mathrm{e}^{s_2 t}-s_2\mathrm{e}^{s_1 t}) \tag{8.3.26}$$

图8.3.5是式(8.3.25)、式(8.3.26)以及 u_L 的响应曲线。

(2) 临界阻尼

$\alpha=\omega_0$，微分方程的解为：

$$i=(K_1+K_2 t)\mathrm{e}^{-\alpha t} \tag{8.3.27}$$

最后的解为：

$$i=-\frac{U}{L}t\mathrm{e}^{-\alpha t}\ \text{和}\ u_C=U(1+\alpha t)\mathrm{e}^{-\alpha t} \tag{8.3.28}$$

这时的电流电压响应曲线与图8.3.5的曲线基本相同，电容器的放电仍是非周期性的。当 R 继续减小时，放电就会从非周期性过渡到振荡性。可见，$\alpha=\omega_0$，即 $R=2\sqrt{L/C}$ 情况是非周期放电的极限情况或临界阻尼情况。

(3) 欠阻尼

$\alpha<\omega_0$，微分方程的解为：

$$i=(K_1\cos\omega' t+K_2\sin\omega' t)\mathrm{e}^{-\alpha t} \tag{8.3.29}$$

最后的解为：

$$i=-\frac{U}{\omega' L}\mathrm{e}^{-\alpha t}\sin\omega' t \tag{8.3.30}$$

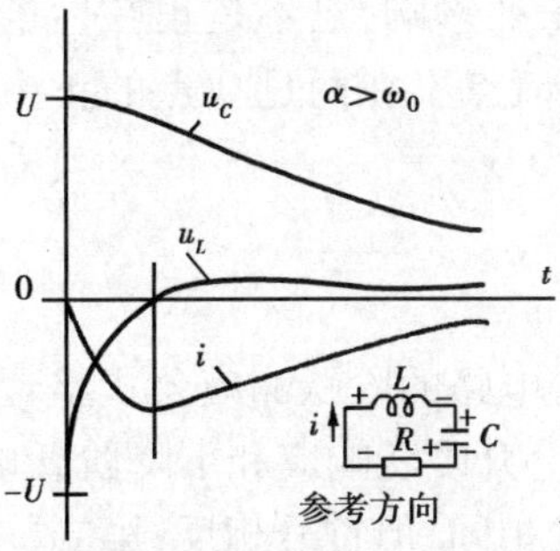

图 8.3.5　过阻尼波形

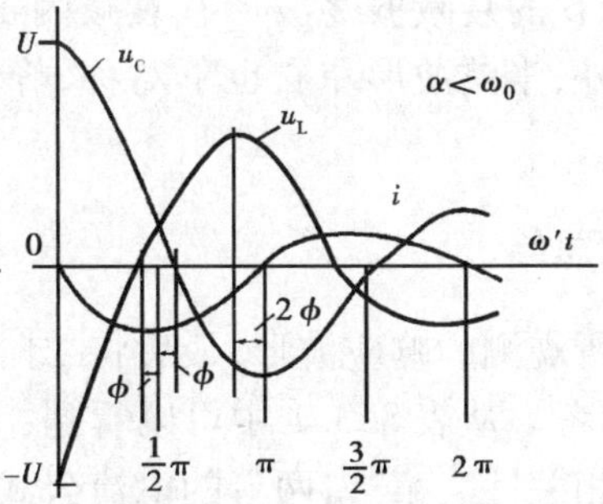

图 8.3.6　欠阻尼波形

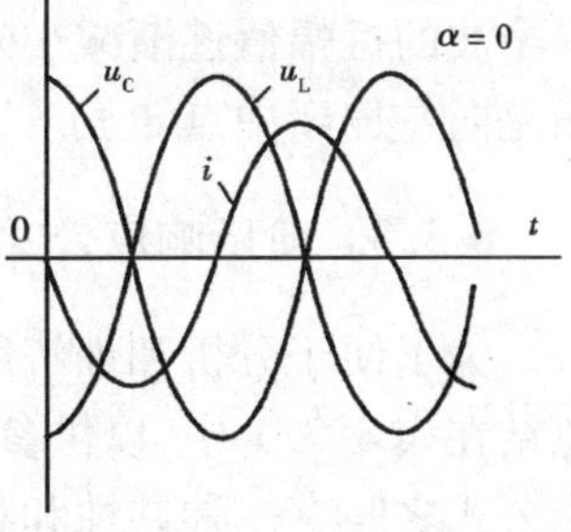

图 8.3.7　无阻尼的波形

$$u_L = -U\frac{\omega_0}{\omega'}e^{-\alpha t}\cos(\omega' t + \phi) \quad 和 \quad u_C = U\frac{\omega_0}{\omega'}e^{-\alpha t}\cos(\omega' t - \phi) \tag{8.3.31}$$

式中

$$\omega_0 = \sqrt{\omega'^2 + \alpha^2}, \phi = \arccos\frac{\omega'}{\omega_0} = \arcsin\frac{\alpha}{\omega_0} = \arctan\frac{\alpha}{\omega'} \tag{8.3.32}$$

图 8.3.6 是这时(欠阻尼情况)的电流、电压响应曲线。电流、电压是衰减(阻尼)振荡性的，振荡角频为 ω'。现在看欠阻尼的极限情况，$R = \alpha = 0$，于是，$\omega' = \omega_0$，$\phi = 0$，式(8.3.30)、式(8.3.31)变成：

$$i = -\frac{U}{\sqrt{L/C}}\sin \omega_0 t,\ u_L = -U\cos \omega_0 t,\ u_C = U\cos \omega_0 t \tag{8.3.33}$$

可见，假如电路内无电阻，也就是说假如电路内无能量损失，则电路中电流电压都是以角频率 $\omega_0(=1/\sqrt{LC})$ 变化的时间正弦函数，是无阻尼、无衰减的等幅振荡，如图 8.3.7 所示。其周期为：

$$T_0 = 2\pi/\omega_0 = 2\pi\sqrt{LC} \tag{8.3.34}$$

比较阻尼振荡和无阻尼振荡：

$$\omega' = \sqrt{{\omega_0}^2 - \alpha^2} < \omega_0, T' = 2\pi/\omega' > T_0 \tag{8.3.35}$$

在 α/ω_0 比值很小的情况下，还是可以用公式(8.3.34)来计算阻尼振荡的周期的。例如，$\alpha/\omega_0 = 0.1$，则用式(8.3.34)计算周期所造成的误差为 0.5%。

为了判断阻尼振荡的衰减速度，在此研究两个相邻的同号振幅之比。这一比值设为 Δ，称为振幅衰减率，

$$\Delta = Ae^{-\alpha t}/Ae^{-\alpha(t+T')} = e^{\alpha T'} \tag{8.3.36}$$

式中，α 称为衰减指数，即

$$\alpha = \frac{1}{T'}\ln\Delta \tag{8.3.37}$$

必须指出，因为图 8. 3. 6 的衰减振荡波形有衰减因子的影响，已不是正弦性了；除半波的振幅值逐渐减小外，半波波形左右也不对称，峰值点不在两过 0 点的正中，而是向左偏离中点 ϕ 角。

8. 3. 3 阶跃响应公式总结

为了便于分析和理解所观测的响应波形，最后将二阶电路的阶跃响应公式整理、总结在表 8. 3. 1 中，以供参考。从表 8. 3. 1 中可以看到：上升阶跃响应和下降阶跃响应公式之间有一种共性和相关性。第一，两者的电流公式相同，但符号相反；第二，电感电压公式也是如此，相同但符号相反；第三，两者电容电压公式（对于 U）成互补形，即两公式相加等于 U。

表 8. 3. 1　二阶电路的阶跃响应公式总结

	上升阶跃响应 （正脉冲持续时间）	下降阶跃响应 （脉冲间歇时间）
过阻尼 $R>2\sqrt{L/C}$	$i=\dfrac{U}{L(s_1-s_2)}(e^{s_1t}-e^{s_2t})$　(8. 3. 8) $u_L=\dfrac{U}{(s_1-s_2)}(s_1e^{s_1t}-s_2e^{s_2t})$　(8. 3. 9) $u_C=U-\dfrac{U}{(s_1-s_2)}(s_1e^{s_2t}-s_2e^{s_1t})$　(8. 3. 10)	$i=-\dfrac{U}{L(s_1-s_2)}(e^{s_1t}-e^{s_2t})$　(8. 3. 25) $u_L=-\dfrac{U}{(s_1-s_2)}(s_1e^{s_1t}-s_2e^{s_2t})$ $u_C=\dfrac{U}{(s_1-s_2)}(s_1e^{s_2t}-s_2e^{s_1t})$　(8. 3. 26)
临界阻尼 $R=2\sqrt{L/C}$	$i=\dfrac{U}{L}te^{-\alpha t}$　(8. 3. 12) $u_L=U(1-\alpha t)e^{-\alpha t}$ $u_C=U-U(1+\alpha t)e^{-\alpha t}$　(8. 3. 13)	$i=-\dfrac{U}{L}te^{-\alpha t}$　(8. 3. 28)① $u_L=-U(1-\alpha t)e^{-\alpha t}$ $u_C=U(1+\alpha t)e^{-\alpha t}$　(8. 3. 28)②
欠阻尼 $R<2\sqrt{L/C}$	$i=\dfrac{U}{\omega' L}e^{-\alpha t}\sin\omega' t$　(8. 3. 19) $u_L=U\dfrac{\omega_0}{\omega'}e^{-\alpha t}\cos(\omega' t+\phi)$ $u_C=U-U\dfrac{\omega_0}{\omega'}e^{-\alpha t}\cos(\omega' t-\phi)$　(8. 3. 20)	$i=-\dfrac{U}{\omega' L}e^{-\alpha t}\sin\omega' t$　(8. 3. 30) $u_L=-U\dfrac{\omega_0}{\omega'}e^{-\alpha t}\cos(\omega' t+\phi)$　(8. 3. 31)① $u_C=U\dfrac{\omega_0}{\omega'}e^{-\alpha t}\cos(\omega' t-\phi)$　(8. 3. 31)②

思考与练习题

8.1　说明求解电路全响应的经典方法和步骤。

8.2　RC 低通和高通电路(图 8.2.1)常称为积分和微分电路。严格地说,只有低通电路的时间常数 $\tau\to\infty$ 时,才是积分电路;只有高通电路的时间常数 $\tau\to 0$ 时,才是微分电路。试证明这个严格说法。

8.3　求出题图 8.3 电路在开关闭合后电流 i_1、i_2、i_C 的全响应表达式,并画出三个电流的响应曲线(这电容的初始电压为 0)。

8.4　在题图 8.3 中,当电路接通电源 E 达到稳定态后,突然开断电阻 R_2。试求 i_1 的响应,并画出 i_1 的响应曲线。

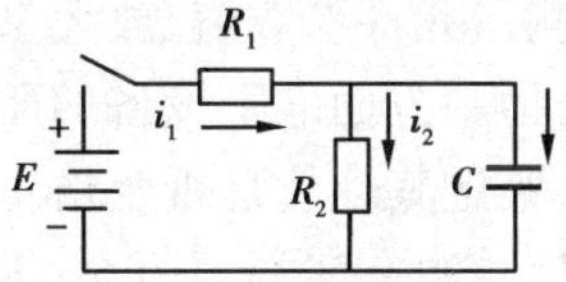

题图 8.3

8.5　题图 8.5 为某高通电路输入方波时的输出波形,试从波形图求出高通电路的时间常数 τ 值。

8.6　证明:过指数曲线 $y=\mathrm{e}^{-x}$ 上任意点作切线,与 x 轴相交的次切距等于 1。

8.7　证明:指数曲线从幅值的 0.1 到达 0.9 所经历的时间 $t_r\approx 2.2\tau$。

8.8　激励信号 u_1 是一个周期长、占空率为 1/2 的正脉冲周期波,脉冲幅值为 A。以 u_1 为背景,画出图 8.3.1 RLC串联电路的电流 i 的欠阻尼响应曲线图。

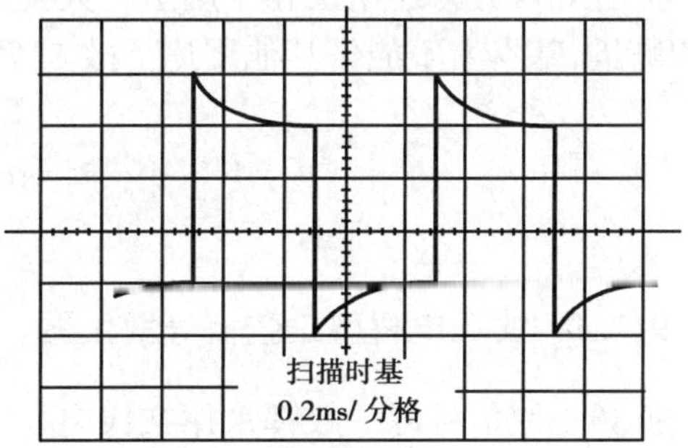

题图 8.5

8.9　重做题 8.8,画出电容电压 u_C 的欠阻尼响应曲线图。

8.10　有人说"全响应是 0 输入(无激励信号)响应与 0 状态(电路无初始储能)响应之和",这正确吗? 为什么?

8.11　写出对称三角波的傅立叶级数,并画出振幅频谱图,说明频谱特征。

8.12　用点频法或用扫频仪是一类测量,而用谐波分析仪或频谱仪是另一类测量。试从用途和测量对象说明这两类测量的异同点。

第9章 信号源

信号源常称为信号发生器,是测量系统不可缺少的重要设备。它能够产生出不同频率、不同幅值的某种波形的信号,用来测试、校准、维修电子设备。正弦波信号发生器是测量工作最常用的信号源。

测量元件参数值、放大系数、频率特性等都必需借助某种电信号的激励才能测量出来,另一方面电子设备的研制与生产也少不了信号源。它们作为仿真信号来测试设备,鉴定其性能是否合格。

信号源有三方面用途:①作为电子设备的激励信号;②作为信号仿真,模拟电子设备所需的与实际环境特性相同的信号,测试设备的性能;③作为标准源来对一般信号源进行校准或对比。

信号源可分为通用型和专用型两大类。专用信号源仅仅用于特殊要求的信号仿真和测量,基本上不能作其他用途。故本章只讨论通用型信号源。

9.1 低频和高频信号源

9.1.1 文氏电桥型正弦信号发生器

低频正弦信号源一般都采用文氏电桥 RC 振荡器,而不用 LC 电路。因为 RC 电路简单,可在宽频率范围内连续调变振荡频率,适合于1 MHz 以下的低频应用。图 9.1.1 是一个简单正弦信号发生器的电路原理图。第一运放是文氏电桥振荡器,第二运放是缓冲(隔离)放大器,兼任输出放大器。下面详细讨论第一运放文氏电桥振荡器。

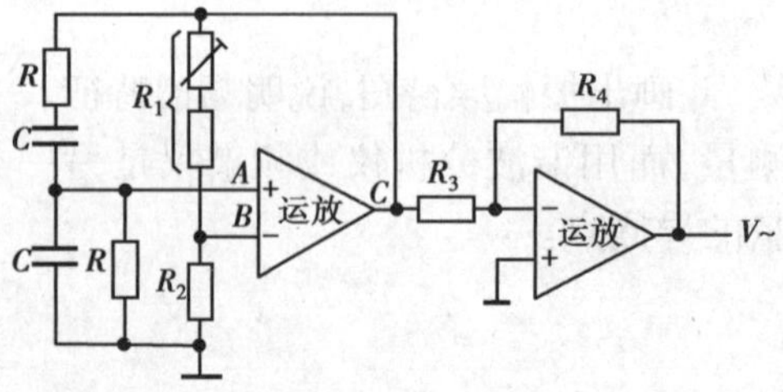

图 9.1.1 简单的低频正弦信号源

在讨论之前,可参看图 4.2.3 所示文氏电桥的公式(4.2.3)和图 7.1.9 所示选频电路的频率特性图 7.1.10。图 9.1.1第一运放的输出经过两个回输电路反馈至输入端。一个经 RC 选频电路至运放同相端,构成正回输电路;另一

经电阻 R_1、R_2 分压电路,构成负回输电路。正回输电路的频率特性已如图 7.1.10 所示。在频率 $f_0 = 1/(2\pi RC)$ 处,正反馈系数为1/3,相移为0°。

现在来求正反馈系数:参看式 7.1.16,可得反馈系数,即

$$\dot{F}_+ = \frac{1}{3 + \mathrm{j}(\omega RC - 1/\omega RC)} = 1/\left[3 + \mathrm{j}\left(\frac{\omega}{\omega_0} - \frac{\omega_0}{\omega}\right)\right] \tag{9.1.1}$$

式中,$\omega_0 = 1/RC$。从而幅频特性和相频特性分别为:

$$F_+ = 1/\sqrt{3^2 + \left(\frac{\omega}{\omega_0} - \frac{\omega_0}{\omega}\right)^2} \quad 和 \quad \phi = -\arctan\left(\frac{\omega}{\omega_0} - \frac{\omega_0}{\omega}\right)/3 \tag{9.1.2}$$

可见,当 $\omega = \omega_0 = 1/RC$ 时,有最大反馈 $F_+ = 1/3$,而且相移 $\phi = 0°$(完全正反馈)。

为了使电路振荡,必须同时满足相位和幅值两条件。相位条件是要回输信号形成正反馈相位;幅值条件是要回输电压经放大器放大 K 倍,再经回输电路衰弱 F_+ 倍之后,大于原回输电压。即是说,KF_+ 乘积应当大于1,电路才能振荡。

在 $KF_+ > 1$ 的条件下,电路起振后振荡幅值会极快增大。当振幅不再增大而稳定下来时,则必然是 $KF_+ = 1$。所以振荡的起振条件是 $KF_+ > 1$;幅值稳定的条件是 $KF_+ = 1$。那么起振后怎样才能使 KF_+ 从大于 1 变成等于 1 呢?显然,有两个办法:一是让放大倍数 K 随振幅增大而减小,另一是使正反馈系数 F_+ 随振幅增大而减小。

图 9.1.1 振荡器的有效正反馈系数为:

$$F = \frac{V_A - V_B}{V_C} = \frac{V_A}{V_C} - \frac{V_B}{V_C} = F_+ - F_- = \frac{1}{3} - \frac{R_2}{R_1 + R_2} \tag{9.1.3}$$

因为运放的放大倍数 K 极大,故只要上式 $F > 0$,电路即能起振。即只要 $R_1 > 2R_2$,电路就会振荡。

图 9.1.1 电路稳定振幅的常用方法是 R_1 采用负温度系数热敏电阻,和/或 R_2 采用正温度系数热敏电阻。当振荡幅值增大时,电阻电流增大而升温,R_1 变小 R_2 变大,使负反馈系数 F_- 增大;当振幅减小时,电阻降温,负反馈会减小,从而得到振幅的稳定平衡。图 9.1.1 中 R_1 可调,使 R_1 不要太大或太小。太大则负反馈弱,ω_0 附近的频率也会满足振荡条件,使输出波非单一正弦波;太小则电路易停振,或根本不起振。

振荡频率 $f = \omega_0/2\pi = 1/(2\pi RC)$ 由正反馈电路的 RC 确定。变化 RC 值即可改变振荡频率。图 9.1.2 是一个宽频振荡器频段处理的例子:频率范围是 20 Hz ~

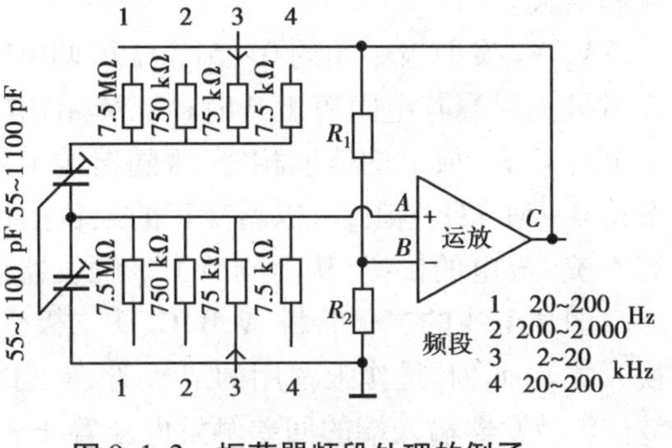

图 9.1.2 振荡器频段处理的例子

200 kHz,用改变电阻 R 来变换频段,用可变电容连续调变频率。

9.1.2 函数发生器

函数信号发生器是一种多波形的信号源,它能够输出三角波、正弦波、方波、上升或下降斜坡波、正弦半波、指数或对数波等波形。最简单的函数发生器也应至少能输出所列举的前面三种波形。由于其输出波形是数学(时间)函数的曲线,故得名为函数发生器。函数发生器除作正弦信号源使用之外,还可用作测试各式电路和机电设备的暂态响应特性,数字电路的逻辑功能,模数(A/D)变换、压控振荡器和相锁环等的性能。此外,也广泛应用于其他非电专业的领域。

构成函数发生器的方案很多。例如,先产生方波,经过积分产生三角波或斜坡波,再经非线性变换网路,从三角波变出正弦波。又如先产生正弦波,再形成方波和三角波。图 9.1.3 是一个先产生三角波的函数发生器的框图。

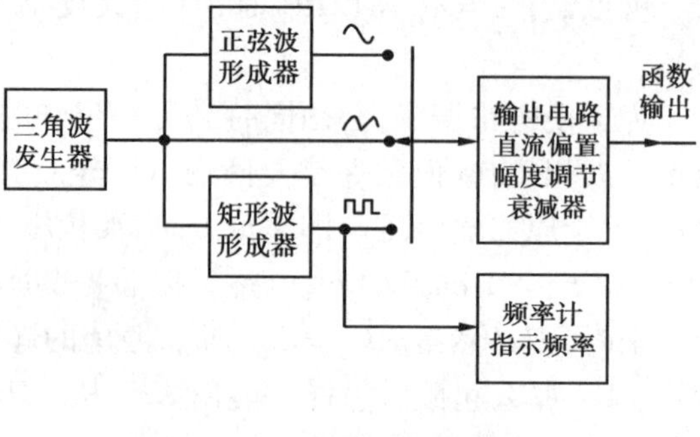

图 9.1.3 函数发生器的框图

(1)三角波发生器

图 9.1.4 为 NF1642 函数发生器的三角波发生器简化电路。其中运放 1 是加法器。让压控频(VCF)信号和发生器的频率调节公用运放 1。两调频电压之和反相输出至 V_1 发射极电阻。V_1 集电极输出电压控制 V_3 正恒流源。当运放 1 输入的调频电压负向增大时,V_1 电流增大,V_3 正恒流增大;反之,恒流减小。运放 2 是倒相器,将 V_1 发射极电压倒相输出至 V_2 发射极。假若 V_1 发射极是 +2 V,则 V_2 发射极就是 -2 V。V_2、V_4 和 V_1、V_3 电路对称;V_2 控制 V_4 负恒流源。当调频电压负向增大时,V_1、V_2 电流同时增大,正负恒流源电流同时增大,加快电容 C 的充/放电速度,三角波频率增大。

V_1 V_2 发射极中间的 0~51 kΩ 可调电阻,因接地点的变换,可以是接在 V_1 或 V_2 发射极上。当其电阻等于 0 时,V_1、V_2 的电流对称相等,V_3、V_4 正负恒流也相等。这时电容 C 充/放电的速度相等,跟随器输出对称三角波,S 触发器输出方波。显然,调节这 0~51 kΩ 电阻,可以增减正的或负的恒流源的恒流值,改变其中一个恒流对电容 C 充/放电的快慢,从而调节了 S 触发器输出矩形波的占空比率。

图 9.1.4 的二极管桥 A、B、C、D 二极管构成正/负恒流源对于电容 C 充/放的转换开关。而 EF 是作限幅用的二极管,它可使 S 触发器输出形成 ±2 V 幅值的矩形波。S 触发器输入端的回差触发电压等于 ±1 V。

当 S 触发器输出为 +2 V 的时候,二极管 A 和 C 导通、B 和 D 截止(因 B、D 的负

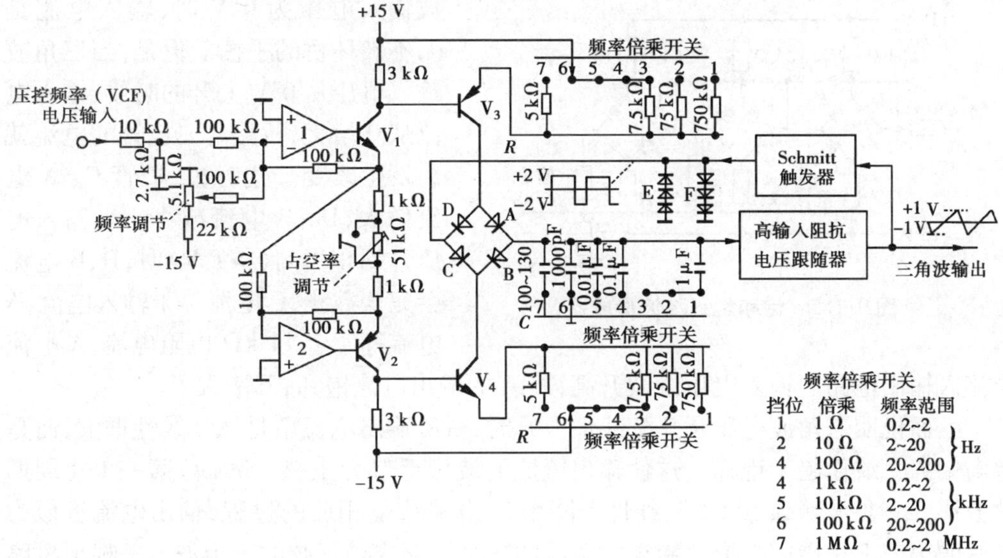

挡位	倍乘	频率范围
1	1 Ω	0.2~2 Hz
2	10 Ω	2~20 Hz
4	100 Ω	20~200 Hz
4	1 kΩ	0.2~2 kHz
5	10 kΩ	2~20 kHz
6	100 kΩ	20~200 kHz
7	1 MΩ	0.2~2 MHz

图 9.1.4　三角波发生器电路举例

端电压高于正端），V_3 正恒流经过 A 对电容充电，V_4 负恒流经过 C 至 S 触发器。于是，电容电压线性上升。电容电压升至 +1 V，S 触发器翻转，输出从 +2 V 变成 -2 V。输出为 -2 V 时，二极管 B 和 D 导通、A 和 C 截止，V_3 正恒流经 D 至 S 触发器，V_4 负恒流经 B 对电容放电。于是，电容电压线性下降。下降至 -1 V，S 触发器翻转，输出从 -2 V 又变回 +2 V。如此这样循环振荡，产生出三角波输出。

这个三角波发生器电路具有“占空率调节”和外 VCF 电压入口。连续的“频率调节”与分档的“频率倍乘”联合作用，可得 0.2 Hz ~ 2 MHz 的宽带频率。电路中的 S 触发器实际也是一个矩形波形成器，可直接从其输出得到矩形波。

(2) 正弦波形成器

利用非线性网路可把三角波“限幅”变成正弦波。非线性网路一般由二极管或三极管加电阻元件组成。这里举出两个不同类型的二极管电阻网路，如图 9.1.5 和图 9.1.6 所示，其工作原理如下述。

图 9.1.5 电路是 NF1642 的饱和型正弦形成网路。它用了三个 A、B、C、D 二极管桥。这些桥跟前面图 9.1.4 中的正/负恒流转换开关所用的桥相同，工作原理也基本相同。不同之处是前面的桥工作在开关状态，而这里的桥工作在小信号的连续非线性状态。

图 9.1.5 中的第一个桥，设若桥的左右对角没有连接输入输出电路，则桥处于平衡状态。电流从正电源 +15 V 流经上面电阻 11 kΩ，分两路 A、B 和 D、C 经过桥，流经下 11 kΩ 至负电源 - 15 V。桥左右角的对地电压都等于 0 V。当实际电路的三角

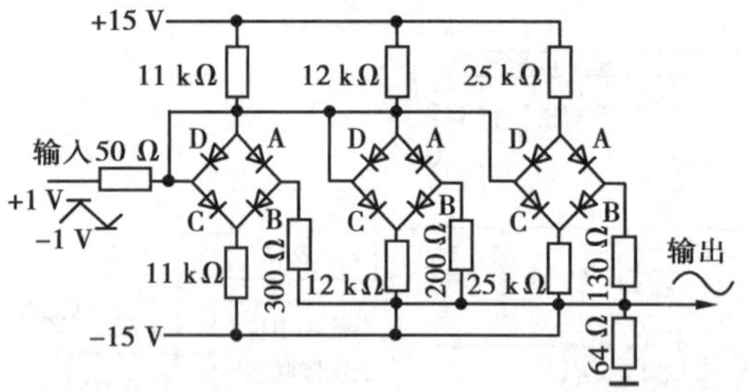

图 9.1.5　饱和型正弦波形成器

波输入电压为 0 V 时，输入电流是 0，不破坏桥的平衡。但是，当三角波输入电压从 0 V 上升的时候，输入电流从 0 增大，桥路各二极管的电流就会发生改变。这时，二极管 C、A 电流增大，D、B 电流减小。当输入电压升到相当高（>1 V）时，D、B 电流会完全截止，C 电流等于输入电流，A 电流等于上 11 kΩ 电阻电流，A 电流全流入输出电路。输入电压继续升高，经 A 的输出电流饱和，不增大了。

上面说明三角波电压从 0 V 线性上升时，桥的输出电流不是从 0 线性增大，而是逐渐偏离直线而趋于饱和。这使输出电流的波形近似为正弦（$\sin \omega t$）第一 1/4 周期的波形。三角波从顶点 +1 V 线性下降至 0，电路重复相反的过程，输出电流近似为正弦的第二 1/4 周期波形。结果三角波的正半波形成了正弦的正半波。又根据桥路的对称性，即可证明三角波的负半波会形成正弦的负半波。

图 9.1.5 的三个桥结构相同，但电阻参数不同，特性有所差异。它们的合成输出可能更近似正弦波。这个饱和型正弦波形成器仅适用于这里特定的 ±1 V 小幅值的三角波；电路适应力弱，精度较差，正弦失真度一般为 1.5%。

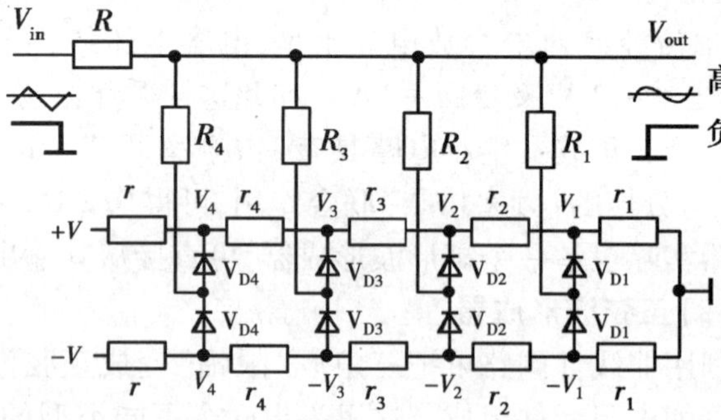

图 9.1.6　折线型正弦波形成器

图 9.1.6 电路形成正弦波的方法称为折线近似法。在这电路图中有两个完全相同的电阻串 r_1、r_2、r_3、r_4、r，一个作为正电压分压器，另一作为负电压分压器。这些电阻的节点电压数值是 $V_1 < V_2 < V_3 < V_4$。正负分压器的节点经二极管与主分压器 R_1、R_2、R_3、R_4、R 连接。为了方便电路设计，一般令主分压器的电阻远大于正负分压器的电阻。三角波为正半波的时候，正分压器起作用；为负半波时，负分压器起作用。

随着三角波电压从 0 V 上升，二极管 V_{D1}、V_{D2}、V_{D3}、V_{D4} 依次导通，使主分压系数越来越小，从而形成第一 1/4 正弦波；电压从顶点下降时，V_{D4}、V_{D3}、V_{D2}、V_{D1} 依次截止，从而形成第二 1/4 正弦波。由于电路正负电压的对称性，三角波的负半波也会形成正弦的负半波。

用图9.1.7可以很好地说明图9.1.6电路的工作原理。当输入电压V_{in}还很小，在$0\sim V_1$区间，所有二极管都截止，主分压器的下电阻R_1、R_2、R_3、R_4全断开，于是，有$V_{out}=V_{in}$。所以，V_{out}的0-1线段与0-A直线重合。当电压V_{in}继续线性上升，使$V_{out}>V_1$时，二极管V_{D1}导通，R_1接入正分压器。电压V_{out}在$V_1\sim V_2$区间中，主分压器的分压系数近似等于$R_1/(R+R_1)$。利用电路"叠加原理"可以证明，V_{out} 1-2线段的(增量)斜率等于分压系数$R_1/(R+R_1)$乘0-A斜率。当V_{out}在$V_2\sim V_3$区间中，R_1、R_2都接入正分压器，主分压系数近似等于$(R_1//R_2)/(R+R_2//R_1)$，"//"表示电阻并联。这时，V_{out} 2-3线段的(增量)斜率等于分压系数$(R_1//R_2)/(R+R_2//R_1)$乘0-A斜率。同理可推论出，V_{out} 3-4段和4-B段的斜率也是该段的分压系数乘0-A斜率。实际上，各个V_{out}线段的斜率是先由设计线段选点定出，而后求出各段的分压系数，最后计算出整个二极管电阻网路。

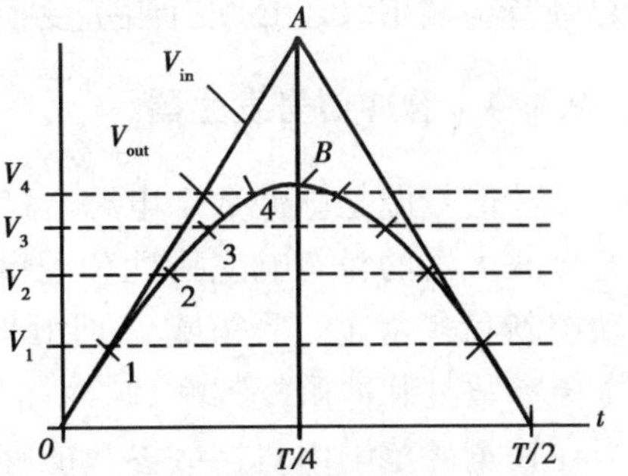

图9.1.7　正弦波的折线近似法

从图9.1.7可见，由于线段选点方案较好，主分压器用4级电路近似正弦波，已有很好逼真。如果采用6级电路，逼真度当然会更好，正弦波的失真度可小于0.25%。

9.1.3　高频信号发生器

高频信号源一般称为射频信号源，信号频率大致在30 kHz～1 GHz范围，常应用于通信设备的测试。这种信号源一般都具有正弦波的调幅和调频功能，它的结构方框图大体如图9.1.8所示。高频主振一般都是LC振荡器。

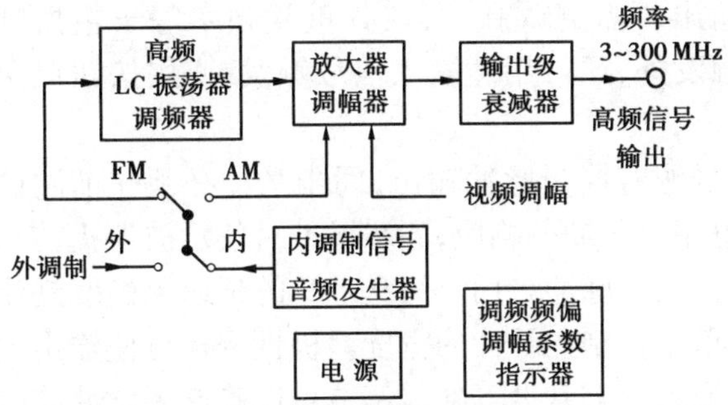

图9.1.8　XCF—6信号源(举例)的简化框图

在调频(FM)工作时，调制信号控制振荡回路电抗元件的参数，使回路谐振频率的变化与调制电压成比例。例如，图7.1.13采用变容二极管作压控元件，让调制电压控制振荡回路的容抗。在调幅(AM)工作时，调制电压控制高频波的振幅值，使振幅值与调制电压成比例。

高频信号输出级具有分档(步进)式和连续微调式衰减器，使输出信号的大小可随意调节。输出级还必须有阻抗变换器,使输出阻抗与负载阻抗匹配。

9.1.4 脉冲信号发生器

脉冲信号源是脉冲数字电路、数字集成电路等测试用的主要信号源,还可作为测试宽带放大器的暂态响应特性和逻辑元件的开关速度等用途。也应用于电视、雷达、自动控制和多路通信等领域。通用脉冲信号发生器主要是输出矩形脉冲。矩形脉冲的主要参数是脉冲重复频率、脉冲幅度、脉冲宽度、上升和下降时间等。脉冲信号源应当在较宽的范围内对这些参数能够进行独立调节。

现在举例说明脉冲信号发生器的一般结构。图 9.1.9 是 XC14A 型脉冲信号

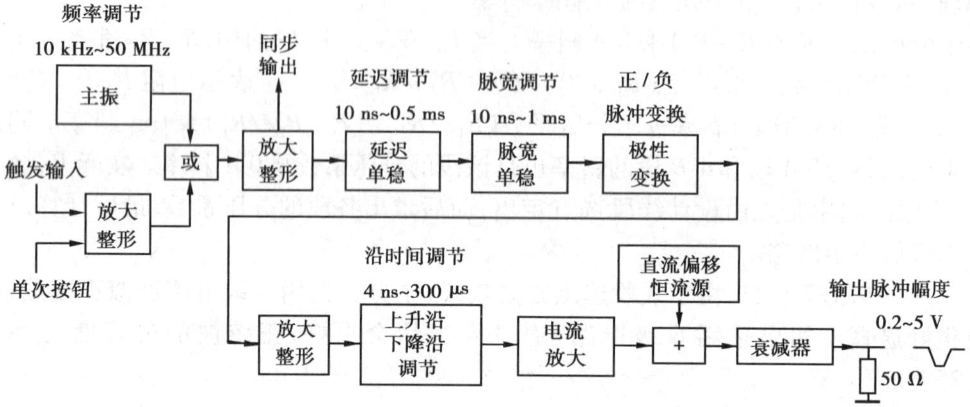

图 9.1.9 XC14A 型脉冲信号发生器的框图

发生器的框图。主振是一个电流开关型射极 RC 定时自激多谐振荡器。实际上,整个信号发生器基本都采用电流开关型、射极耦合、电压钳位等高速脉冲电路。主振输出方波,波沿触发后面电路,使输出所需测试脉冲;故其重复频率等于主振频率。产生脉冲的触发方式除用主振触发外,还可用外输入信号触发,或用按钮单次触发。

在很多测量情况下常要求脉冲信号源有同步脉冲输出,同步脉冲必须超前测试脉冲一段时间。例如,用示波器观测电路对脉冲的响应,同步脉冲可使示波器提前扫描;测试数字脉冲电路时,同步脉冲可做复位脉冲之用。图 9.1.9 的延迟单稳就是让主脉冲落后同步脉冲一段时间。脉宽单稳控制主脉冲的宽度。极性变换可使输出主脉冲的正向脉冲变成负向脉冲或相反变换。上升沿下降沿调节可以确定主脉冲前后沿的升降时间(或斜率),以满足测量要求。

脉冲输出级包含电流放大、直流偏移、衰减器等单元电路。来到输出级的主脉冲电压经电流放大器变成相当大的电流(恒流源),流过负载电阻 50 Ω,形成脉冲电压

输出。如果外负载本身是低阻抗 50 Ω,则这个终接电阻 50 Ω 应当开断。直流偏移的恒流源提供可变的正/负直流恒流值,与脉冲电流相加,可调节输出脉冲的直流电平。

9.2 频率合成信号源

一般以 RC 或 LC 为主振的信号源,其频率准确度约 10^{-2},稳定度是 10^{-3} ~ 10^{-4},远不能满足现代电子测量和无线通信的要求。以石英晶体构成的振荡器信号源,其频率稳定度很好,可能优于 10^{-8}/日,但是,它只能产生少数特定频率,仍不能满足产生系列性的很多个精确频率的要求。为此需要一种合成信号源,可从少数高精度频率得出很多个系列性的同等精度的频率,满足现代电子测量和通信系统的要求。

合成信号源也称为频率综合器。它是将一个(或几个)基准频率、利用电子技术综合产生出一系列频率的信号源。其中基准频率一般都由石英晶体振荡器产生,基准频率的精度很高。综合成的系列频率的精确度与基准频率的精确度完全相同。所以,它是一种多频率的校正信号源,也广泛应用于各种专用设备(系统)中。例如,在通信系统中产生一系列的载波和本振。

实现频率合成的方法可分成直接合成法和间接合成法两种。直接法又可分成模拟和数字式合成法。实际上,一个合成信号源可能采用多种合成法。

9.2.1 直接合成法

图 9.2.1 是一简单直接频率合成法的框图。其中,f_0是晶振产生的基准频率,D是分频器的分频系数,N是倍频器的倍频系数。显然,这里的输出频率为:

$$f_1 = f_0/D;\quad f_2 = \frac{N}{D}f_0 \qquad (9.2.1)$$

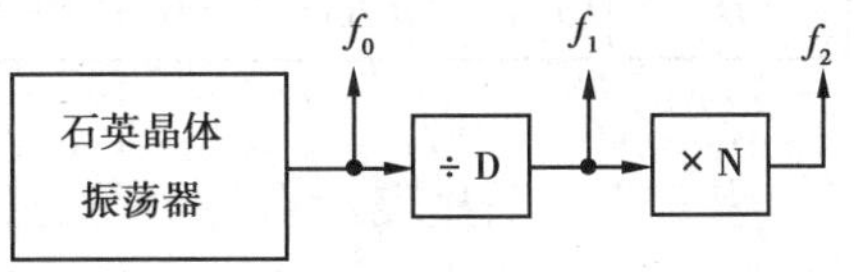

图 9.2.1 简单直接合成法

又如图 6.1.1 频率测量的 4 个控制闸门时间的频率也可认为是这种简单合成的例子,闸门时间的精度等于时基频率的精度。

图 9.2.2 是一个输出频率可变的合成器的例子。频率在 2.000 00 ~ 2.099 99 MHz 频段中可变,每步 10 Hz,可有 10 000 个频率输出。当然,每一输出频率的精度都等于基准频率的精度。

这个频率合成器首先用高精确度的晶体振荡器得出 5 MHz 基准频率,而后送入辅助频率合成器,使之产生多个辅助基准频率,如图 9.2.2 所示。有 10 个频率(2.0, 2.1, 2.2, …,2.9 MHz)连接至选频开关。A、B、C、D 四线可各自选用这 10 个频

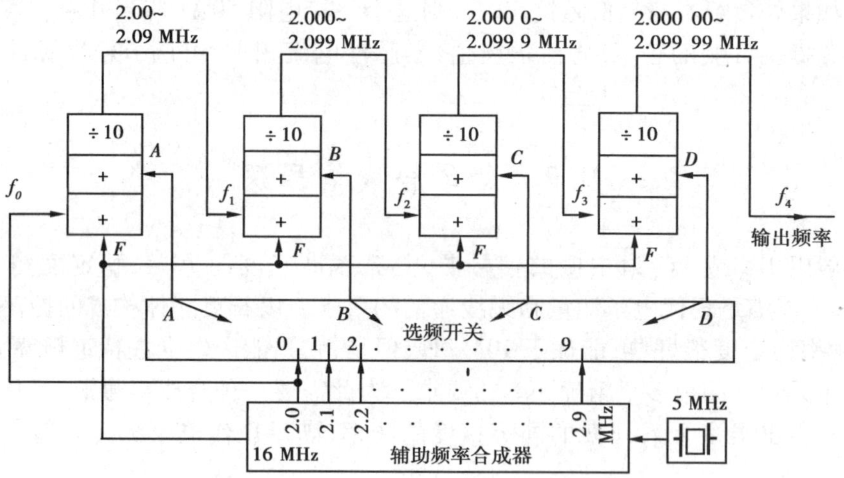

图 9.2.2　可变频频率综合器，每步 10 Hz

率之一。

图 9.2.2 上面有四个相同的运算单元。单元第一、二级是输出和频的混频器，最后级是 ÷10 分频器。这四个运算单元的工作情况可用表 9.2.1 来说明：

表 9.2.1

运算单元	两级相加运算	÷10 的输出	附　注
A	16 + 2.0　+ 2.*A* = 20.*A*	f_1 = 2.0*A*	这 *ABCD* 代表数字 0,1,2,…,9、之一。选频开关的 *A* 连接 2.0 时 *A* = 0,*B* 连接 2.3 时,*B* = 3。等等。
B	16 + 2.0*A*　+ 2.*B* = 20.*BA*	f_2 = 2.0*BA*	
C	16 + 2.0*BA*　+ 2.*C* = 20.*CBA*	f_3 = 2.0*CBA*	
D	16 + 2.0*CBA* + 2.*D* = 20.*DCBA*	f_4 = 2.0*DCBA*	

表 9.2.1 明显表示出各个单元的运算，以及单元串接组合的工作方案。由表可见，若要使 f_4 输出频率为 2.000 00 MHz，则选频开关 *A*、*B*、*C*、*D* 应全选 2.0 频率。若要使输出频率为 2.099 99 MHz，则 *A*、*B*、*C*、*D* 全选 2.9 频率。要这最小最大频率之间的频率，例如，频率为 2.012 34 Hz，则 *A*、*B*、*C*、*D* 应分别连接 2.4，2.3，2.2，2.1 频率。显然，输出频率的分辨力是 0.000 01 MHz，即 10 Hz。可以输出 10 000 个精确频率。

9.2.2　间接合成法

利用相锁环路（Phase locked loop 简写 PLL）的压控振荡器输出精确频率的方法是频率合成的间接法。它不用电路直接对基准频率进行运算，而是用相琐环中的压控振荡器间接产生频率，故称为间接合成法。

图9.2.3是相琐环的基本结构，它由相位鉴别器、低通滤波器、压控振荡器组成。压控振荡器的输出频率f又反馈至鉴相器，与基准频率f_0进行同频率的相位比较。鉴相器输出的直流电压与两信号的相位差成正比。这个电压经过低通滤波器之后，得出变化缓慢的直流电压，去控制压控振荡器的振荡频率f。

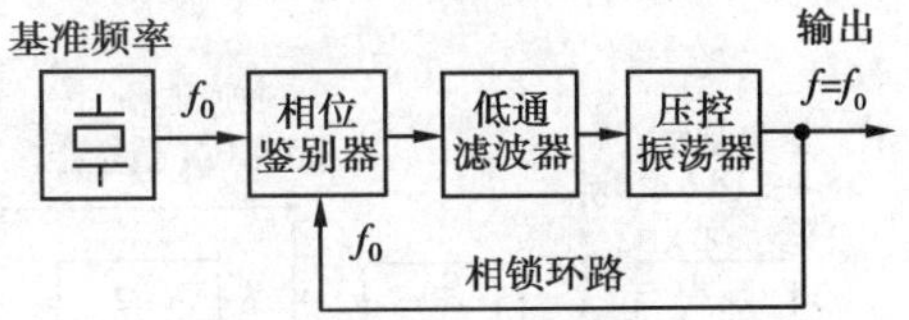

图9.2.3 相琐环的原理图

当环路稳定时，压控振荡器输出频率f等于基准频率f_0。这时，若输出频率f增大，则f和f_0出现相位差增量，鉴相器输出电压增大，使压控振荡器频率减小而回复到f_0值；又若输出频率f减小，则出现负的相位差增量，鉴相器电压减小，压控振荡器频率会增大而回复到f_0值。所以，环路能够稳定平衡，f相位被f_0锁定。

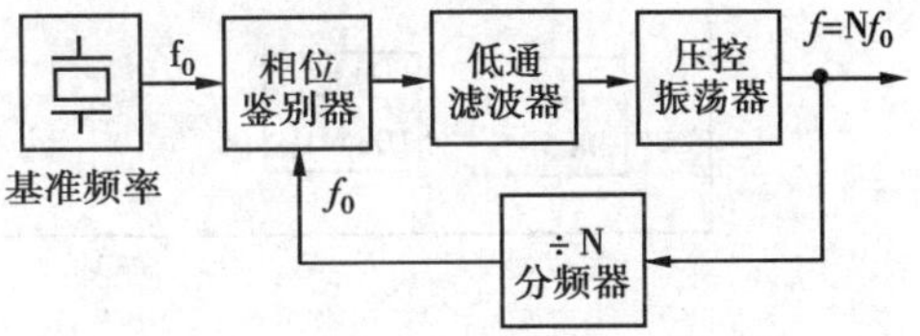

图9.2.4 相琐环频率合成举例

图9.2.4是常用相琐环频率合成器的框图。在相锁环路中加入N分频器，即可得倍频效果，输出频率$f=Nf_0$。图9.2.5是在相锁环路中应用混频器的合成器框图。

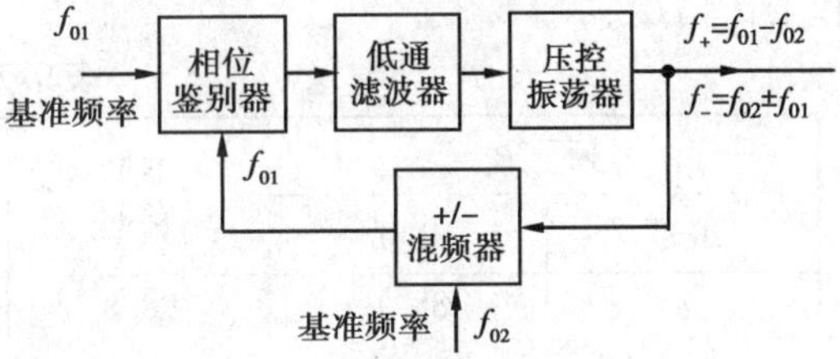

图9.2.5 混频式相琐环

混频器有两种应用法：一是取其相加的和频输出，另一是取其相减的差频输出。图9.2.5的混频器为"+"时，输出频率$f_+=f_{01}-f_{02}$。混频器为"−"、且$f_->f_{02}$时，输出频率$f_-=f_{02}+f_{01}$；混频器为"−"、且$f_-<f_{02}$时，输出频率$f_-=f_{02}-f_{01}$。

9.2.3 频率合成器举例

在88～108 MHz调频广播频段中，有100个FM广播台频率通道。第1频道的载频是88.1 MHz，第100频道的载频是107.9 MHz。各个频道之间相隔0.2 MHz。由于FM接收机（收音机）标准中频是10.7 MHz，故接收机应能提供100个比载频高10.7 MHz的本振频率。本振频率应是98.8～118.6 MHz，间隔0.2 MHz。

图9.2.6是FM接收机本振频率合成器的例子。它采用外差混频的降频技术，可免除使用高频数字定标分频器；还采用两个混频频率，从而缩小了可变分频

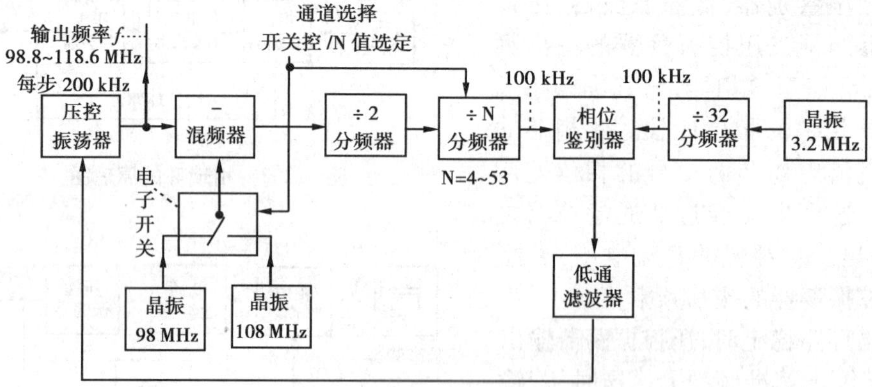

图9.2.6　FM接收机本振频率合成器举例

器的N值,简化N值的预置方法。表9.2.2清楚表明这个频率合成器的设计方案和工作情况:

表9.2.2

频道		本振频率	混频频率	混频器输出频率	分频器N值
编号	载频				
1 ↓ 50	88.1 ↓ 97.9	98.8 ↓ 108.6	98 ↓ 98	0.8 ↓ 10.6	4 ↓ 53
51 ↓ 100	98.1 ↓ 107.9	108.8 ↓ 118.6	108 ↓ 108	0.8 ↓ 10.6	4 ↓ 53

从图9.2.6对应的表格可见,频道1~50使用98 MHz混频频率,51~100使用108 MHz混频频率。从而把频率降低成0.8~10.6 MHz。经分频系数为2和N的分频器分频,得出相位比较频率100 kHz。

思考与练习题

9.1　说说信号源有哪些用途?

9.2　说明文氏电桥振荡器的起振条件和稳幅条件。可采用什么办法来得到振幅稳定?并说明这振幅稳定是平衡(绝对)稳定。

9.3 函数信号发生器常是先产生三角波,然后用三角波形成矩形波和正弦波。试设计先产生正弦波和先产生矩形波的函数发生器框图方案。

9.4 脉冲发生器的同步输出有什么作用?

9.5 题图9.5是一个用外差混频降频技术的相琐环路。它的输出频率等于73~101.1 MHz,以0.1 MHz步进。两个基准频率是f_{01} = 1 MHz;f_{02} = 40 MHz。现在的问题是①图中混频器应取“+”还是“-”? ②分频器的N值是多少?

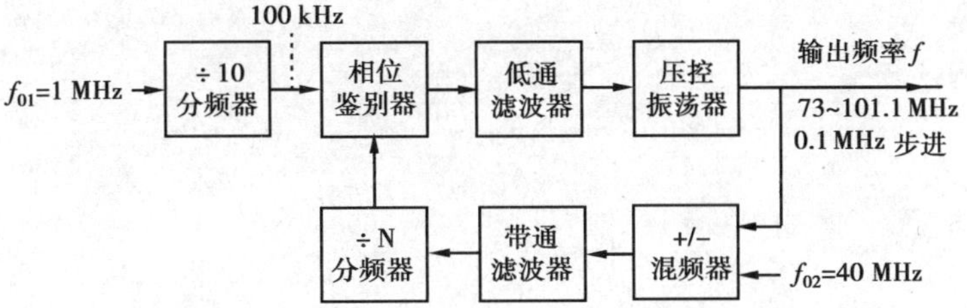

题图9.5